全国电力行业岗位胜任力单元制培训教材

抄表核算收费

国网河北省电力有限公司培训中心　组织编写

中国建材工业出版社

图书在版编目（CIP）数据

抄表核算收费/国网河北省电力有限公司培训中心组织编写．--北京：中国建材工业出版社，2021.3

全国电力行业岗位胜任力单元制培训教材

ISBN 978-7-5160-3108-7

Ⅰ.①抄…　Ⅱ.①国…　Ⅲ.①电能－电量测量－岗位培训－教材　Ⅳ.TM933.4

中国版本图书馆 CIP 数据核字（2020）第 228348 号

抄表核算收费

Chaobiao Hesuan Shoufei

国网河北省电力有限公司培训中心　组织编写

出版发行：中国建材工业出版社

地　　址：北京市海淀区三里河路 1 号

邮　　编：100044

经　　销：全国各地新华书店

印　　刷：北京雁林吉兆印刷有限公司

开　　本：787mm×1092mm　1/16

印　　张：18

字　　数：450 千字

版　　次：2021 年 3 月第 1 版

印　　次：2021 年 3 月第 1 次

定　　价：98.00 元

本社网址：www.jccbs.com，微信公众号：zgjcgycbs

前　　言

岗位胜任力是指胜任岗位工作所需要具备的能力和素质。抄核收岗位是电力营销的最后一环，承担着电力企业的社会效益和经济效益的双重责任，其基础职责就是在和客户的接触中实现“抄好表、收好费、服好务”。为了提高抄核收人员的专业和综合业务素质，按照“知识够用，技能必备”的原则，开展以提高抄核收专业技能为主的模块化培训，目的是使从事抄核收职业岗位的员工，通过岗位胜任力培训，掌握该岗位相应的专业生产技能。为了配合抄核收专业的岗位胜任力培训工作，立足于服务现场实际和岗位技能提高，编者编写本教材。

本书共分为九篇二十一章，以抄表、核算、收费、账务四个岗位专业知识和专业技能为基础，按照不同的技能等级进行了划分。本书的编写，孙静同志和李鹍同志任主编，负责全书的统稿和各章节内容的初审；石玉荣、赵喜云同志任主审，负责全书的审定。其中第一篇抄表问题分析及处理，由李云龙、赵喜云、谷晓斌、张嘉赛负责编写；第二篇电量电费计算及审核（Ⅱ级）和第五篇电量电费计算与审核（Ⅲ级），由孙静、任芳、李鹍负责编写；第三篇部分高压客户电费回收及电费风险防范和第六篇重要客户和高危企业电费催缴，由张靖、石玉荣、王立娜负责编写；第四篇电费账务处理，由刘燕、石欣负责编写；第七篇运用法律手段做好电费风险预警和防范、第八篇持续提升电费回收工作质量和第九篇营财对账，由李熙、杨伯青、路洋负责编写。

本书涵盖了抄核收专业的各个岗位，有针对性和实用性，可以作为供电公司一线抄表、核算、收费及账务初级作业人员和高级作业人员的岗位技能培训教材。

本书的编写得到了国网河北各供电公司的大力支持，在此，表示衷心的感谢！另，编写过程中参考了大量的文献书籍，在此对原作者表示深深的谢意！

本书如能对读者和培训工作有所帮助，我们将感到十分欣慰。由于编者的水平有限，难免存在纰漏，敬请各位专家、读者指正。

编　者

2020 年 12 月

目 录

第一篇

抄表问题分析及处理

第一章　电能表的抄录

第一节　抄表工作管理

【概述】

本节包含抄表系数定义、抄表日志的编制等内容。通过概念描述、术语说明、要点归纳、示例介绍，掌握抄表日志的构成与填写方法，保证抄表工作的质量。

【课时】

12 课时。

【适用等级】

Ⅱ级。

【正文】

一、抄表工作概述

1. 抄表工作的重要性

抄表工作是电费抄核收工作环节的第一道工序，对配合协调电费管理十分重要。抄表就是每月按固定日期到用户抄录电能表读数，并计算出用户的实用电量，通知用户缴纳电费的过程。抄表工作是抄核收中的基础工序。准确抄录各类用户的用电量，不但能使电力企业准确反映每个时期的供电量、售电量以及线路损失，有利于增加合理收入，提高经济效益，还可通过营业统计真实反映国民经济计划执行情况和各行各业的生产发展情况。由此可见，抄表工作是一项非常重要的工作。

抄表员每月抄录的用户电量不仅是电力企业按时回收电费并及时上缴的依据，也是考核供电企业售电量、线路损失、供电单位成本等经济指标和用户单位产品耗电量等指标的依据，同时也是各行各业用电量统计分析的原始资料，因此，确保抄表质量是十分重要的。抄表员应热爱本职工作，提高实抄率，减少差错，与核算员、收费员共同配合做好电费管理工作。抄表工作要定人、定时、定点，做到户户必到，抄必到位，抄录正确，计算无误，达到看准、抄准、算准，保证质量。

2. 建设电力用户用电信息自动采集系统的重要意义

电力用户用电信息自动采集系统（简称采集系统）可实现计量装置的在线监测和用户负荷、电量、电压等重要信息的实时采集，及时、完整、准确地为“SG186”信息系统提供基础数据；实现电费收缴的全面预控，为智能电能表结算等营销业务策略的实施提供技术基础，为推进双向互动营销、实施更具竞争力的市场营销策略、优化完善营销业务奠定基础，从而为企业经营管理各环节的分析、决策提供支撑，提升快速响应市场变化、快速反映客户需求的互动能力。

国家电网有限公司（以下简称国网公司）对采集系统建设要求是按照“统一规划、统一标准、统一建设”的原则，实现电力客户用电信息采集的“全覆盖、全采集、全费控”。采集系统的建设是智能电网建设的重要平台，是支撑阶梯电价执行的基础条件，是加强精益化管理、提高优质服务水平的必要手段，也是延伸电力市场、创新交易平台的重要依据。

二、抄表系数的定义

抄表系数是抄表工作难度的权重系数。同样抄表，抄不同客户电能表所需付出的工作量是不同的，与客户类型、客户地理位置远近、电能表的类型、客户计量装置的安装位置、抄表方式等要素有关。例如，农村地区客户居住分散性较强，且抄表员现场抄表需要登高操作，与城区居民小区相比，抄表数量相同时，工作难度则相对较大。

抄表系数应根据客户类型、客户区域、表类型、表位置、抄表方式等来确定。其定义标准应尽量做到客观、公正。根据抄表系数定义标准，以管理单位、抄表段、客户为单位自动生成每块运行表的抄表系数，然后人工修正。当客户类型、客户区域、表类型、表位置、抄表方式等要素发生变化时，应及时修正抄表系数。

各单位应根据本公司的实际合理分配和调整抄表员的工作量。

三、抄表工作质量管理内容

（1）以网省公司为单位，根据客户类型、客户区域、表类型、表位置、抄表方式等要素确定抄表系数定义标准。

（2）根据抄表系数定义标准，以管理单位、抄表段、客户为单位自动生成每块运行表的抄表系数，然后人工修正。

（3）当客户类型、客户区域、表类型、表位置、抄表方式等要素发生变化时，应修改抄表系数。

（4）新装表在业务流程归档后，生成默认抄表系数，然后人工修正。

四、抄表日志的编制

抄表日志又称抄表日报，抄表日志主要记录每天抄表人员所完成抄表的总户数与发行的总电量，是反映日常抄表工作情况的综合报表。目前一般通过营销技术支持系统功能自动生成抄表日志。

抄表员个人抄表日志的汇总即为总的抄表日志。主要内容有抄表员、区段、客户类型、抄表例日、抄表日期、零度户数、退补电量、户数及电量、应抄户数、实抄户数、未抄户数、实抄率、划零户数、估抄户数、异常户数、差错率等。凭总抄表日志，可以推测抄核收工作衔接程度，既可以掌握总进度，还能从汇总电量与上期或同期对比看出户数增减与电量增减，预测损失率变化情况，以及全体抄表人员的实抄率完成情况。

抄表日志是营业工作上的“三大表”之一，除抄表员的抄表日志与每日汇总之外，每月还应汇总抄表月报，它能反映一个单位每个月每位抄表人员完成工作的总情况，显示个人当月抄表的总户数和应收的总电量及个人实抄率。其既有数量内容，也有质量内容，借此可以比较明显地看出个人工作量的完成情况，为考核提供依据。抄表日志的另外一个作用就是以抄表月报的形式供有关方面了解工作完成情况。抄表日志是三大表互相核实的一个基础，用抄表日志的总应收电量与应收电量发行表的总电量核对，再以应收电费发行表的应收电费与收费日志核对。由此可见抄表日志的正确填记是十分重要的。

随着信息化系统的深入应用，抄表日志信息可以通过营销技术支持系统直接统计查询，并可实现抄表段、抄表员、抄表日程等多样化的查询方法。数据的唯一性使原来三大表的核对功能逐渐被取代。

五、抄表前预备工作

1. 新增户的信息内容

新增户信息的主要内容：总户号、户名、地址、用电性质、电价类别、电源信息、表计信息、互感器信息、容量、抄表示数记录等。

2. 新增客户分段维护

新增户可以通过“段户号维护”编入抄表本，进入营销系统后会列出当前尚未编入抄表本的客户。可以按地址来进一步查抄需要编入抄表本的新建户，也可以通过用户电源信息查到相对应的抄表本。

3. 合理分段的意义

（1）新增客户应按台区分段，要考虑到地理环境对抄表工作的影响，尽量减少抄表员往返的路程，以提高工效。

（2）新增客户分段要方便线损的统计和考核。

4. 抄表计划编制原则

电费抄表管理工作要按照各单位拟订的工作安排正常进行，定岗、定额、定任务，使所有工作人员都明确自己的工作范围和工作职责。

抄表工作的安排，一般根据各类用户数量、销售电量和电费等决定工作量的大小，并就抄表方式结合人员定编、工作定额制订例日工作方案。

5. 抄表计划编制内容

编制内容包括单双月标志、计划抄表日期、工作日、应抄户数、抄表员、核算员、责任人等。

6. 抄表计划编制方法

抄表计划一般由各地按实际情况排定。一般抄表日期安排如下：

（1）居民客户一般在每月 15 日前完成抄表工作。

（2）小电力客户一般在每月 25 日前完成抄表工作。

（3）大电力客户一般在每月 25 日后安排抄表工作。

（4）月用电量超过 100 万 kW·h 以上的客户，一般安排在次月 1 日的零点抄表。

7. 抄表计划编制的注意事项

（1）抄表计划的安排应考虑地理环境对抄表工作的影响，尽量减少抄表员往返的路程，提高工效。

（2）对具备条件的应按台区抄表，方便线损的统计和考核。

(3) 抄表计划的安排应满足对抄表员考核的要求。

8. 抄表计划执行的注意事项

抄表计划一经生成就不能随意调整，这是因为：

(1) 抄表计划的变化会引起线损的正确计算。

(2) 抄表计划的变化会影响功率因数、基本电费、变压器损耗的正确计算。

(3) 调整抄表计划还会影响到电费回收。

(4) 若遇电价调整，抄表计划变化会引起电费纠纷。

(5) 抄表周期变化不利于客户核算成本和产品单耗管理。

9. 现场抄表时抄表员应注意的事项

(1) 抄表员在现场抄表时，必须做到：

①现场抄表，必须见表抄录示数。

②应根据电能表计数器上的示数抄录，一般客户抄全所有整数位数；如果客户装有计量互感器，还应抄录示数的小位数。

③对于有分表的客户，除抄录客户的总表示数外，客户的所有分表也必须同步抄录。

④对于多功能表还应检查有无反向的电量，如果有反向电量，也应抄录反向电量，并做好记录。多功能表抄录时，要同时查看该表时钟。

⑤抄录当月最大需量的示数时，还必须抄录上月需量的冻结数，同时要查看该表日期是否正确。

⑥对使用集抄和负控采集等方式的客户的示数，应进行检查核对。抄表员进入客户高低压变（配）电所，应出示工作证，遵守客户单位的保卫保密规定和配电所（房）的规章制度，不到有电部位乱走动，不得操作电器设备，抄表时应站在配电柜前的橡胶绝缘垫上，并保持一定的安全距离。

(2) 抄表员在抄表过程中，应注意以下几方面：

①按照抄表计划抄表，对新客户发放缴费通知单并提出调整抄表线路的建议。

②不得操作客户的设备。

③借用客户物件需证得客户同意。

④对客户运行电能计量装置进行例行常规检查。如果发现或怀疑计量装置有故障，在现场不做处理结论，回公司后应及时开具工作联系单交相关班组或部门处理。

⑤如果发现客户有违约用电和窃电行为，应看好现场，并通知相关人员到现场处理，等人员到达现场后，方可离开。

⑥抄表差错、故障处理工作应报办。

⑦了解客户生产经营和财务运作状况，为及时足额回收电费提供依据。

⑧现场解答客户疑问，宣传安全、节约用电知识。

六、抄表工作量统计

统计每月抄表人员、抄表段、班组、管理单位的抄表工作量可以利用营销技术支持系统相关功能进行。其中，每块运行表的抄表工作量是根据不同电能表的抄表系数计算的，抄表工作量是统计范围内所抄电能表抄表系数之和。统计不同时间段内抄表人员、抄表段、班组或者管理单位的抄表工作量，实际上是计算统计范围内抄录的各类电能表数量与其抄表系数乘积的和。

七、抄表后期整理工作

抄表日报是抄表人员在每天抄表工作完成后，必须将逐户抄计的电量、电费，按抄表簿进行分类汇总编制的报表，也是供电企业将向各类用户售电按原始记录进行汇总的日报。为了防止漏抄、漏计或多计用户电量或电费，使电费能准确及时地收回，需对抄表日报进行认真审核。

电费核算人员对抄表日报的审核，要一丝不苟、逐项审核，把好质量关。审核时，主要做到以下几点：

（1）按户审核。逐户按电费收据审核电量和电费计算以及填写是否正确，包括实用电量、倍率、电价、金额、子母表关系、加减变压器损耗电量、灯力比分算电量、基本电费、实际功率因数、调整电费的处理和计算等。

（2）汇总审核。审核抄表人员编制的抄表日报中的各栏数据，应与电费收据的各项数据相一致。

以上审核过程是传统的手工方法。在电费管理已普遍应用计算机的情况下，这些方法仍可作为编制电费核算程序及核算人员培训时的参考。

抄表日报应用钢笔书写，数据应填写整齐，字迹清楚。写错时要按规定的订正办法处理，非经本人认定，他人无权更改。

八、复核抄表数据

抄表员每日抄完表后，应对抄表数据进行复核，核对抄见示数和抄见电量，检查各项内容有无漏抄、误抄等现象。发现抄表数据录入差错应及时修正，无误后才可上装抄表数据，上装后应利用营销信息系统对抄表数据进行复核，由系统检测出来的客户电量突变等异常情况，必须提交有关人员重新到现场进行抄表核实。再次抄回的表示数经确认正确后，方可做发行处理。

示数复核的内容：

（1）峰平谷电量之和大于总电量。

（2）峰谷电量之和大于总电量。

（3）本月示数小于上月示数。

（4）零电量、电能表循环、未抄、有协议电量或修改过示数的。

（5）抄表自动带回的异常，如反转、估抄等。

（6）与同期或历史数据比较进行查看，指定 n 个月（一般用前三个月）平均电量做比较，核对电量突增突减的用户。

（7）按电量范围进行查看，指定电量范围，查看用户数据是否正确。

（8）连续 3 个月估抄或连续 3 个月划零的。

尤其注意峰谷电量之和大于总电量、本月示数小于上月示数、电量为负值、电量突增突减、反转、估抄、连续 3 个月过零、档案变更后的第一次抄表等特殊情况。

对采用负控和集抄方式抄表的客户，应定期组织有关人员进行现场实抄，核对数据的准确性。

九、表号不符与失表处理

1. 表号不符

现场抄表，在发现表号不符时，应该核对是否为供电公司的电能表，如果客户私自换表，应立即通知公司派员到现场进行处理；若是供电公司的电能表，应在抄表微机中键入异常代码，录入电能表的示数，并做好表号等记录，回公司后填写工作传票，交相关班组处理。

2. 失表处理

现场抄表，发现失表时，应在抄表微机中键入异常代码，录入上一个抄表周期的电量，并做好相应的记录，回公司后填写工作传票，交相关班组处理。

十、违约用电处理

现场抄表，发现封印脱落、表位移动、高价低接、用电性质发生变化等违约用电现象时，应在抄表微机中键入异常代码，抄表员不得自行处理，并不要惊动客户，应及时与用电检查人员联系或回公司后填写《违约用电工作传票》，交相关班组或人员处理。

十一、表计故障的处理

抄表员在抄表时发现计量装置故障后，首先在现场分析了解，设法取得故障发生的时间和原因，如客户的值班记录、客户上次抄表后至今的生产情况、客户有无私自增容的情况。其次，将计量装置的故障情况及相关数据记录下来，如电能表当时的示数、负荷情况、客户生产班次及休息情况等。回公司将客户计量装置故障情况及现场所做的记录上报并配合处理。

十二、电量异常处理

抄表过程中如果发现客户电量突变，应核对抄录示数是否正确；检查计量装置是否正常；了解客户生产情况；检查对客户变电所运行的记录。对用电大户及电量变化异常的客户，抄表结束后还应向班长汇报。

十三、关门户的处理

1. 关门户的处理原则

抄表过程中，遇到门锁户，对居民客户在不可能约时补抄的情况下，可按前一个月的用电量或本月用电情况预收当月电费，但这种情况不允许连续发生两次，即下次抄表时，必须实抄到位，并核对用电量。凡估算用户必须在抄表机中注明“估”，其他客户不允许估抄。

2. 关门户的处理方法

抄表过程中，遇到表计安装在客户室内，客户门锁无法抄表时，抄表员应设法与客户取得联系入户抄表或在抄表周期内另行安排时间抄表。对确实无法抄见的一般居民客户，只可估抄一次。如系经常门锁客户，应与客户约时上门抄表或向公司建议将客户表计移到室外。

【思考与练习】

1. 抄表工作质量管理的内容有哪些?

2. 抄表员现场抄表时应注意哪些问题?

3. 抄表示数复核的内容有哪些?

第二节　自备电厂、能效电厂电能表抄录

【概述】

本节介绍自备电厂、能效电厂电能表示数抄录的要求，通过学习，掌握自备电厂、能效电厂电能表示数抄录及相关电价政策。本节还涉及相关目前常用电能表种类、异常处理等内容。

【课时】

16课时。

【适用等级】

Ⅱ级。

【正文】

一、基本概念

1. 企业自备电厂

在国家电网供电范围内的工矿企业，结合生产需要或基建配套工程兴办的火力发电厂或余气、余热电厂，称为企业自备电厂。

基本发电量：指根据资源综合利用、热电联产“以热定电”规定和自发自用的原则确定的企业自备电厂年度发电量。

上网电量：指企业自备电厂生产的电能企业自用有余，供电公司根据电网需求同意收购的电能在上网计量点的计量值。

网供电量：指供电公司向企业提供的电能在网供计量点的计量值。

自发自用电量：指企业自备电厂所发电量用于供电公司核电范围内企业所属用电设备的使用电量。

计算公式为：

自发自用电量＝企业自备电厂发电量×(1－上年综合厂用电率)－上网电量

综合厂用电率＝(发电用厂用电量＋供热用厂用电量＋主变损耗＋母线损耗)/发电量

修配车间、计划大修、技改工程及非生产(办公室、宿舍、食堂等)等用电不属于厂用电范围。

2. 能效电厂

能效电厂(简称EPP)是一种虚拟电厂，即通过实施一揽子节电计划和能效项目，获得需方节用的电力资源。国际能源界将实施电力需求侧管理，开发、调度需方资源所形成的能力，形象地命名为能效电厂。能效电厂把各种节能措施、节能项目打包，通过实施一揽子节能计划，形成规模化的节电能力，减少电力用户的电力消耗需求，从而达到与扩建电力供

应系统相同的目的。

能效电厂是解决电力短缺和能源可持续利用问题的“好帮手”。能效电厂虽然是虚拟电厂，但在满足电力需求和电网电力平衡工作中，却和供方（发、输、配、售电）能力有着同等的重要性，与建设一个常规电厂相比，EPP具有建设周期短、零排放、零污染、供电成本低、响应速度快等显著优势，是实施电力需求侧管理、实现节能减排的一种有效、直观的途径，有利于大规模、低成本的外部资金的进入。

能效电厂可实时调度的调峰能力。它包括：实施电力负荷控制、错峰、避峰、调整生产工艺等有序用电项目转移的电力负荷；推广电蓄冷蓄热技术和蓄电池技术，实施峰谷分时电价、尖峰电价和可中断电价，激励用户改变用电方式项目转移的高峰负荷；采用太阳能、风能、地热、沼气、天然气的用能项目替代的电力供应。

能效电厂的发电量是需方的节约电量。它包括：实施高效照明器具、高效节能家用电器、高效电动机与调速装置、热泵技术、变配电节电技术、余压余热利用、建筑节能等项目节约的电力电量。

能效电厂融资方式同供方能力建设一样，主要依靠银行贷款，还款方式纳入电价。建设资金的运作模式有以下四种。

模式一：电网公司作为实施主体，资金计入供电成本。可配合采用阶梯式电价、基于不同效率水平定价、配额制等措施，强化节能效果。

模式二：电网公司作为实施主体，资金来源于附加在电价上的系统效益收费。

模式三：政府提供资金，以现有的或新的税收收入弥补能效电厂所需的成本，补贴用户参加能效项目增加的投入。由政府指定机构对能效电厂进行监督。

模式四：节能企业或用户直接承担成本，能效电厂的成本直接向终端用户征收，能效电厂的实施可由政府指定机构进行监督。

二、相关电价政策

1. 系统备用容量费

与公用电网连接的所有企业自备电厂均应向接网的电网公司支付系统备用容量费。根据《关于进一步落实差别电价及自备电厂收费政策有关问题的通知》（发改电〔2004〕159号）的规定，系统备用容量费标准可参照所在省电网公司现行大工业销售电价中基本电价水平（按变压器容量计收标准）确定，也可按自备电厂与电网公司已协商一致的水平确定。

企业自备电厂系统备用容量费按并网协议中约定的电网所能提供的备用容量缴纳；对没有约定备用容量的，按企业变压器容量或最大需量扣减电网向其供电的平均负荷确定。具体水平由省级价格主管部门按以上原则制定，报发展改革委备案。

系统备用容量费与基本电费不能同时收取。

2. 基金、附加征收

自备电厂基金：可再生能源电价附加、国家重大水利工程建设基金、农网还贷基金、城市公用事业附加费、国家大中型水库移民后期扶持资金和地方小型水库移民后期扶持资金。

在确认自备电厂项目符合国家产业政策并根据国家规定认定为资源综合利用电厂（或热电联产电厂）期间，可以免交农网还贷基金、城市公用事业附加费、国家大中型水库移民后期扶持资金和地方小型水库移民后期扶持资金。

三、关口计量装置的要求

（1）关口电能表的定义及作用。

①关口电能表指把住一个关口的计量表，在电力上俗称总表。

一般来说，关口电能表总被安装在电源侧，就是树的根部和分岔处；如1个变压器供电区域有N户人家，每一户有1只电能表，用于记录每户人使用的电量，而供电的变压器则安装1只总表，用于记录整个变压器供电区域的总电量，这只表就称为关口电能表。

变电站对每条线路也有1只表，记录整条线的电量（1条线路供电区域有N台变压器），相对于变压器的表来说，它也是关口表。

②关口电能表的主要作用是考核损耗情况，如记录总的输出电量和利用记录的关口电量与到分户电能表的差值电量计算损耗。

③关口电能表是用于挂接在变电站母线出线处、线路T节点处由于计量该线路上的总供电量的（一般现在的多能表均包含正向、反向有功、无功电量），可用该计量值参与考核线损或者是考核高压计量计费用户的电量。

④一般采用进口或国产符合规程要求的多能表和智能电能表，精确度为0.2s级、0.5s级或0.5级，均具备双向计量；计量有功、无功电能，峰、平、谷、尖峰电能，最大需量；数据传输等功能。

（2）计量点处应装设符合国家有关规定的电子式多功能、双向分时电能计费计量（有功、无功、最大需量）装置，并与主站端通信连接，分别计量企业的网供电量和上网电量。电能计量装置按《电能计量装置配置规范》（DB32/991—2007）的要求配置，安装前必须由计量检验机构验收合格。电能量计量装置的安装、投运验收、周期校验与监督由计量管理有关部门或其授权机构负责。计费计量装置不得擅自更改。

（3）电能量计量装置在电压互感器二次回路中不得装设隔离开关辅助接点，不得接入任何形式的电压补偿装置。

（4）自备电厂的机端电能表计和厂用电计量表计按关口表计管理，在营销管理信息系统中建立表计、互感器资产信息，并符合关口计量精度要求，按规定进行校验。

四、自动化抄表的要求

（1）所有自备电厂发电机出口和上、下网电能计量装置均实行月末零点抄表，每月月末日24时，供电企业通过远程抄表系统（电力负荷管理系统、用电信息采集系统）按时对自备电厂的相关电量进行抄取，并应做到数据自动采集。所录数据经双方审核无误后，作为一方向另一方支付电费的依据之一。

（2）企业自备电厂的符合管理终端采集数据传至营销技术支持系统后原则上不得手工更改。

（3）远程抄表时，应定期与客户端用电计量装置记录的有关用电计费数据进行现场核对。在采用远程抄表方式后的三个抄表周期内，应每月进行现场核对抄表。若发现数据异常，应立即报相应部门进行处理。正常运行后，至少每三个抄表周期与现场计费电能表记录数据进行一次现场核对。对连续两个抄表周期出现抄表数据为零电量的客户，应立即进行现场核实。

五、现场核对抄表的要求

（1）现场抄表时，应按抄表机（卡）指示路线和表位到达现场后，找到需抄见的电能计量装置。

（2）抄表时应认真核对客户电能表表箱位、表位、抄表机（卡）客户户名、地址、表号、用电性质、表计位数等记载与现场是否一致，做好核对记录。

（3）抄表时须认真核对抄表清单记录的电能表资产编号与现场是否一致，特别是对新用户或者发生变更用电的用户第一次抄表，必须认真核对确保数据正确。

（4）抄表时应集中精力、正对表位，确保抄录数据正确。使用抄表卡抄录的电能表数据应将表码数据上下对齐，按电能表的实际位数录入。

（5）企业自备电厂客户，抄表时必须记录上月的最大需量值。

六、目前的抄表方式

目前的抄表方式主要有以下几种：

1. 使用抄表卡手工抄表方式

抄表员将电能表示数抄录在抄表卡上，回来后由专人录入计算机，这种抄表方式工作效率低、差错率高，目前只在少数农村使用。

2. 使用抄表微机手工抄表方式

抄表员运用抄表微机，在现场手工将电能表示数输入抄表微机，回来后通过计算机接口将数据输入计算机。

3. 半自动化抄表方式

（1）远红外抄表方式。抄表员使用红外抄表器远距离抄录，且一次可以录入电能表中的若干数据。

（2）用电量收益监测系统（简称485有线抄表方式）。这一方法是指用专用通信线将电能表与抄表机系统相连实现抄表，通信成功率达到100%。

用电量收益监测系统是通过采集客户侧多功能电能表的全部存储信息，对数据进行分析挖掘、加工利用，准确地掌握客户的用电状况，集中监管地区销售电量、线损、抄表质量、计量差错等工作情况，定性定量分析全公司的经济运行、电力销售、市场前景、负荷预测、利润目标等，并提供决策支持应用。

用电量收益监测系统由用电管理系统、抄表机、电能表三部分组成。其功能包括抄表，冻结数据采集，表计安装正常分析，统计计算各单位每月月末零点用电量，检查每月每户需量基本电费是否正确，统计分析用户无功倒送、分时段功率因数，检查分时表日期与时钟及误差情况，根据断电时间、断电次数、无功相位分析产生的原因（电网停电、用户电气事故、电能计量故障、窃电），分析线损，分析平均电价，分析没有执行分时电价用户的峰谷比，探测不正常用电，统计多功能表实抄率。

4. 全自动化抄表方式（电力用户用电信息采集系统）

用电信息采集集抄系统。载波集抄系统是针对分散的城市、农村低压居民用户，因电能表计比较分散，主要采用电力线载波方案，智能电能表、采集器、集中器进行组合实现数据采集。

1）用电信息采集集抄系统

低压采集抄表系统还具备用电信息的监视和管理功能。它所提供的各种用电信息可使供电管理部门用来计费出账和分析统计用电状况，为更好、更科学的用电管理提供许多有价值的资料。它是今后抄表技术的发展方向，具有以下特点：

（1）低压采集抄表技术上的优越性。

①有效提高客户电能表实抄率。在居民小区中，不少楼房住户在楼道中装设了防盗设施，使得安装于楼梯过道口的电能表抄录亦变得非常困难，一定程度上影响了电能表的实抄率，低压采集抄表系统的使用使得这些问题迎刃而解。

②低压采集抄表，可以减少人为因素的抄录误差，有效杜绝错抄、少抄、漏抄、人情抄等现象，使抄表准确性得以可靠保证。

③为用户和计量表计监测提供有效手段。通过巡测监视和设定异常电量分析，可以及时发现故障电能表和窃电苗头，大大减少了企业的经济损失，维护了企业合法权益。

④为及时进行台变线损分析提供了有力的保证。通过配变监测仪记录的配变总电量与集中抄表系统抄录的居民总电量的比较，可及时掌握台变的线损状况，为线损管理及反窃电提供了技术手段。

⑤人工的方法根本无法实现最大负荷的采样，而低压采集系统可非常容易地确定定时间隔，同时对各表进行表数据的抄录，依靠这些数据得来的最大负荷情况是准确的，做出的曲线分析是可靠的。

⑥使用远程自动抄表系统后可非常容易的根据每天抄收的数据实现三相平衡的分析。

（2）强化供电企业的优质服务。

随着低压采集系统的运用，使得供电企业在许多环节上进一步方便了客户，客观上提高了服务水平，主要体现在：

①抄表不出门，减少了抄表工作人员在抄表时对客户的打扰。

②客户办理迁址、搬家、过户等变更用电手续时，由于可以采用远程抄表抄录电量，减少了现场抄录电能表的环节，节省了客户的等待时间。

③随着抄表人员的精简，可以有更多的营销人员投入到需求侧管理和优质服务工作中，使供电企业能更好地把握居民客户的用电需求和服务要求，从而制定出相应的服务措施。

（3）健全了电力营销信息系统。

电压采集抄表系统采集的是营销信息系统中最大量的电量数据，它的应用填补了电力营销自动化系统的空白。通过低压采集抄表系统与营销管理信息系统，供电-银行联网收费系统的有机结合，就使得从客户申请、业务处理、电量抄录到电费缴纳等所有营销环节形成了一个完整的电力营销自动化系统，为提高内部管理和加强对外服务提供了有力的技术支持。

远程费控是指借助信息通信技术，通过实时费控、营销业务应用、用电信息采集等系统及手机短信、语音电话等互动平台，采集费控智能电能表信息，进行电费测算，远程下达电费预警、停复电等指令集信息，实现可用电费余额自动测算、余额信息自动预警、停复电指令自动发送的一种用户用电远程互动方式。

远程费控信息系统管理是对客户抄表数据及电费测算情况的监控及分析；负责远程费控信息系统客户终端电费余额的监测；负责组织拓展远程费控客户交费渠道、远程费控客户预存预购电费的管理工作。

①按营销业务应用系统中客户执行的电价标准和自动采集电量，对远程费控客户进行电力电费测算。

②对远程费控客户的测算频度为：每天测算一次。必要时可以进行当日实时测算。

③测算方法：两部制用电客户基本电费按采集日期还原当时变压器实际使用情况，按实际使用天数统计变压器容量或最大需量。测算天数＝本次采集时间－上次抄表时间，如果变压器在这个时间段有启停业务，则按实际启停天数测算；电度电费＝(本次采集示数－上次营销系统结算示数)×倍率×电价，执行峰谷分时电价客户取各分时电度电费之和测算；功率因数考核标准按照本次采集示数与上次营销系统结算示数之差确定，功率因数考核电费为基本电费和电度电费的功率因数考核电费之和。

④当客户交费引起可用余额发生变化时，应实时进行测算。

2）用电信息采集集抄系统

(1）用电信息采集集抄系统的形式。

①以一个楼栋的相邻多个表箱或单元集中表箱为单位，安装带有无线通信模块的采集器，将采集数据通过 GPRS 方式传输至主站。

②每一个无线采集器具备两路 RS485 接口，每路 RS485 总线最多可连接 32 块电能表。采集终端上行通信信道采用 GPRS 无线公网与主站通信。

(2）通信模式。

有三种通信模式：客户机模式、服务器模式、混合模式。

(3）采集器设备

无线采集器是遵循国网公司最新系列标准设计的产品，采用最新硬件平台，完成数据的采集、统计和上报，通过上行 GPRS 信道与主站通信，通过下行 RS485 信道与电能表通信。

3）远程抄表方式

(1）基本概念。

远程负控抄表是通过安装在客户的负荷控制管理装置，通过通信线路或微波等方式实现对客户的远程抄表。

(2）特点。

①远程抄表真正实现了对客户负荷实时、在线的监控。

②减少人员现场抄表的工作量，提高工作效率和工作质量。

③及时发现计量装置发生的故障，减少与客户的计量纠纷。

(3）远程抄表数据处理。

在收到远程抄表数据后，由专人对数据进行审核、比较和分析，然后导入电费数据库。如果发现数据异常，应安排抄表员到现场核对数据。若确定采集数据不正确，则通知负控装置维护部门查找原因。

七、常用电能表种类

目前常用电能表种类主要有以下几种：

1. 多功能电能表

所谓多功能电能表是指除具有计量有功（无功）的功能外，还具有分时、测量需量等两种以上的功能，并能实现数据显示、存储和输出的电能表。

(1）电能计量。

分时计量正向有功、反向有功、正向无功、反向无功、四象限无功电能；正向无功和反向无功的电能计量方式可设置；能存储当月、上一月、上两月的电量数据。

（2）最大需量。

分时计量正反向有功、正反向无功、四象限无功的最大需量及最大需量的发生时间。

（3）费率与时段。

可设置 8 种费率、14 个时区、12 套日时段表、14 个时段。

（4）实时测量。

精确测量电压、电量、有功功率、无功功率、视在功率、功率因数、频率等用电参数。

（5）监控记录。

分别记录最近 10 次断相、失电压、全失电压、过电压、失电流、电流不平衡、超功率、超需量设置时钟、数据清零、需量清零、对时记录、编程、上下电、电能表开盖等事件的发生时刻、结束时刻及其他相关数据。

（6）报警及跳闸。

有 4 个可编程的输出设备，它们分别是继电器、光耦合器、报警指示灯、蜂鸣器。每种设备均可以按用户编程方式输出。

（7）电量冻结。

可通过广播命令冻结所有电量，也可整点冻结，用户可编程调控整点冻结时间。

（8）停电抄表。

自备独立抄表电池，可通过按键唤醒电能表抄表。可使用抄表器、遥控器通过非接触式红外通信唤醒电能表进行抄表。

（9）通信接口。

具备 2 个 RS485 口和 1 个红外通信接口，3 个通信口完全独立，可以同时工作。

（10）负荷曲线。

支持最多 32 类曲线，每类曲线可以以不同的时间间隔记录数据。

（11）脉冲输出。

具备有功脉冲、无功脉冲、时钟秒信号、需量周期结束、正向有功远动脉冲、反向有功远动脉冲、正向无功远动脉冲、反向无功远动脉冲等光耦脉冲输出。

2. 智能电能表

三相智能电能表都是多功能意义上的电能表，是在电能计量基础上重点扩展了信息存储及处理、实时监测、自动控制、信息交换等功能，这些功能是围绕智能电网建设而增加的，以达成电能计量、营销管理、客户服务的目的。

（1）智能电能表特点。

①不需要人工抄表，有利于现代化管理。IC 卡电能表的使用避免人工抄表上门收费给客户带来的诸多不便，且历史购电数据均可以保存，便于客户查询。

②充分体现了电力的商品属性。实行先买电后用电，客户可以根据自己的实际需要有计划地购电、用电，不会因欠费而产生滞纳金，增加不必要的开支。

③解决了收费难的问题。能很好地解决零散居民客户、临时用电客户、经常欠费客户的收费问题。

④IC 卡电能表具有多种防窃电功能，起动电流小、无潜动、宽负荷、低功耗；误差曲线平直、长期运行时稳定性好；外形美观、体积小、重量轻、安装方便；准确度高，全电子式设计，内置进口专用芯片，精度不受频率、温度、电压高次谐波的影响。

⑤长寿命：采用 SMT 技术，优化的电路设计，整机出厂后无须调整电路。

⑥功耗低：采用低功耗设计，降低电网线损。

⑦预购电量：IC卡传递数据，实现数据回读，包括回读总电量、剩余电量、表内累积购电量、总购电次数等信息。

⑧存储表常数、初始值、用户住址、姓名等信息。

⑨超负荷报警断电、剩余电量报警，提醒用户及时购电。

⑩技术参数：采用长寿命基表，延长使用周期。

(2) 智能电能表功能。

①预付费功能：预收电费，剩余电量为零时自动拉闸断电。

②合闸拉闸方式：有内附开关和外附控电开关两种规格。

③记忆功能：断电情况下表内数据可保存10年。

④显示功能：双显示功能，计度器显示累计用电量，LED显示器显示剩余电量及其他信息。

⑤能够检测出普通电能表无法检测的流量（例如插座、接线板等），准确计费。

⑥智能调价模式可以针对用电过多的用户进行智能调价，以达到节能减排的作用。

【思考与练习】

1. 抄表有哪些方式?

2. 常用电能表有哪几种?

第二章　抄表工作质量管理

【概述】

本节包含抄表稽查管理、抄表工作统计等内容。通过概念描述、术语说明、要点归纳、示例介绍，掌握抄表工作质量管理的内容和方法，能以系统分析、现场抽查等方式对抄表质量进行监督。

【课时】

12 课时。

【适用等级】

Ⅱ级。

【正文】

一、抄表稽查管理

抄表稽查可以及时发现现场管理中存在的问题，如现场信息与档案不符，电价类别不对，表封不全，锁具管理不善等，从而检查发现抄表不到位、工作不认真负责，甚至与客户勾结积压电量等违法违纪问题，并有针对性地加强抄表工作质量管理。

二、抄表稽查管理工作内容

1. 对完成的抄表任务采用随机抽查、指定抄表人员或抄表段的方法建立抄表稽查计划，重点检查存在客户投诉抄表差错的抄表段；或通过分析各抄表段每时段抄表数量分布图得到可能估抄的抄表段，建立抄表稽查计划。

2. 对营销技术支持系统中长期零电量客户，电量突增突减客户和采用手工抄表、抄表机抄表客户进行初步分析比对，排除正常客户，对疑似存在抄表质量、表计故障等问题客户采取用采数据核对、现场抄表比对等手段进行稽核。

3. 运用用电信息采集系统相关功能，对营销技术支持系统核查出的电量异常或其他相关渠道反馈电量异常的客户进行远程数据比对，查找电量异常的原因。

（1）运用用电信息采集系统电表数据招测功能，对电量异常客户表计进行抄表，例如当日或实时数据招测，再与营销技术支持系统客户该月结算数据比较，当计费抄表数据大于实时数据时，可以判断计费抄表数据为估抄。当计费抄表数据小于抄表例日当日招测数据时，可根据客户日用电量（或小时用电量）进行判别。

（2）运用用电信息采集系统日抄表数据比对功能，对营销技术支持系统手工抄表方式录入的示数进行抄表数据比对。该功能对手工抄表或自动抄表及抄表方式录入客户表计数据进行抄表，对抄表例日前后两日日冻结数据进行召测，再与营销技术支持系统客户该月结算数据相比较，当计费抄表数据大于后一日日冻结数据或小于前一日日冻结数据时，可以判断计费抄表数据为估抄。

4. 运用负荷管理系统数据召测和负荷曲线功能，对安装无线电负荷控制终端客户进行抄表数据比对。当计费抄表示数大于负控实时抄表示数时，可判断计费抄表数据为估抄。当计费抄表示数大于负控实时抄表示数时，可运用客户月负荷曲线和日负荷曲线精确判断客户表计计费示数是否为估抄。

5. 运用负荷管理系统数据召测功能，对营销技术支持系统全额暂停客户进行不定期数据召测（特别是抄表例日），可以防止因客户提前复容抄表员不知情漏抄情况，也可以防止出现客户私自复容等违约用电情况。

6. 如需现场抄表的，可采用手工或抄表机现场稽查抄表。

7. 稽查抄表完成后，将现场示数录入或上传到系统，与该客户该月抄表示数进行比较：

（1）当现场稽查抄表示数小于计费抄表示数时，计费抄表示数为估抄。

（2）当稽查抄表示数大于计费抄表示数时，稽查折算抄见电量扣除计费抄见电量，与计费抄见电量比较波动率超过一定比例即可初步判断为估抄，但需管理部门确认。其中：

稽查折算抄见电量＝稽查抄表抄表抄见电量－日均用电量×（稽查抄表日期－计费抄表日期）

日均用电量＝稽查抄表抄见电量/（稽查抄表日期－上次计费抄表日期）

8. 管理部门参考稽查结果判断抄表质量。

三、抄表稽查管理工作具体要求

1. 检查是否制订了抄表计划

抄表计划的制订是否符合有关规定，对完成的抄表任务采用随机抽查、指定抄表人员或抄表段方法制订抄表稽查计划，重点检查存在客户投诉抄表差错的抄表段；或通过分析判断可能估抄的抄表段。

2. 检查抄表计划执行情况

检查抄表人员是否按计划在固定抄表周期抄录电能表，检查抄表本记录或抄表机上下装日期，抄表机反映的抄表日期是否与规定时间相一致。如需现场抄表的，可采用手工或抄表机现场稽查抄表。

抄表稽查工作的重点是：

（1）检查抄表人员是否严格按照抄表例日到现场抄表。

（2）检查抄表时是否认真核对抄表信息。例如现场互感器倍率与系统档案互感器倍率不符，同一套互感器变化比不一致，互感器倍率不对应，计量方式与电价不一致，低压客户执行高压电价，高压客户执行低压电价，用电类别与电价不一致，高压非居民客户未考核力率，以及是否存在抄表员擅自更改用电类别及比例、电价和计量方式等现象。

（3）检查计量装置的运行状态，是否在抄表时发现计量装置及其他异常情况未做记录、未及时处理的问题。

①电能表烧坏、停走、空转、倒走、卡字、封印损坏、失窃、表位移动、表位不当、互感器烧坏等。

②用电量突增、突减、零电量、长期不用电（6 个月及以上）、分表电量大于总表电量等异常现象。

③检查是否有串户和抄错电能表读数及表位数的问题。

④检查抄表记录与现场是否相符，本月抄见度数是否小于上月抄见度数、是否连续。

⑤核对计费清单与抄表档案客户数是否一致。

⑥检查是否存在估抄、漏抄及非正常划零。

⑦检查是否存在现场电量积压。

⑧检查是否有发现违章用电、窃电行为未按规定进行上报处理的情况。

⑨检查是否存在利用职务或工作上的便利，凭借供电设施、计量等器具，教唆、传授窃电技术，或为他人窃电提供便利、内外勾结窃取电能的行为。

⑩检查是否有其他违反抄表规定的行为。

3. 自动化抄表重点检查抄表正确率、抄表及时率偏低的抄表段。

（1）检查是否按例日召测或回读抄表数据。

（2）检查发现抄表系统故障或对数据有疑问，是否及时上报处理。

（3）检查是否定期对远抄数据与客户端电能表记录数据进行现场校核。

4. 抄表示数比较

稽查抄表完成后，将现场示数录入或上传到电力营销技术支持系统，与该客户该月抄表示数进行比较。

（1）当现场稽查抄表示数小于计费抄表示数时，计费抄表示数为估抄（特殊情况除外）。

（2）当稽查抄表示数大于计费抄表示数时，稽查折算抄见电量扣除计费抄见电量，与计费抄见电量比较波动率超过一定比例即可初步判断为估抄，但需管理部门确认。

5. 零度户核查

列出连续数月零度户清单，根据零度户清单，核查客户不用电的原因，确保零度户信息准确无误。对于连续多月用电量为零的客户，派专人进行检查。

零度户指在一个抄表周期内，用电量为零的用电客户。按照形成原因分为正常和非正常两大类，正常零度户包括为用电零度户、新装表零度户、备用电源零度户、客户暂停零度户等；非正常零度户包括计量故障零度户、有户头无电表零度户、窃电零度户、抄表错误或未抄表零度户等。

6. 参考稽查结果判断抄表质量

7. 稽查问题处理

对抄表稽查中发现的异常问题，分类启动处理流程。对抄表人员工作质量问题，按照相关考核办法对责任人进行处理。

四、抄表工作统计

1. 抄表工作统计要求

（1）建立抄表质量评价及监督考核制度。对实抄率、抄表正确率、抄表信息完整率进行考核。

（2）统计中，户数为合同户。

应抄户数＝月抄表计划的户数

实抄户数＝月抄表计划的实抄户数

未抄户数＝月抄表计划的未抄户数

估抄户数＝月抄表计划的估抄户数

超期户数＝实际抄表日期小于计划抄表日的总户数

提前抄表户数＝实际抄表日期小于计划抄表日的总户数

实抄率＝(实际户数/应抄户数)×100％

计划完成率＝(计划抄表日的抄表户数/计划抄表户数)×100％

抄表正确率＝(实抄户数－差错户数）/实抄户数×100％

抄表及时率＝(按抄表例日完成的抄表户数/实抄户数)×100％

月末抄表电量比重＝(每月 25 日及以后的抄见户售电量之和/月售电量)×100％

零点抄表电量比重＝(月末 24 时抄见户售电量之和/月售电量)×100％

每月 25 日以后的抄表电量不得少于月售电量的 70％，其中，月末 24 时的抄表电量不得少于月售电量的 35％。(《国家电网公司营业抄核收工作管理规定》第九条)

2. 抄表工作统计内容

利用营销技术支持系统的相关功能，按人员、管理单位统计实抄表率、抄表正确率、抄表及时率、月末抄表电量比重、零点抄表电量比重，并根据管理单位、抄表状态、抄表方式汇总得出应抄户数、实抄户数、未抄户数、估抄户数、超期户数、提前抄表户数等。

通过抄表工作数据的统计结果，判断抄表工作质量，及时发现问题。例如采用自动化抄表方式时，抄表及时率偏低，反映未能及时按例日召测或回读抄表数据，抄表正确率偏低，则反映存在通信网络、电能表质量、线路连接质量或其他方面存在技术问题。

现场抄表主要通过现场检查的方式进行，在系统中录入抽查的数据进行统计。

自动化抄表可直接在系统中统计，随时反馈抄表工作质量。

【思考与练习】

1. 抄表电量异常可能有哪些原因?

2. 抄表稽查工作包含哪些内容?

第三章　抄表应用及常见问题汇总

【概述】

本节包含抄表的具体应用、分布式电源抄表等特殊抄表业务的操作方法，以及一些常见问题汇总等内容。通过对抄表的具体应用进行介绍，有助于更深刻地了解抄表工作如何开展。

【课时】

16 课时。

【适用等级】

Ⅱ级。

【正文】

一、抄表顺序批量调整

当前位置：抄表管理>>抄表段管理>>功能>>抄表顺序调整，在 SG186 系统的显示抄表顺序调整图如图 1-3-1 所示。

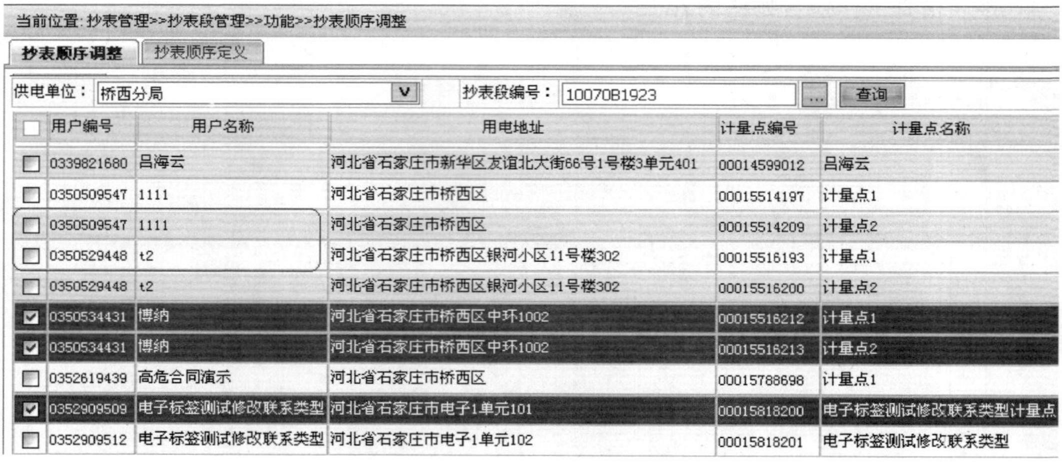

当前位置:抄表管理>>抄表段管理>>功能>>抄表顺序调整

抄表顺序调整　抄表顺序定义

供电单位：桥西分局　抄表段编号：10070B1923　查询

	用户编号	用户名称	用电地址	计量点编号	计量点名称
☐	0339821680	吕海云	河北省石家庄市新华区友谊北大街66号1号楼3单元401	00014599012	吕海云
☐	0350509547	1111	河北省石家庄市桥西区	00015514197	计量点1
☐	0350509547	1111	河北省石家庄市桥西区	00015514209	计量点2
☐	0350529448	t2	河北省石家庄市桥西区银河小区11号楼302	00015516193	计量点1
☐	0350529448	t2	河北省石家庄市桥西区银河小区11号楼302	00015516200	计量点2
☑	0350534431	博纳	河北省石家庄市桥西区中环1002	00015516212	计量点1
☑	0350534431	博纳	河北省石家庄市桥西区中环1002	00015516213	计量点2
☐	0352619439	高危合同演示	河北省石家庄市桥西区	00015788698	计量点1
☑	0352909509	电子标签测试修改联系类型	河北省石家庄市电子1单元101	00015818200	电子标签测试修改联系类型计量点
☐	0352909512	电子标签测试修改联系类型	河北省石家庄市电子1单元102	00015818201	电子标签测试修改联系类型

图 1-3-1　抄表顺序调整图（一）

如需将所选的两户，调整至图 1-3-1 圈住的两户之间，有两种方法：

第一，选中用户名称为“t2”的一行，在该行单击右键，选择“移至该户之前”即可，如图 1-3-2 所示。

图 1-3-2　抄表顺序调整图（二）

第二，选中用户名称为“1111”的这一行，在该行单击右键，选择“移至该户之后”即可，如图 1-3-3 所示。

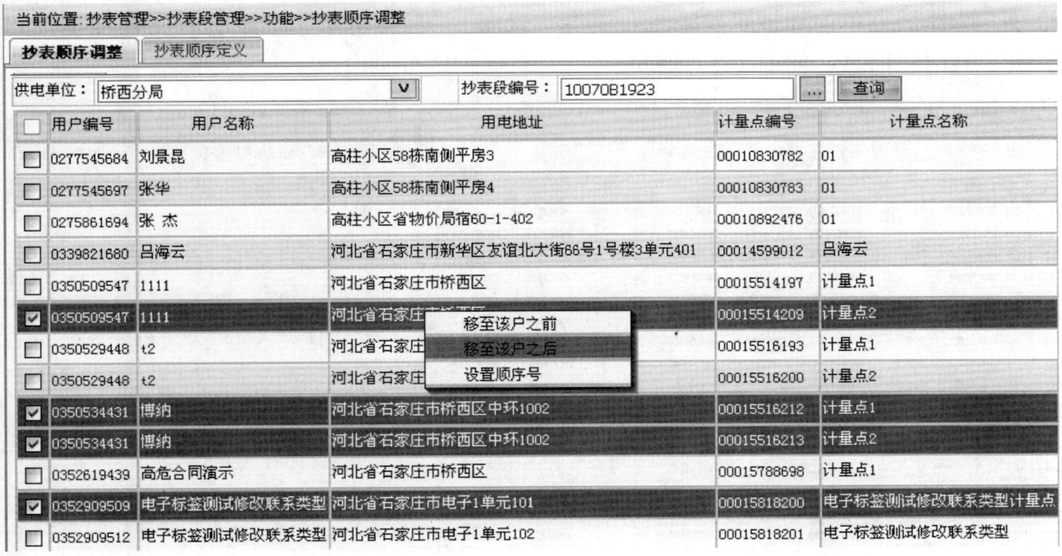

图 1-3-3　抄表顺序调整图（三）

调整完毕后，单击“保存”按钮。

二、计量箱表号、表位号修改操作

（1）打开 SG186 系统，当前位置：抄表管理＞＞抄表段管理＞＞功能＞＞计量箱关系维护，系统显示的计量关系维护图如图 1-3-4 所示。

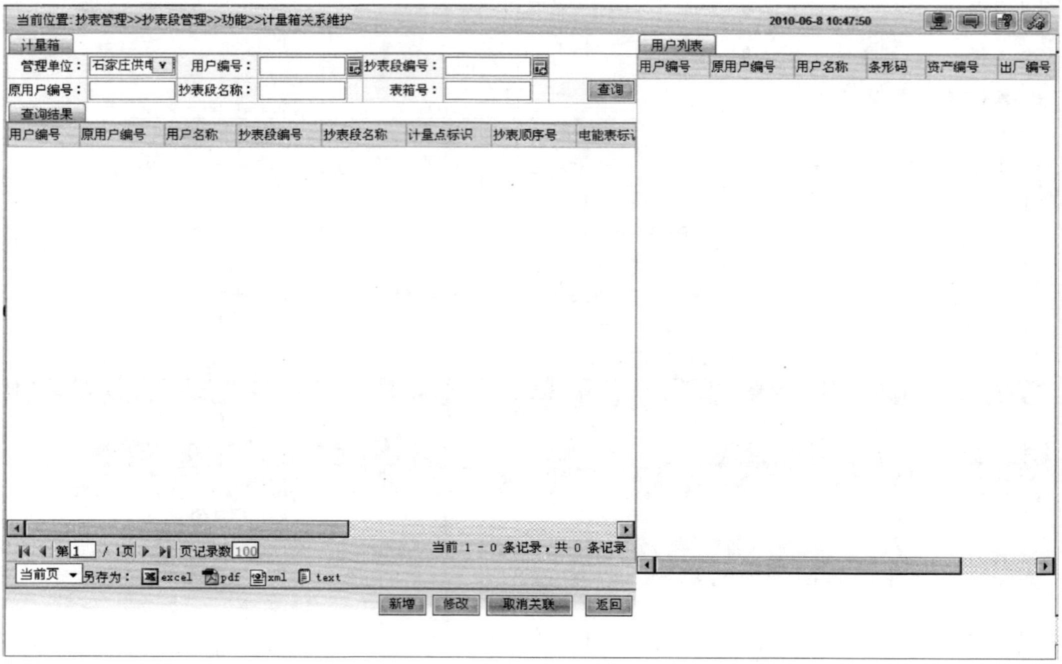

图 1-3-4　计量关系维护图（一）

（2）必选项：管理单位；可选项：用户编号、抄表段编号、原用户编号、抄表段名称、表箱号。选择供电单位和抄表段编号，单击“查询”“查询结果”中显示对应管理单位和抄表段编号的用户信息，如图 1-3-5 所示。

图 1-3-5　计量关系维护图（二）

（3）在查询结果中选中一条记录，右侧“用户列表”中显示与选中用户表资产对应计量箱标识相同用户列表，如图 1-3-6 所示。

图 1-3-6　计量关系维护图（三）

（4）新增计量箱标识。

①表资产不存在计量箱编号、表位号的用户，可以新增计量箱标识，在查询结果中选中一条记录，单击“新增”按钮，将会出现如图 1-3-7 所示的网页对话框。

图 1-3-7　计量关系维护图（四）

注：若已存在计量箱号、表位号，则提示：“计量箱号已存在，不允许添加”。

②单击“容器标识”后的按钮，查询已存在的计量箱标识，选择一条记录单击确定，返回到新增计量箱标识页面，并输入“表位号”“安装日期”等，然后保存，操作提示图如图 1-3-8 所示。

图 1-3-8　操作提示图（一）

③单击“确定”按钮，检查信息无误后，返回到“计量箱关系维护”页面，计量箱标识、表箱号、表位号已存在，如图 1-3-9 所示。

电能表标识	条形码	资产编号	出厂编号	电能表示数	计量箱标识	表箱号	表位号
34131187	0700701020201300220232	000000000000000465	30022023		39452555	8888	12

图 1-3-9　操作提示图（二）

（5）修改表出厂编号、表箱号、表位号。

①在查询结果中选中一条表箱号已存在的一条计量，单击“修改”按钮，弹出修改对话框如图 1-3-10所示。

图 1-3-10　操作提示图（三）

②输入正确的电能表出厂编号、表箱号、表位号，然后单击“确定”，提示确定要修改“点击”确定，修改成功，操作如图 1-3-11 所示。

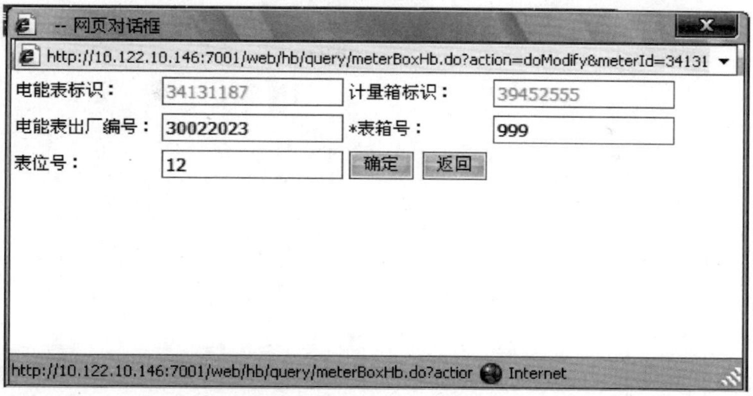

图 1-3-11　操作提示图（四）

单击“返回”，则返回到计量箱关系维护界面。

注意：只能修改表箱号、表位号已存在的记录，如果不存在，会提示“计量箱号不存在，请添加”。

取消关联：取消表计资产已存在的表箱号、表位号。

取消关联前查询显示如图 1-3-12 所示。

条形码	资产编号	出厂编号	电能表示数	计量箱标识	表箱号	表位号
0700701020201300220232	000000000000000465	30022023		39452555	999	12

图 1-3-12　查询显示图（一）

取消关联后查询显示如图 1-3-13 所示。

条形码	资产编号	出厂编号	电能表示数	计量箱标识	表箱号	表位号
0700701020201300220232	000000000000000465	30022023				

图 1-3-13　查询显示图（二）

三、手动同步采集数据

1. 功能说明

自动化抄表由于数据量比较大，为了避免实时同步造成的应用负载增加，无法做到实时同步，如果由于档案或采集数据错误等原因造成无数据或数据错误，容易造成抄表工作的延期和采集率下降，为了提高各单位的自动采集率，减少手工录入工作，现在营销系统增加采集手工同步的功能。

2. 操作方法

功能：中间库有数据，未获取到时可以通过以下功能将数据同步到营销系统，然后在抄表流程中获取数据。

手动同步采集数据如图 1-3-14 所示。当前位置：抄表管理＞＞抄表计划管理＞＞功能＞＞手动同步采集数据。

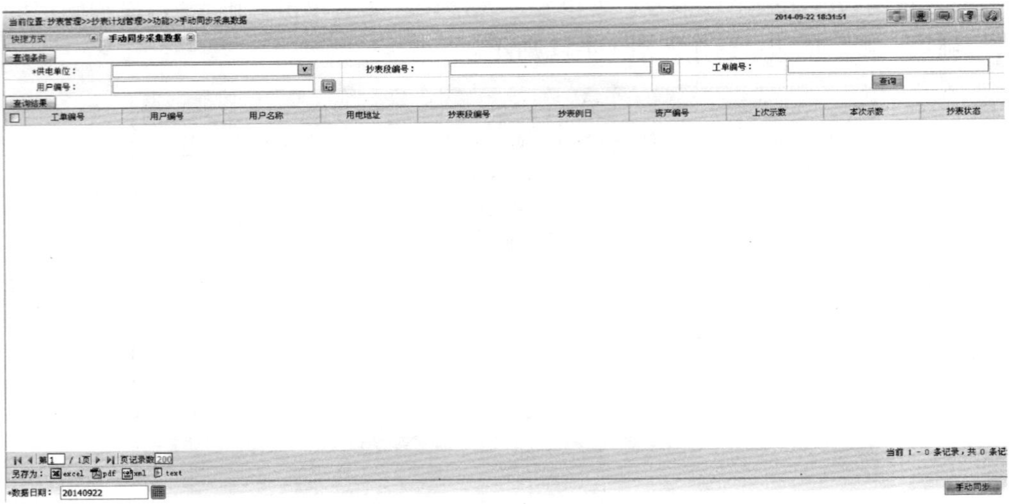

图 1-3-14　手动同步采集数据

选择单位，输入工单编号或抄表段编号后，即可显示出在途的抄表示数，选中所要更新的记录，并选择更新的日期，单击手工同步按钮，提示同步成功，说明已同步成功。

四、抄表数据项预复核

1. 权限分配

(1) 进入角色管理，角色描述里输入“农电”字符值，单击查询找到“抄表管理角色”(角色描述为“农电-抄表数据预复核”)系统显示如图 1-3-15 所示。

当前位置：系统支撑功能＞＞组织及权限管理＞＞角色管理＞＞角色管理。

图 1-3-15　抄表角色管理图

（2）将角色分配给所需部门。在左侧选择“分配部门”TAB 页，然后单击下面新增按钮，新增选择要分配的部门并单击保存，操作如图 1-3-16 所示。

图 1-3-16　抄表角色部门分配图

完成后在“已经分配部门”信息列表中可以看到刚才分配的部门信息，系统查询图如图 1-3-17所示。

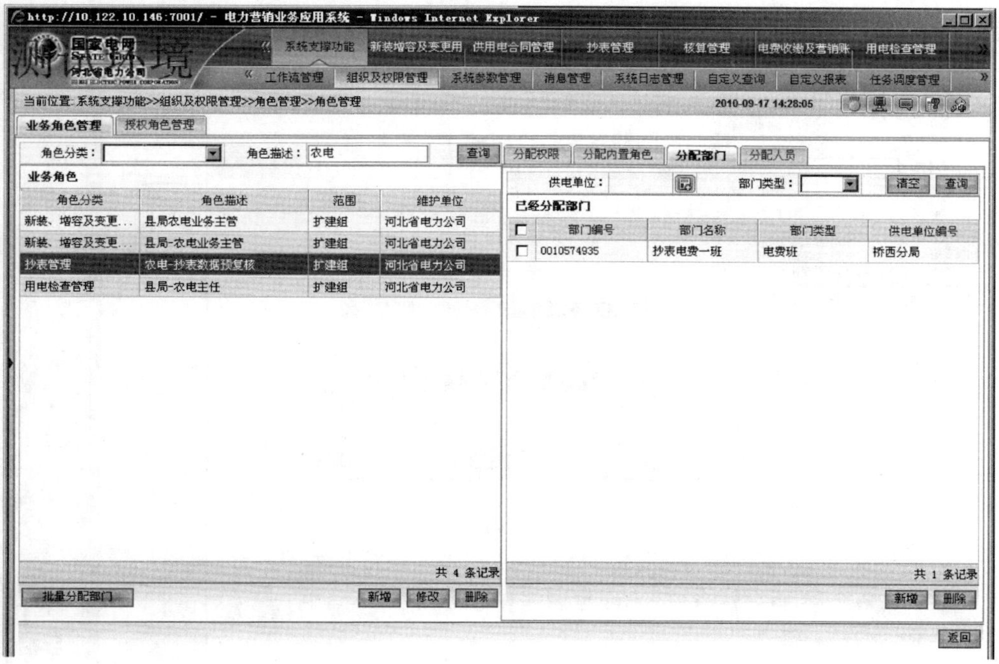

图 1-3-17　系统查询图

（3）分配角色到具体操作员。在给部门分配完角色后，再给具体的操作员分配角色。单击“分配人员”TAB页，再次单击“新增”按钮，在弹出的人员选择界面中，选择具体需要分配这个角色的操作员，单击保存，抄表角色个人分配图如图1-3-18所示。

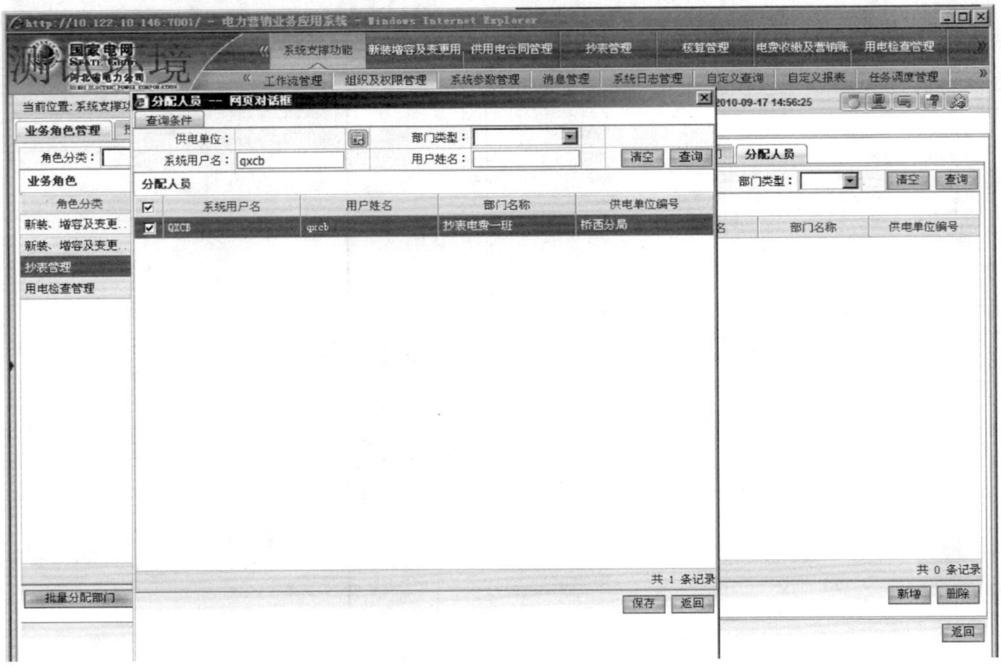

图1-3-18 抄表角色个人分配图

完成后给出如图1-3-19所示的系统提示。

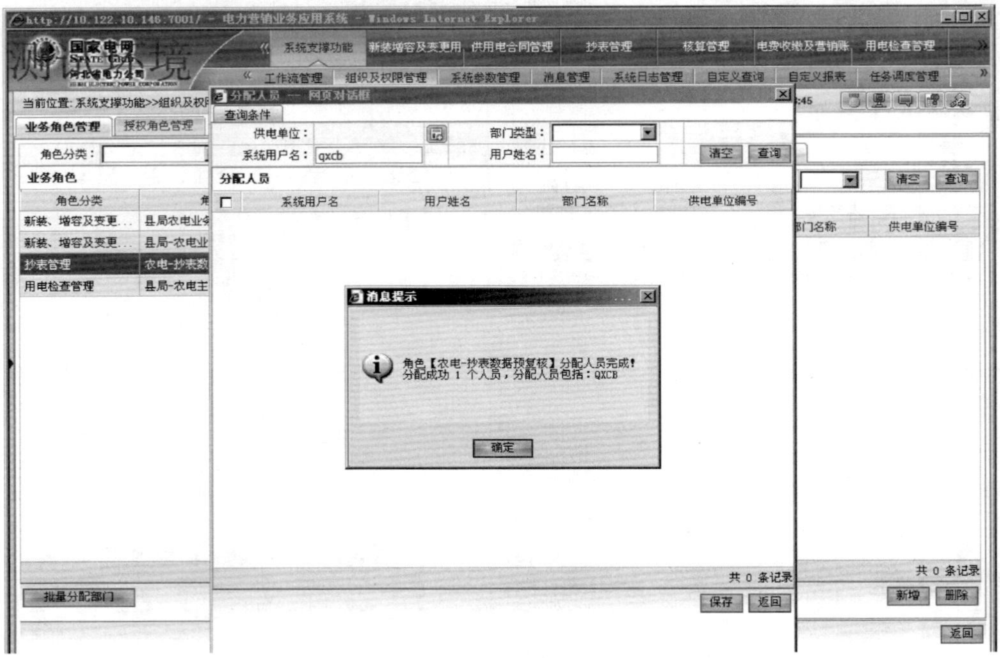

图1-3-19 系统提示图

此时在“分配人员”TAB页里可以看到，已经分配此角色的操作员信息列表，系统查询如图1-3-20所示。

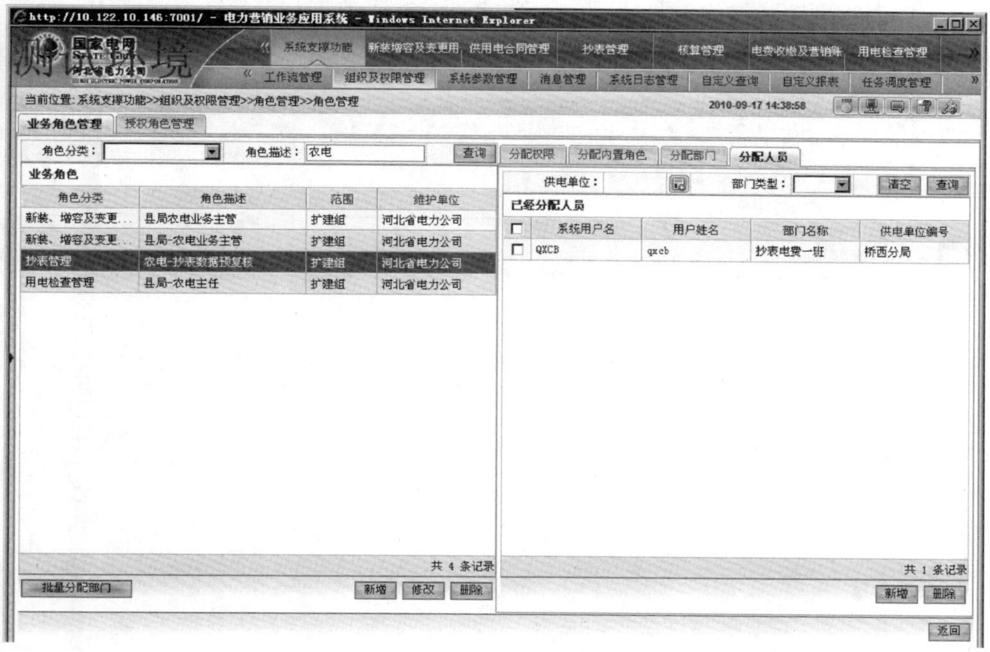

图1-3-20 系统查询图（一）

使用具体操作员账号登录营销系统，在当前位置：抄表管理>>抄表计划管理>>功能>>抄表数据预复核，可以看到此功能项菜单，系统查询如图1-3-21所示。

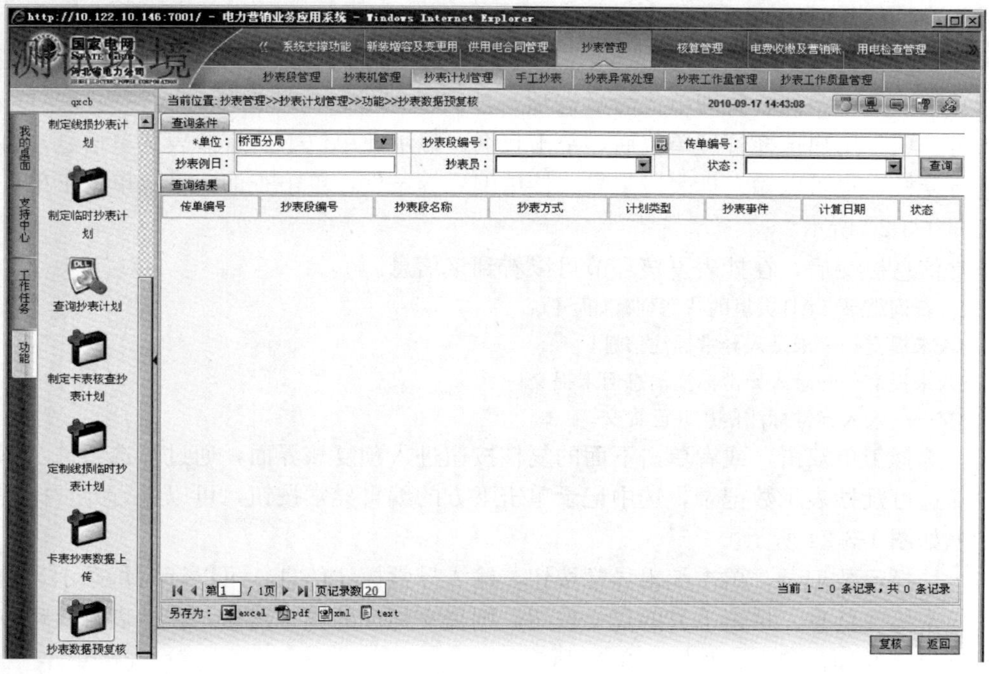

图1-3-21 系统查询图（二）

2. 抄表数据预复核使用

(1) 输入工号、密码登录营销系统后，进入抄表数据预复核界面，如图 1-3-22 所示，当前位置：抄表管理>>抄表计划管理>>功能>>抄表数据预复核。

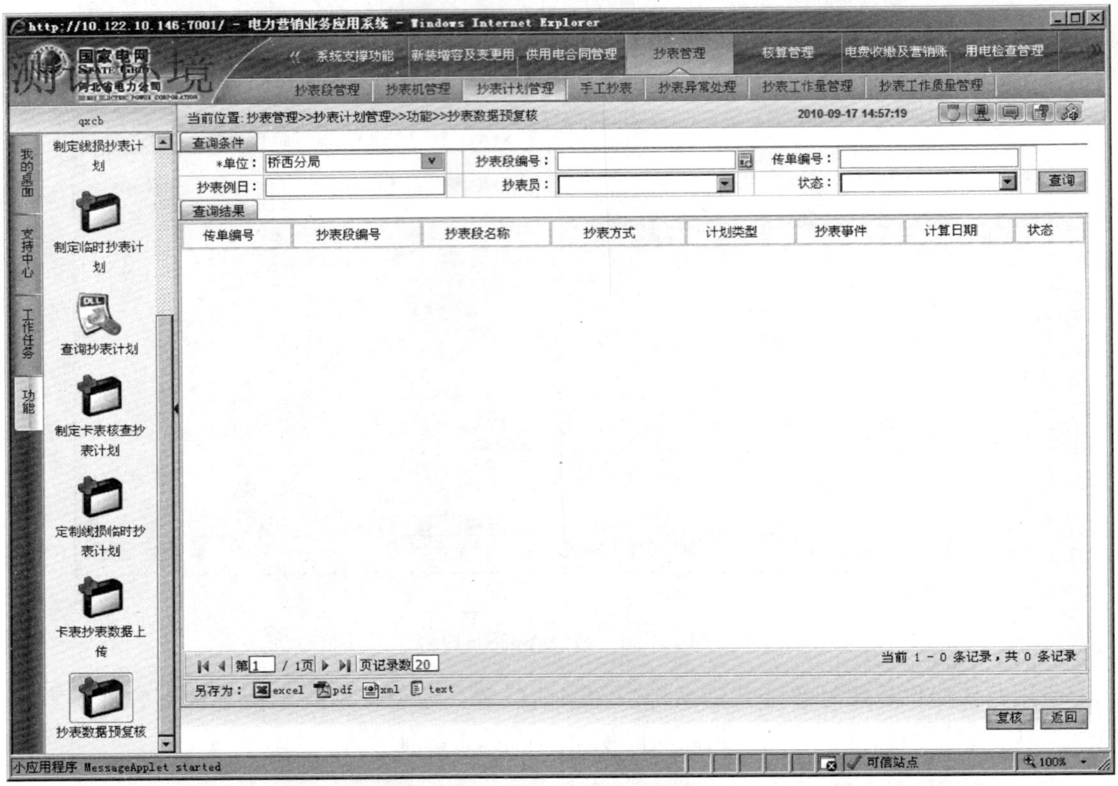

图 1-3-22　抄表数据预复核（一）

(2) 输入查询条件。管理单位为必选项，抄表段编号、传单编号、抄表例日、抄表员、状态为可选项。用户选择管理单位后，单击查询，显示此单位下所有抄表工单信息，再选择工单进行复核，也可以输入抄表段编号、传单编号等条件，单击查询，显示单个工单进行复核，如图 1-3-23 所示。

异常信息提交后，在抄表复核环节可以看到该信息。

注意：查询结果 TAB 页里的状态列有如下值：

未录入未提交——未录入异常标注信息；

已录入未提交——录入异常标注信息但未提交；

已提交——录入异常标注信息并已提交。

(3) 选择工单双击，或者单击下面的复核按钮进入预复核界面，通过筛选条件及审核规则可以筛选可疑抄表示数记录，选中记录单击下方的编辑异常按钮，可以进行异常标注。网页对话框如图 1-3-24 所示。

(4) 选择示数记录，单击编辑异常按钮，输入异常标注信息，可以针对每条示数信息分别录入异常标注信息。单击下方的提交按钮，则提交标注的异常信息，在抄表复核环节里就可以看到提交的异常信息，如图 1-3-25 所示。

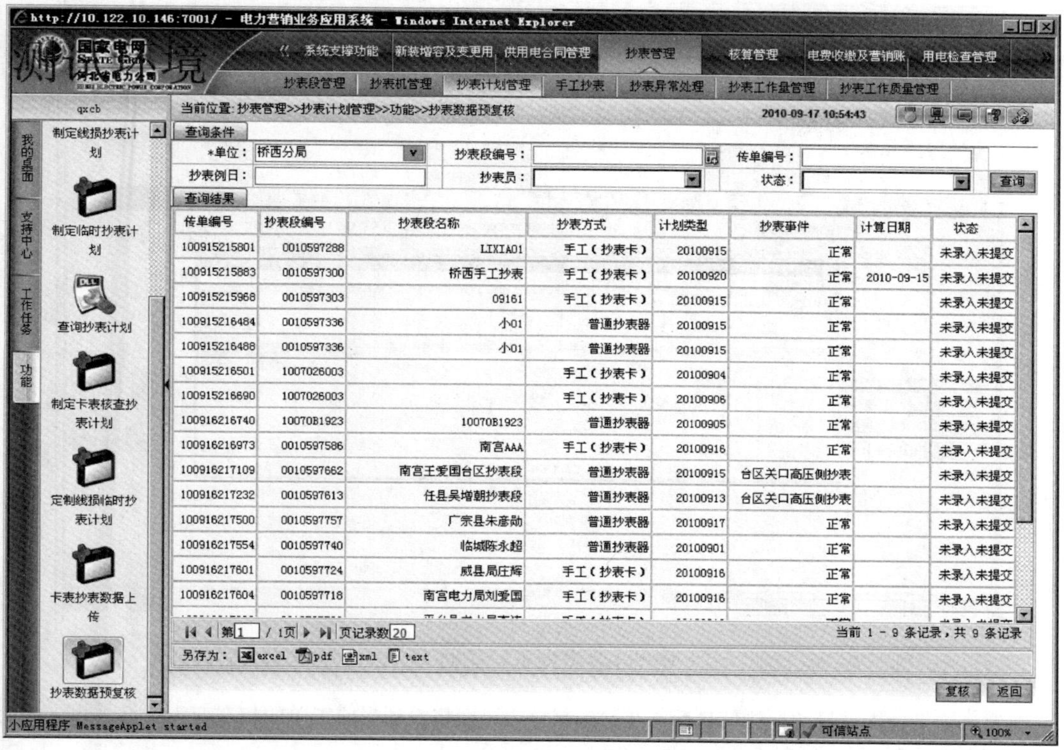

图 1-3-23　抄表数据预复核（二）

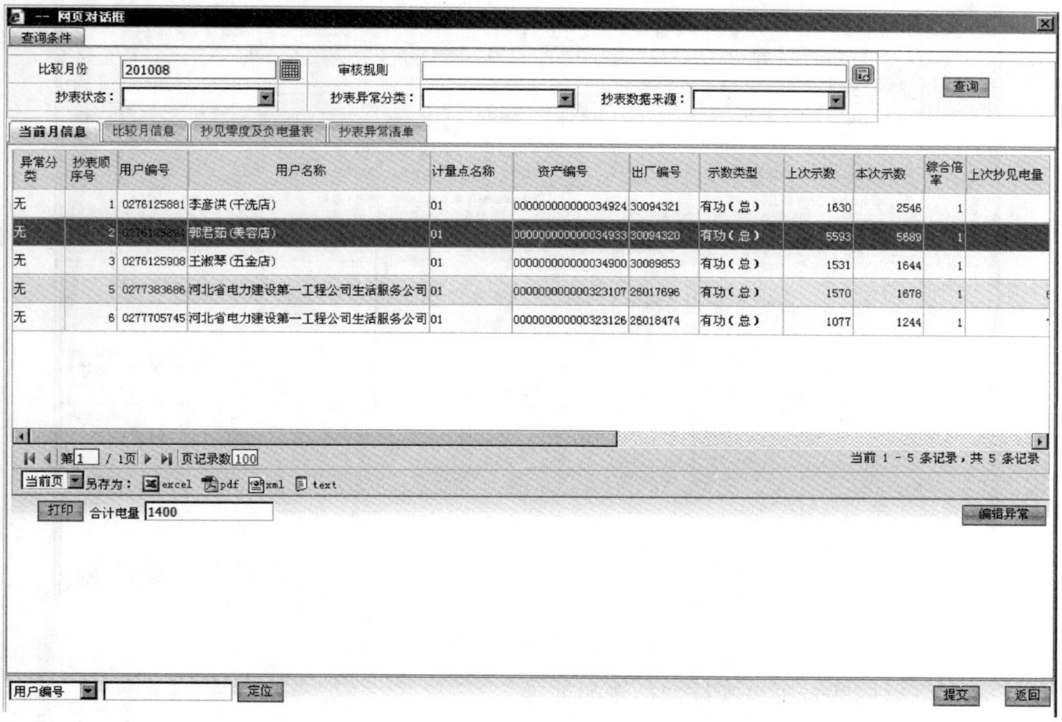

图 1-3-24　网页对话框（一）

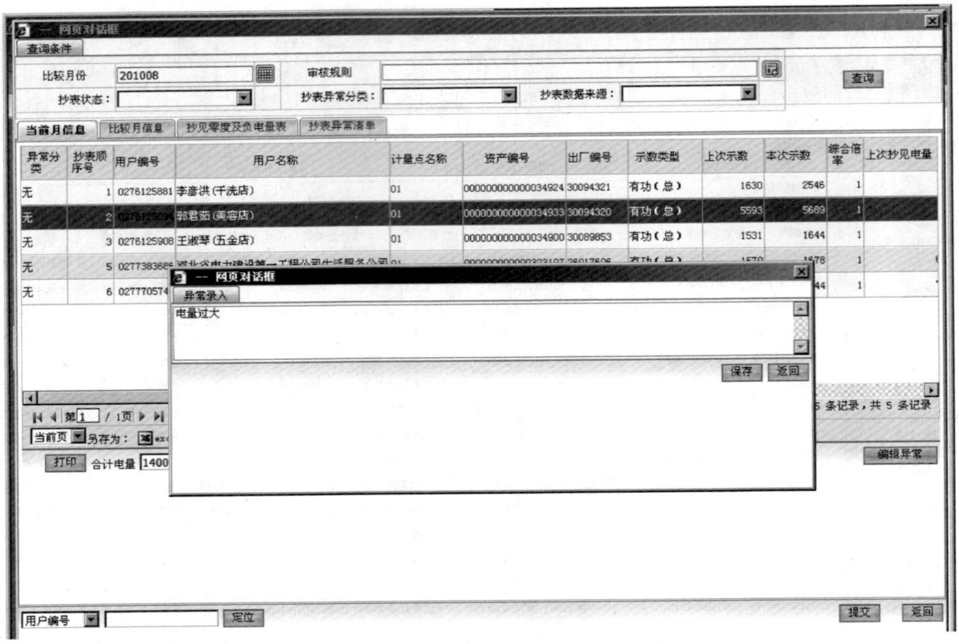

图 1-3-25　网页对话框（二）

注意：如果录入过异常标注信息后，在预先复核主界面将看到当前工单的状态变为：已录入未提交状态，单击提交，系统提示保存成功，如图 1-3-26 所示。

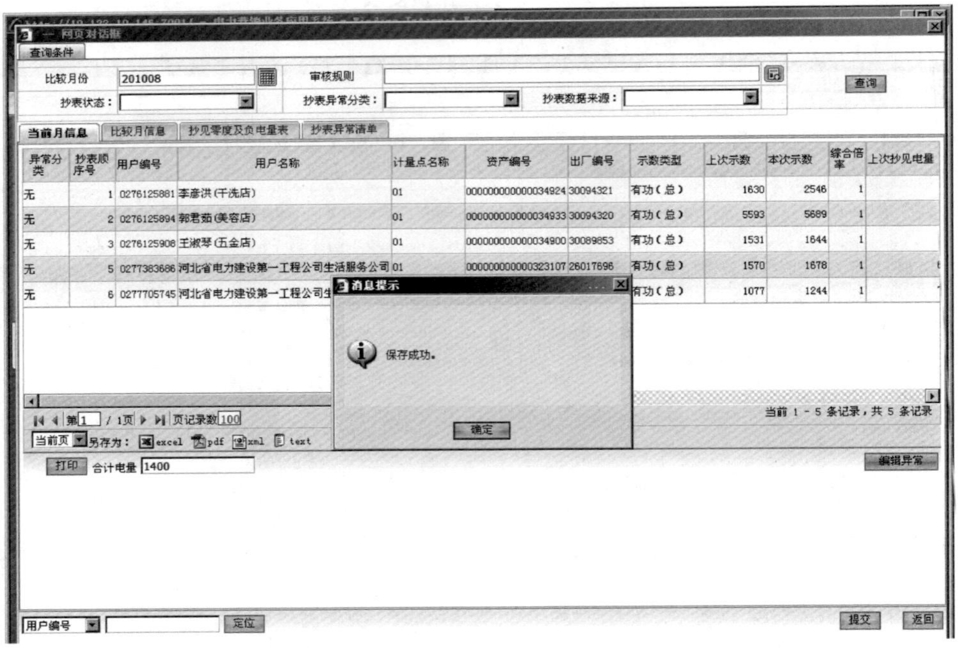

图 1-3-26　网页对话框（三）

3. 抄表复核环节对于异常标注信息的处理

（1）在数据复核环节，工单发送之前会校验是否有未修订的数据，如果有，则会有提示。如果发送时工单还未在预复核功能中做提交，也会有提示，如图 1-3-27 所示。

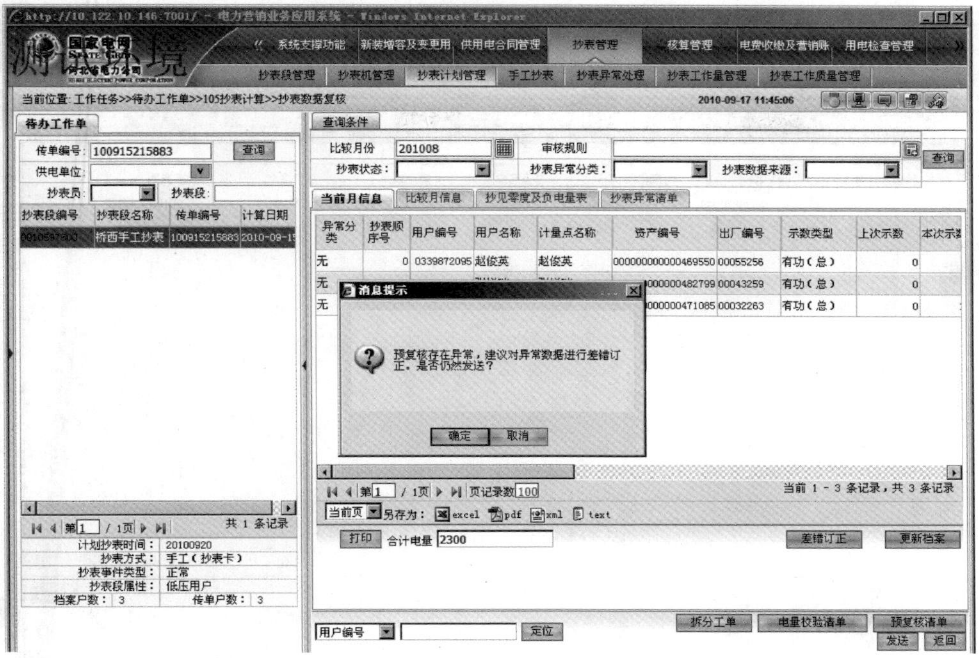

图 1-3-27　预复核异常提示

（2）在录入异常信息结束并提交之后，复核人员可以在抄表数据复核页面中查看到已录入的异常信息。对相应的异常数据，做差错订正可修改状态为“已修订”。

单击界面下方“预复核清单”按钮，弹出当前工单的预复核清单信息，订正前信息如图 1-3-28所示，订正后信息如图 1-3-29 所示。

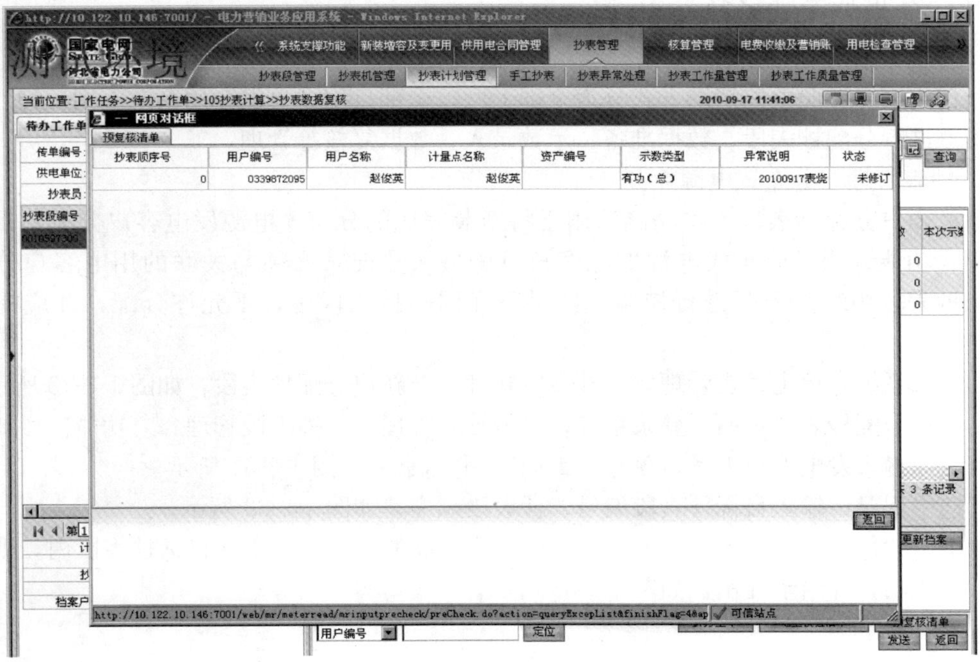

图 1-3-28　订正前信息

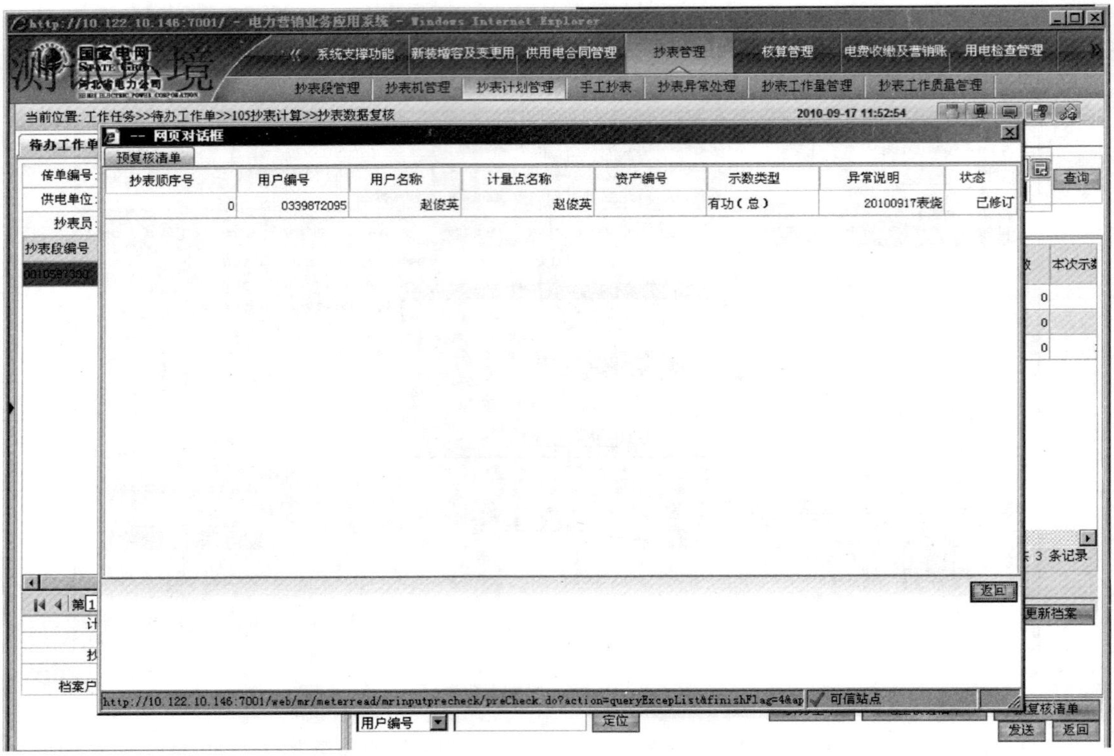

图 1-3-29　订正后信息

注意：如果电费计算工单做档案更新或终止处理，则该会将相应的异常信息清除。

五、分布式电源抄表

1. 业务项概述

分布式电源按照电能消纳方式分为全部上网、全部自用、自发自用余电上网三种。对这三种用户进行分配抄表段、数据准备、示数录入、数据复核等管理。

2. 抄表管理（分布式电源业务）

（1）客户分配抄表段。本功能适用于将新装完成的分布式电源发电客户分配到目标抄表段中。功能说明：分布式电源发电客户分配抄表段时，必须与关联的用电客户分配在同一个抄表段中。分配时进行校验，如果不在同一抄表段中，不允许分配，并应提醒操作人员。

①登录系统，单击抄表管理>>抄表段管理>>新户分配抄表段，如图 1-3-30 所示。

②新户分配抄表段页面。登录系统，单击抄表管理>>抄表段管理>>功能>>新户分配抄表段，输入发电客户编号，单击“查询”，显示页面如图 1-3-31 所示。

③选中记录，输入目标抄表段编号、抄表段顺序，如图 1-3-32 所示。

④单击“保存”按钮保存，如果与发电客户关联的用电客户不在目标抄表段内，则分配抄表段不成功，并给予提示，如图 1-3-33 所示。

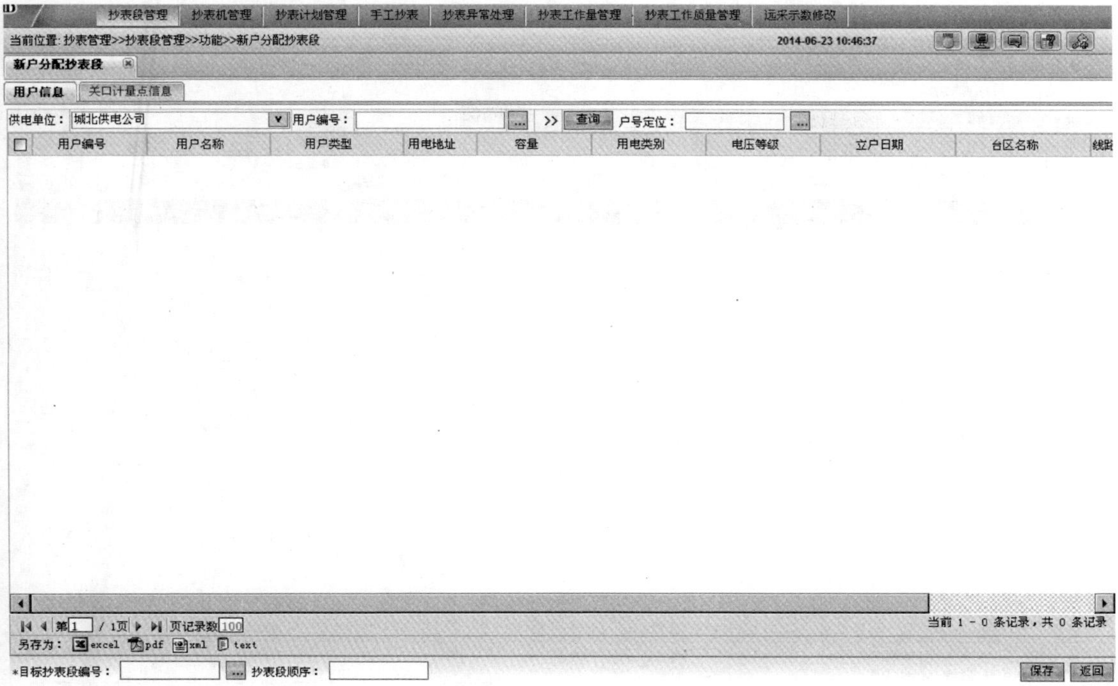

图 1-3-30 系统登录

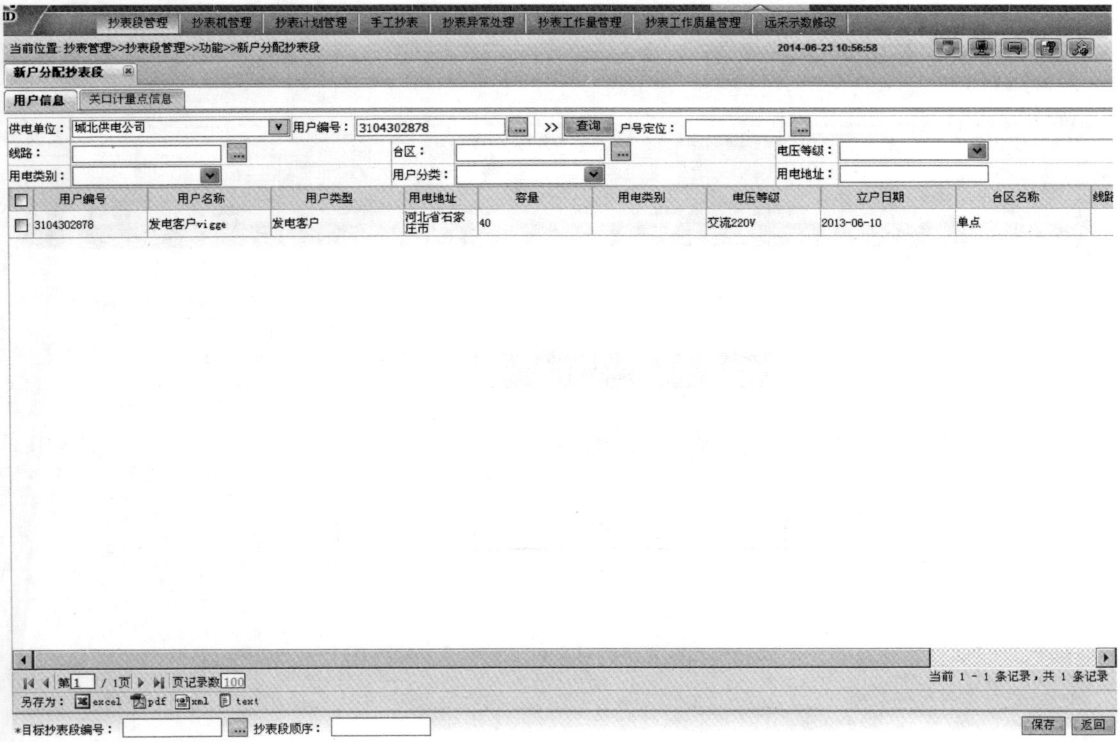

图 1-3-31 系统查询

图 1-3-32　系统操作页面

图 1-3-33　系统提示页面（一）

⑤单击【保存】按钮，如果与发电客户关联的用电客户在目标抄表段内，则分配抄表段成功，并给予提示，如图 1-3-34 所示。

图 1-3-34 系统提示页面（二）

（2）数据准备。本功能适用于分布式电源发电客户。功能说明：由于发电客需要根据税率计算出购电费税额和补助资金税额，数据准备时需要准备发电客户税率。

①登录系统，单击抄表管理＞＞抄表计划管理＞＞制订抄表计划，生成计划后，单击发送，发起抄表计划流程，单击代办，进入抄表数据准备页面，如图 1-3-35 所示。

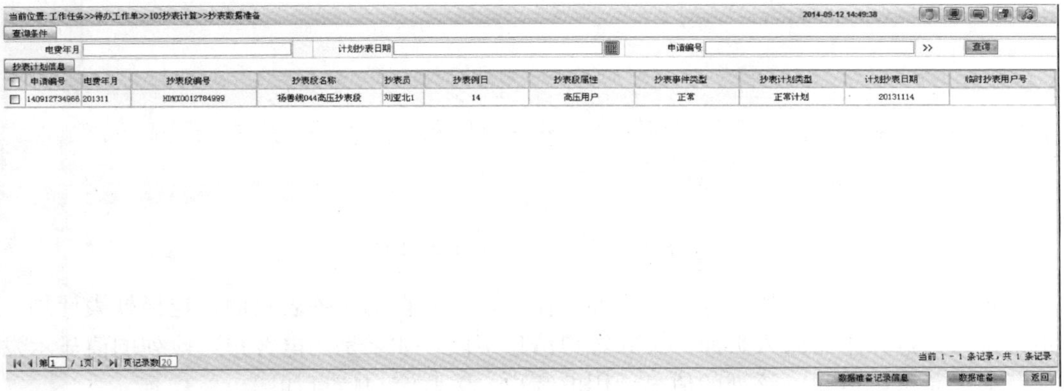

图 1-3-35 抄表数据准备

②登录系统，单击工作任务＞＞待办工作单，进入数据准备页面，输入抄表段编号，查询抄表计划，如图 1-3-35 所示。

③选择抄表计划，单击数据准备，准备成功，流程发送到下一环节处理，并给予提示，如图 1-3-36 所示。

图 1-3-36　系统提示页面（三）

（3）抄表数据录入。本业务适用于分布式电源发电客户，抄表手工录入示数。功能说明：查看与发电客户有关的用电客户示数录入信息功能。

①登录系统，单击抄表管理>>抄表计划管理>>制定抄表计划，发起抄表计划流程，完成数据准备，单击代办，进入自动化抄表页面，单击手工录入按钮，进入手工录入示数页面，如图 1-3-37 所示。

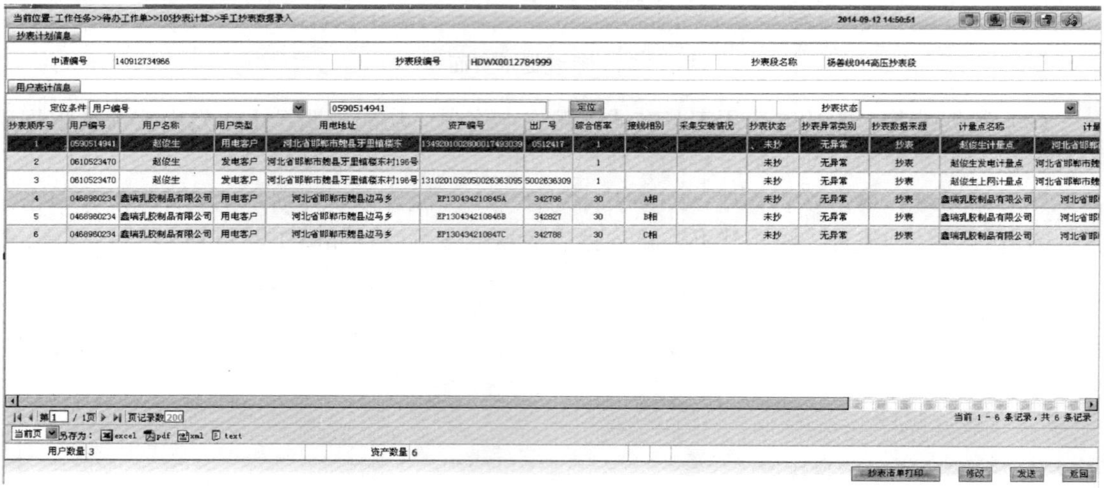

图 1-3-37　手工录入示数页面

②登录系统，单击工作任务>>代办工作单，进入自动化抄表页面，选择抄表计划，单击手工录入，进入手工录入页面。关联客户信息字段，如果是用电客户，该列的值显示发电客户；如果是发电客户，该列的值显示用电客户，关联客户信息如图 1-3-37 所示。

③单击记录的发电客户>>用电客户，如果没有关联，则给予提示，如图 1-3-38 所示。

④单击记录的发电客户>>用电客户，如果存在关联，光标移到与其关联的记录上，如图 1-3-39 所示。

（4）抄表数据复核。本业务适用于分布式电源发电客户，抄表数据复核。功能说明：查看发电客户关用电客户抄表数据信息功能。

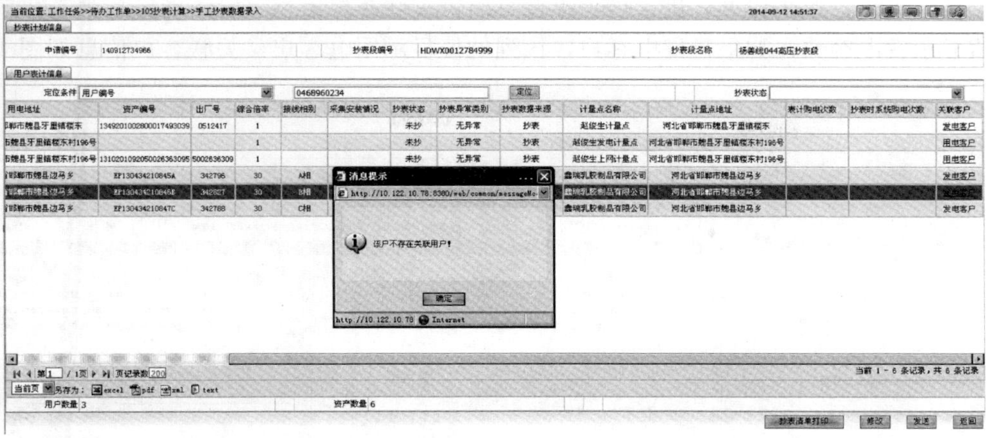

图 1-3-38　系统提示页面（四）

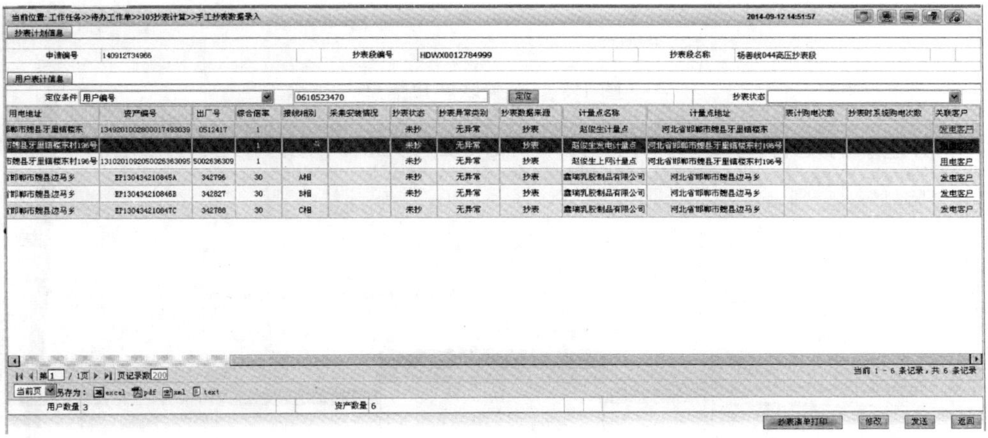

图 1-3-39　系统操作页面（五）

①登录系统，单击抄表管理>>抄表计划管理>>制定抄表计划，发起抄表计划流程，完成数据准备、录入示数后，单击代办，进入抄表数据复核页面，如图 1-3-40 所示。

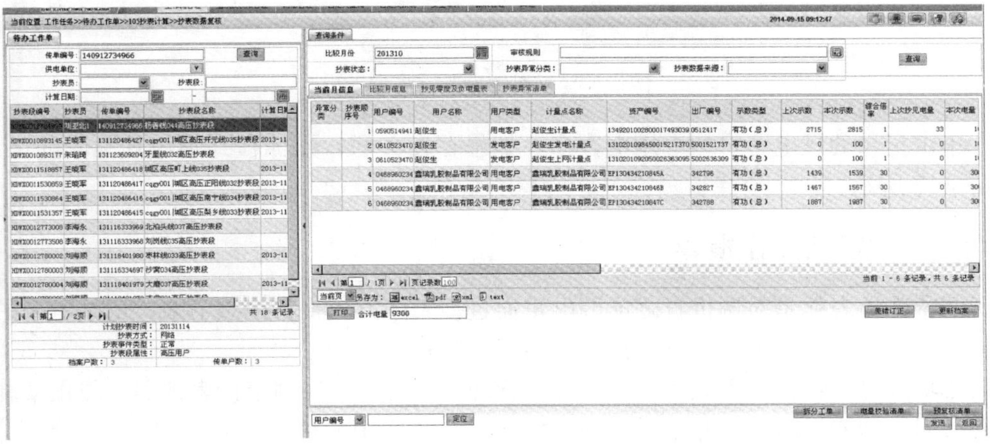

图 1-3-40　抄表数据复核

②登录系统，单击代办，进入抄表复核页面，关联客户信息字段，如果是用电客户，该列的值显示发电客户；如果是发电客户，该列的值显示用电客户，关联客户信息如图 1-3-41 所示。

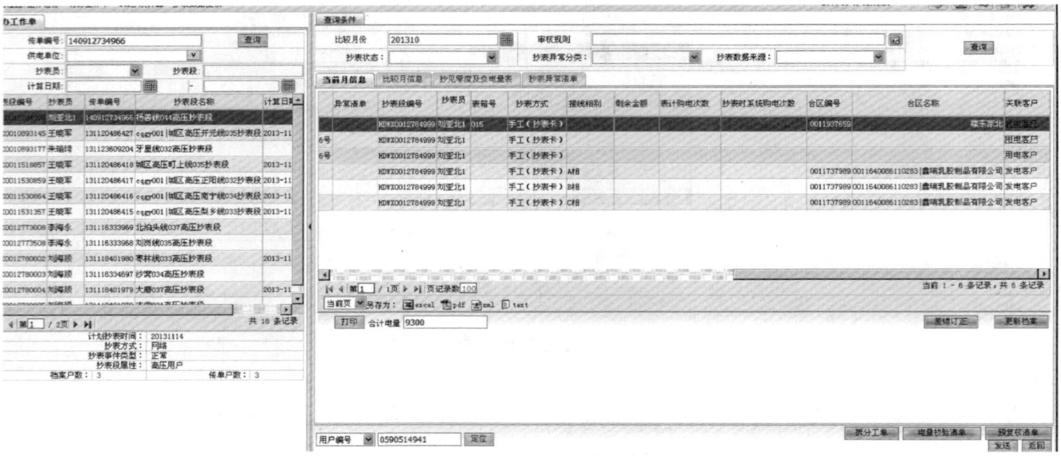

图 1-3-41　关联客户信息

③单击记录的发电客户>>用电客户，如果没有关联，则给予提示，如图 1-3-42 所示。

图 1-3-42　系统提示页面（六）

④单击记录的发电客户>>用电客户，如果存在关联，光标移到到与其关联的记录上，如图 1-3-43 所示。

六、特殊抄表操作指导

所谓特殊抄表就是对调价日之前的电量通过抄表的方式将其记录下来，记录下来的这一部分电量按旧电价计算电费，特抄计划不会发行电费。

具体功能位置：抄表管理>>抄表计划管理>>功能>>制定抄表计划，与正常制定抄表计划是同一功能界面，但有一点不同，如图 3-1-44 圈中的位置。

图 1-3-43　系统操作页面（七）

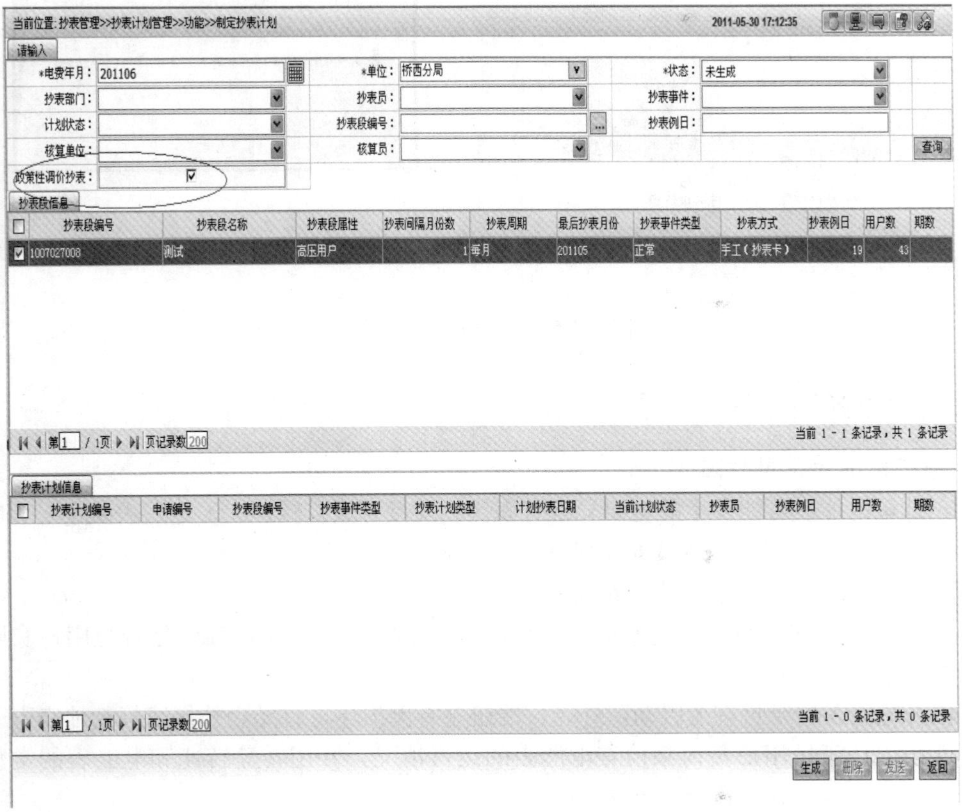

图 1-3-44　系统操作页面（八）

当选中“政策性调价抄表”后边的小框后，单击“查询”按钮，生成计划并发送，这样发起的即为特殊抄表流程，特殊抄表流程到达“抄表数据复核”环节后，再单击发送按钮，特抄流程结束，如图 1-3-45 所示。

备注：如果不进行特殊抄表，直接按正常抄表例日制订正常抄表计划，那么系统会进行如下折算：

抄表周期总天数＝上次抄表日期到本次抄表日期之间的总天数

旧电价执行天数＝上次抄表日期到 11 月 30 日的天数

新电价执行天数＝12 月 1 日到本次抄表日期的天数

执行旧电价电量＝总电量/抄表周期总天数×旧电价执行天数

执行新电价电量＝总电量/抄表周期总天数×新电价执行天数

图 1-3-45　特殊抄表流程页面

七、常见问题汇总

1. 单相电能表常见故障

（1）计量电能表可能发生的主要异常有表快、表慢、表自转、表不走、表跳字、表响等。

（2）电能计量装置故障主要是电能表损毁，外力损坏等。

（3）如何判断单相电能表失准故障。

①抄表检查，核对当月计量电量与上月计量电量的变化情况，确认是否与用户实际用电情况相符。

②检查电能表的铅封有无启动，外壳、端钮盒有无损坏，有无表外接线等其他窃电手段。

③现场用切、送用户负荷来检查电能表的运行情况，并用转盘转速和电能表的常数计算一段时间的用电量，初核准确进行判断。

④如上述办法仍无法判断可详细记录现场情况，出校表工作单，送计量部门进行技术

校验。

(4) 表停：正常用电但表计不计数。判别方法：正常用电时，电能脉冲指示灯不闪烁，计度器示数无变化。

(5) 潜动：不用电时，电能表仍在计数。判别方法：断开电能表出线侧总开关，确保无负载电流时观察电表脉冲指示灯，如果指示灯不停闪烁，则说明电表空走；如果指示灯长亮或长灭，则说明电能表正常。

(6) 由于过负荷或雷击导致电能表元器件发热或烧毁。判别方法：电能表表盖玻璃镜面发黄或发黑，有明显烟熏痕迹。

(7) 电能表无下表盖或缺封印。

(8) 电能表峰期时段错误。

(9) 电能表显示数字不完整（缺字）。

(10) 电能表正常用电而表计不显示数字（黑屏）。

(11) 电能表 1、2 进线短接（窃电）。

2. 三相电能表常见故障

(1) 电能表无下表盖或缺封印。

(2) 三相电能表显示的时间、日期与现场抄表的时间、日期不符。

(3) 电压逆相序。

(4) 电压反相 60 度无功。

(5) A 相电流反相/短路。

(6) 电流开路。

3. 变压器停用为什么计算出变损？

答：变损的计算是根据抄表月来计算的，比如例日是 10 月 5 日，变压器 10 月 7 日暂停，11 月算费，10 月 5 日—11 月 5 日之间有变压器运行的天数（10 月 5 日—10 月 6 日）2 天，就会收取变损，收取的变损电量不会按天去折算，收取全部的变损电量。

4. 在制订抄表计划界面为什么选不到某个抄表段？

答：这种情况一般是和抄表段的最后抄表月份有关，遇到该问题首先到“抄表管理＞＞抄表段管理＞＞功能＞＞抄表段”查询，去判断该抄表段的“最后抄表月份＋间隔月份”是否等于当前的电费年月，如果不等的话在制订计划时则无法选择该抄表段，就需要调整抄表段的最后抄表月份。

5. 转电费年月需要注意的地方有哪些？

答：转电费年月时，以县局供电公司为例，在县局供电公司转电费年月后，需要核实该局下是否有开始年月的供电所，如果有，那么该供电所也需要转电费年月；否则会对制订临时计划或者全减另发产生影响。

6. 退补电量为何没有参与到算费中？

答：退补电量或者退补电费合并出账，要想参与到算费中，关键在于在计算环节点计算时，用户的退补电量或者退补电费合并出账是否已经归档。如果退补电量是在点“计算”按钮之后归档的，就需要回退到电费计算环节重新计算；如果电费已经发行，就需要全减另发才可以将退补电量参与到计算中。

7. 全减另发需要注意的地方？

答：(1) 全减另发首先要注意的就是电费年月问题，尤其在月底全减另发时，应首先看电费年月是否已经转到下个月，如果已转到下个月就需要恢复电费年月，否则全减另发会做到新月份里。

（2）全减另发时注意要全减的电费是否已经发行出去，即在已发行台账中是否可以查询到，要等发行后才可以全减另发，否则有可能会将上月的电费全减。

8. 参与实际功率因数计算的电量是否包括变损和线损电量？

答：如该用户需要计算变损和线损，计算功率因数的电量应包含变损和线损电量。

9. 参与力调的电费包括哪几部分？

答：目录电费＋基本费＋价内代征电费（农网还贷代征电费）。

10. 数据准备失败如何查找原因？

答：可以通过自定义先查询，自定义编号为BMX00001，然后按查询出来的结果提示去修改档案，如果有变更问题，需要提交问题管理器至抄核组进行后台处理。

11. 账务的退费和退补电费有何区别？

答：账务的退费功能，即“电费收缴及营销账务管理＞＞客户缴费管理＞＞功能＞＞退费申请”是将系统中收取的电费退出去，一般退的是预收款，而“核算管理＞＞电费退补管理＞＞功能＞＞退补申请”的退补电费是为了生成预收款。以一户举例，一户由于抄表错误多算了用户的电费，而用户也已经缴款，如果需要退费，那么就可以在核算退补位置走退补流程，退补多收的电费，退补完毕后该户会产生预收，然后用账务的退费功能将预收款退出系统。

12. 转供户计算实际功率因数时为何未扣除被转供户的有功、无功电量？

答：在计算转供户功率因数调整电费时，应扣除被转供户、公用线路与变压器消耗的有功、无功电量。但是被供户如果不执行功率因数调整电费时，其有功、无功电量都不扣除。

13. 退补止度为什么没有更新表码？

答：以下为退补发行时，如果存在退补止度的情况，程序的处理方式大致分两种情况：

第一种：退补的用户不存在算费工单，此时退补发行时更新档案里的表码。

第二种：退补的用户存在算费工单，分为以下三种情况：

（1）退补发行时，电费工单在数据准备、抄表下装环节时，更新档案表码和抄表流程中的起码。

（2）退补发行时，电费工单在手工录入、抄表上装、抄表数据复合、电费计算环节时，只更新抄表流程中的起码并重算抄表电量。

（3）退补发行时，电费工单在电量电费审核环节时，只更新档案表码。

14. 多个用户共用一台变压器并分摊该变压器的变损档案时应如何设置？

答：可以设置为共用专变。主户供电电源处电源类型选择为专变，维护变压器，且变压器的变损算法标志为“按标准表”，并维护上变损编号；分户在供电电源处，电源类型选择为“共用专变”，然后选择上主户的台区，不需要建立自己的变压器。然后维护主户和分户的计量点变损分摊和计费标志为“是”。另外，在计算时一定要确保主户和分户在同一个电费工单中计算，否则无法分摊上变损电量。

【思考与练习】

1. 进行抄表数据复核时应注意哪些问题？

2. 进行特殊抄表操作时应注意哪些问题？

第四章　远程费控系统介绍及应用

第一节　远程费控系统介绍

【概述】

本节主要介绍远程费控系统业务流程及相关业务模块的功能。

【课时】

4课时。

【适用等级】

Ⅱ级。

【正文】

一、费控业务概述

业务流程如图1-4-1所示。

流程过程说明：

(1) 从采集主站获取抄表数据进行电费测算，根据测算策略计算用户剩余可用金额。

测算的上次表底为上次抄表后表底，本次表底为测算前一天的采集数据（由采集传到中间库），正常情况下每天完成一次测算。计算公式：

测算余额＝预收（正常预收＋购电资金）－欠费－测算电费

签订新型小额支付协议的远程费控用户测算时预收包含银行存款余额。

(2) 根据电费测算结果和设置的基准值进行基准比较。

按照省公司要求，低压单相电能表用户预警30，透支0，三相电能表用户预警200，透支0。高压户根据实际情况选择。

(3) 根据基准比较的结果和控制策略，进行策略应用。

用户有三个状态：正常—预警—停电。状态依次完成，用户预警成功后测算仍然低于透支才会发出停电策略。

(4) 对控制命令执行结果，进行作业复核，并针对异常情况进行人工处理。

(5) 在复电控制命令下发后，对实时召测表计状态进行状态确认。

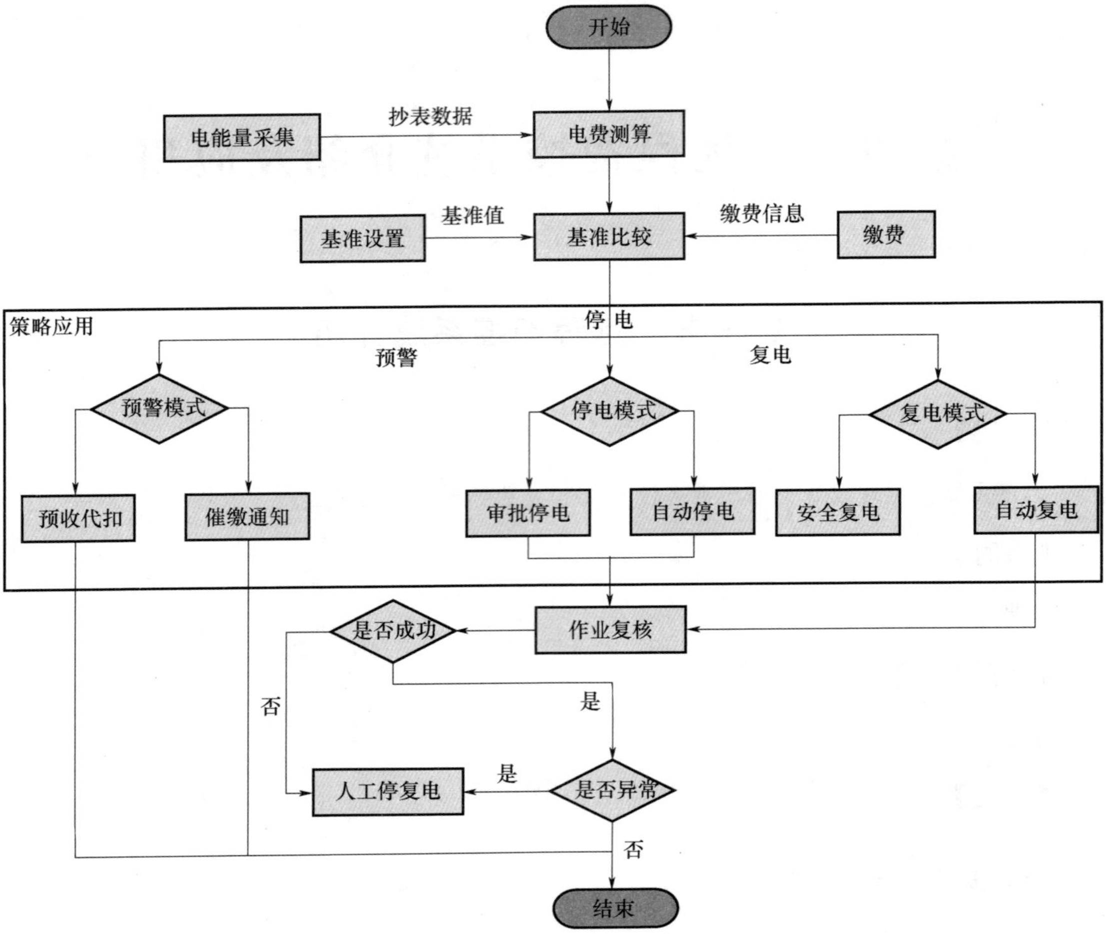

图 1-4-1　远程费控业务流程

费控系统策略生成和下发条件见表 1-4-1。

表 1-4-1　费控系统策略生成和下发条件

策略类型	生成策略的条件	执行策略的条件
预警（催缴通知）	1. 用户状态为正常状态； 2. 测算余额小于档案中费控信息设定的预警值； 3. 费控信息预警处理方式为催缴通知	1. 低压户只发短信不发指令； 2. 高压户短信和指令一起下发
取消预警	1. 用户状态为预警状态； 2. 测算余额大于档案中费控信息设定的预警值； 3. 费控信息预警处理方式为催缴通知	策略生成后自动下发指令，无短信通知
审批停电	1. 用户状态为预警状态； 2. 测算余额小于档案中费控信息设定的透支值； 3. 费控信息停电策略为审批停电	1. 需要在系统中进行审批； 2. 审批 1h 内无缴费和发行的情况
自动停电	1. 用户状态为预警状态； 2. 测算余额小于档案中费控信息设定的透支值； 3. 费控信息停电策略为自动停电	审批 1h 内无缴费和发行的情况

续表

策略类型	生成策略的条件	执行策略的条件
安全复电	1. 用户状态为停电状态； 2. 用户缴费后测算余额大于 0（即结清欠费）； 3. 费控信息复电策略为安全复电	需要在系统中进行审批（复电通知功能）后下发短信和指令
自动复电	1. 用户状态为停电状态； 2. 用户缴费后测算余额大于 0（即结清欠费）； 3. 费控信息复电策略为自动复电	策略生成后自动下发短信和指令

二、流程说明

1. 低压费控试点用户增加功能

路径：核算管理＞＞国网费控＞＞功能＞＞用户配置。

角色：核算管理分类下的“国网费控 _ 新增试点用户”角色，没有权限找市局管理员分配即可。

操作方法：根据条件筛选用户，选中之后电价添加或删除即可添加或删除试点用户，如图 1-4-2 所示。

图 1-4-2　新增试点用户

如果用户档案不符合条件，则不允许添加试点用户，先维护好档案之后再添加即可。

说明：当天加入试点的低压用户，如果已经预警成功（用户为预警状态），第二天测算可用余额仍然小于透支值，会生成停电策略。

2. 停电流程

用户停电分为自动停电和审批停电。

费控信息选择自动停电的用户，生成停电策略后，停电指令会直接下发。

费控信息选择审批停电的用户，生成停电策略后需要在系统审批以下才可以下发停电指令。操作路径：核算管理＞＞国网费控＞＞功能＞＞审批停电。

停电指令反馈执行成功之后系统认为现场已停电，表上跳闸灯常亮。

高压户停电流程比低压户多一步操作：核算管理＞＞国网费控＞＞功能＞＞停电范围确认；先进行停电轮次的选择：核算管理＞＞国网费控＞＞功能＞＞审批停电。

3. 复电流程

用户复电分为自动复电和安全复电。

费控信息选择安全复电的用户，生成复电策略候需要在系统审批一下才可下发复电指令。操作路径：核算管理＞＞国网费控＞＞功能＞＞复电通知。费控信息为自动复电的复电指令会直接下发。

复电指令采集系统反馈执行成功后系统认为现场已复电，表上跳闸灯应该是灭了。

4. 掌机停复电流程

（1）异常消缺制定掌机任务。

系统中存在停复电指令执行失败的指令，才可以用掌机下载任务去现场进行操作。操作顺序：

①核算管理>>国网费控>>功能>>费控策略执行信息查询，查询停复电策略是否执行失败。

②可以省略第一步，直接在异常复核页面查询，操作路径：核算管理>>国网费控>>功能>>异常复核>>异常指令复核。

③执行失败的策略有两种处理方式：第一种是“重新下发”指令，通过主站再执行一次指令，执行结果仍然由采集系统反馈；第二种是用掌机现场操作，需要在异常指令复核做异常消缺。

④异常消缺后，在异常消缺页面可以查询到需要现场操作的任务，操作路径：核算管理>>国网费控>>功能>>异常消缺。停电派工请选择“掌机处理”，派工人员选择掌机执行人员发送任务。如果任务已经派工过，则不能重复派工。

⑤掌机连接内网计算机，通过掌机上“同步任务”功能，下载停复电任务。现场停复电操作完成后，上传到系统中。

注意：掌机执行停复电任务后需要及时上传任务执行结果，否则用户的策略会一直显示“执行中”的状态，以免影响下次指令的判断和下发。

（2）停复电指令下发。

考虑到有很多采集系统反馈成功但是现场执行失败的情况，增加对远程费控用户直接通过掌机下发停复电任务。

①操作路径：核算管理>>国网费控>>功能>>停复电指令下发，找到当前路径，查询需要下发任务的用户，其系统操作如图 1-4-3 所示。

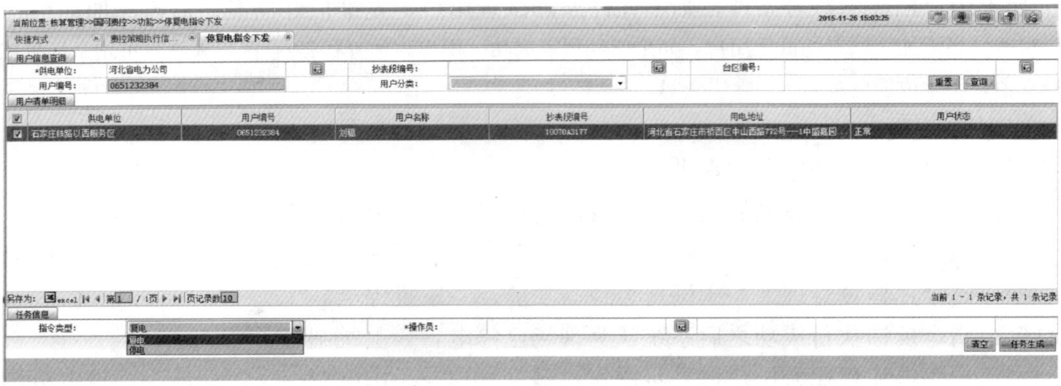

图 1-4-3　停复电指令下发系统操作

②选中需要下发的用户，选择任务类型和掌机操作员，生成任务，提示任务下发成功。

注意：操作员请选择已经发放过掌机的人员，如果不在这个范围内，会提示“选择的操作员不存在，无法进行操作!”

③连接掌机，同步任务，下载成功后，去现场操作即可。

④任务查询：BM2015112601，可以查询由此处发起的任务明细。

没有权限的联系市局系统管理员分配角色即可，所需角色为核算管理下的“国网费控 _ 掌机停复电”。

（3）停复电任务修改。

路径：核算管理>>国网费控>>功能>>停复电任务修改。

角色：核算管理分类下的“远程费控 _ 停复电管理”角色，没有权限找系统管理员分配即可。

适用范围：

①核算管理>>国网费控>>功能>>停复电指令下发制定的掌机任务。

②未下载到掌机之前，可以对操作员进行修改，或者将做错的任务删除。

注意：异常消缺制定的任务，以及已经下载到掌机的任务不能修改。

操作方法：

①根据要求选择需要修改的掌机任务，选中记录双击，下面的停复电任务维护会显示任务编号和操作员信息。其系统操作如图 1-4-4 所示。

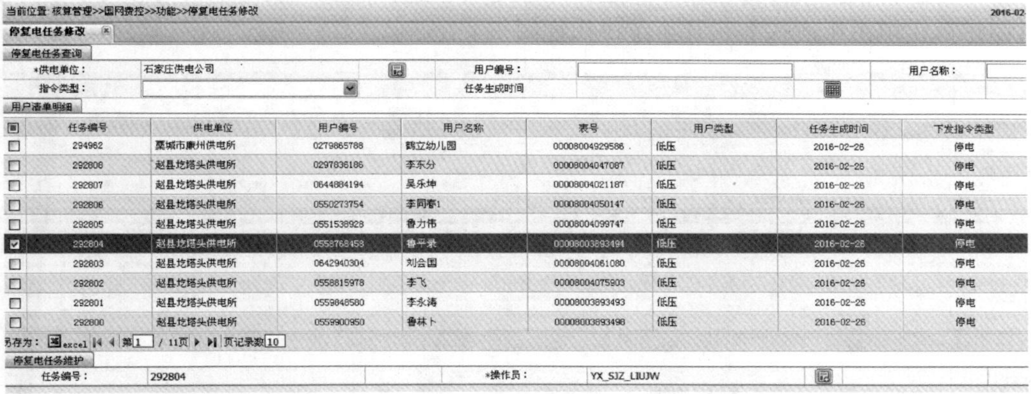

图 1-4-4　停复电任务修改系统操作

②如果需要修改操作员，则选择正确的操作员，单击“任务修改”按钮，提示任务修改成功，说明修改了操作员。如果提示“选择的操作员不存在，无法进行操作！”，则说明选择的操作员未发放掌机的操作卡和业务卡，不允许派工。其系统提示如图 1-4-5 所示。

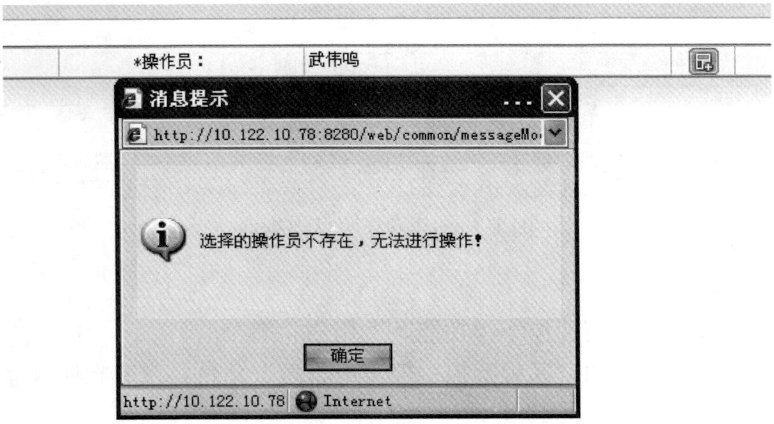

图 1-4-5　系统提示

③如果任务制定错误且未下载到掌机，可以终止任务，单击“确定”后可以删除相应任务。系统操作如图 1-4-6 所示。

图 1-4-6　任务终止系统操作

5. 掌机下发电价和时段

路径：核算管理>>国网费控>>功能>>电价下发。

角色：核算管理分类下的“国网费控_掌机电价下发”角色，没有权限找市局管理员分配即可。

操作方法：根据条件筛选用户，选择用户之后，选择需要下发的电价码和时段，并选择掌机操作员，单击生成任务，其系统操作如图 1-4-7 所示。

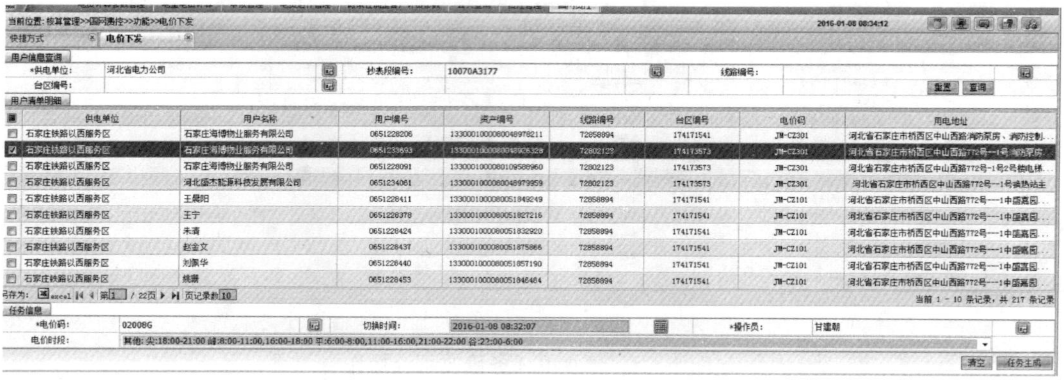

图 1-4-7　掌机下发电价和时段系统操作

提示任务下发成功，用掌机下载任务即可。

下发状态查询：核算管理>>国网费控>>功能>>电价下发日志，其系统查询如图 1-4-8 所示。

图 1-4-8　电价下发状态查询

6. 基准比较功能

路径：核算管理>>国网费控>>功能>>用户状态校验。

角色：核算管理分类下的“远程费控_停复电管理”角色，没有权限找系统管理员分配即可。

适用范围：根据要求修改用户状态，发起基准比较，根据测算余额的情况发起相应的策略。

功能类似自定义查询 SSFK20151203 实时费控用户重新测算。

操作方法：

（1）选择管理单位（本单位不含下级）和用户编号，用户信息显示用户状态和最近一次测算情况。

（2）如果现场和系统用户状态不一致，则可以根据现场情况选择用户状态，单击“更新”按钮后，系统会更新用户状态为所选状态，然后发起基准比较。

（3）触发的基准比较，会根据最新的用户状态和测算余额，发起相应的策略。

（4）生成的策略及执行情况可以在“核算管理>>国网费控>>功能>>用户状态校验”查到。其系统查询如图 1-4-9 所示。

图 1-4-9　用户状态校验系统操作

举例：

（1）需要复电的用户（低压户必须为试点户）。

用户状态应该选择“停电”状态，单击“更新”按钮，用户状态更新为停电。如果基准比较后测算余额大于 0，即用户已经结清欠费，则系统会触发复电策略，在费控策略执行信息查询页面查看。

（2）需要停电的用户（低压户必须为试点户）。

用户状态应该选择“预警”状态，单击“更新”按钮，用户状态更新为预警。如果基准比较后测算余额还是低于透支金额，则系统会生成停电策略，可以在费控策略执行信息查询页面查看。

（3）需要预警的用户。

用户状态应该选择“正常”状态，单击“更新”按钮，用户状态更新为正常。如果基准比较后测算余额低于预警值，则系统会生成预警策略，低压户只下发预警短信，不发指令，可以在费控策略执行信息查询页面查看。

用户状态应该选择“预警”状态，单击“更新”按钮，用户状态更新为预警。如果基准比较后测算余额高于预警值，则系统会生成取消预警策略，可以在费控策略执行信息查询页面查看。

注意：如果更新状态后半个小时仍然未发起相应的策略，可以重新更新一遍。目前只有停电用户的基准比较是实时的。

7. 掌机抄表流程

路径：工作任务>>待办工作单>>105 抄表计算>>自动化抄表。

角色：抄表员（自动化抄表环节处理人员工号必须发放过掌机才可以下载掌机抄表任务）。

适用范围：抄表方式为远程集抄的抄表计算工单，在自动化抄表环节，如果未获取到数据，可以通过向掌机主站系统下发数据补采任务进行数据补采。

说明：需要使用掌机抄表功能的单位，使用登记问题管理器时需要进行申请，开通后才可以使用。

操作说明：

自动化抄表环节，先获取数据，远采集抄没有抄回来的用户，可以下载掌机任务去现场抄表。

单击下载按钮，提示“您是否确定已经点击过［获取数据］，并继续进行下一步操作?”，其系统操作如图 1-4-10 所示。

图 1-4-10　自动化抄表系统操作

确定后，提示“是否确定使用加密掌机抄表（默认为传统抄表机）”，选择取消，进入传统抄表机页面；选择确定，则可以进行掌机抄表任务下载。其系统操作如图 1-4-11 所示。

单击“自动化下载”，将数据补采任务下发到掌机主站系统（注意：掌机任务生成成功后，会跳转到抄表器页面，返回即可，不用做其他处理）。系统操作如图 1-4-12 所示。

掌机任务下载成功后，使用和自动化抄表环节相同工号的掌机做同步任务，可以将已经制定的抄表任务下载到掌机上。掌机现场完成补采后，通过 USB 线连接内网计算机，同步任务上传数据补采任务执行结果。登录营销 SG186，进入待办工作单>>105 抄表计算>>自动化抄表，单击“上传”按钮，切换到任务上传页面，单击“自动化上传”按钮，完成补采数据上传。

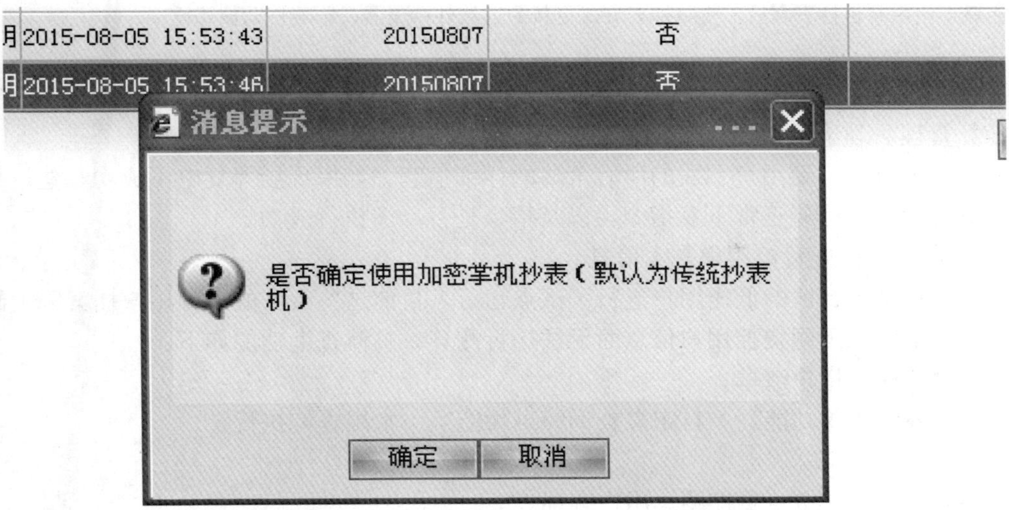

图 1-4-11　选择掌机抄表任务下载系统操作

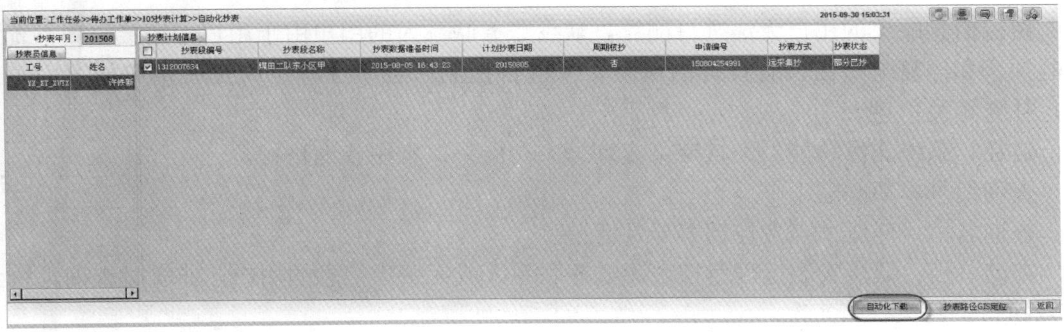

图 1-4-12　自动化下载系统操作

掌机抄表任务自动化下载的时候，提示“以下工单已经下载：×××无法重复下载!”，说明已经制定过掌机抄表任务，使用和自动化抄表环节相同工号的掌机下载任务即可。系统提示如图 1-4-13 所示。

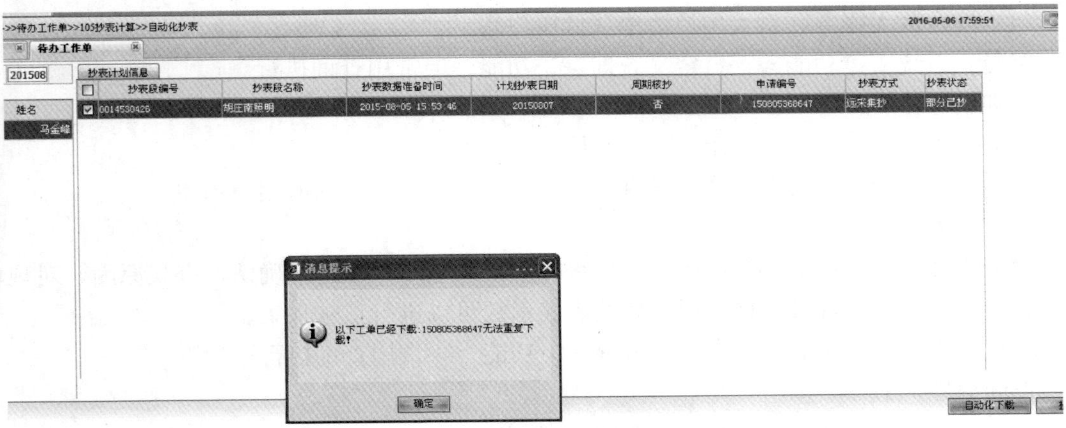

图 1-4-13　系统提示

注意：使用掌机抄表之后，实际抄表方式更新为远红外抄表器，影响自动核算比率。

三、查询功能说明

核算管理>>国网费控>>功能>>费控策略执行信息查询。

此路径可以查询到用户下发的所有策略的详细信息。如果现场停复电不成功，建议先在此路径下查询是否已经正常下发指令，以及指令是否反馈执行成功。

1. 试点台区低压费控用户基本信息

省公司将试点台区的低压用户进行了试点运行，目前这些台区的部分用户档案因为缺少账务联系人信息和国网费控用户信息而无法进行测算。具体查询功能如下：

（1）试点测算用户清单。

路径：系统支撑功能>>自定义查询>>功能>>常用查询执行。

查询编号：Y002。

查询名称：低压试点费控测算用户查询。

查询口径：所有已经加入试点的用户，实时查询。

（2）按单位查询所有低压远程费控用户档案不完整用户清单。

费控信息缺失的用户无法进行测算，缺少账务联系人的用户由于用户无法接收到系统下发的预警和停复电短信，有投诉的风险，未进行控制。各单位应组织开展用户档案完善工作，补充相关信息。

路径：系统支撑功能>>自定义查询>>功能>>常用查询执行。

查询编号：Y009。

查询名称：低压试点费控档案异常清单。

查询口径：低压安装远程费控表无账务联系人或无费控信息的用户；非实时查询，每天19点执行，每天执行1次。

（3）按台区无费控信息用户清单（低压户）。

路径：系统支撑功能>>自定义查询>>功能>>常用查询执行。

查询编号：Y012。

查询名称：无费控信息用户查询（按台区）。

查询口径：无费控信息或者费控标志为否的用户清单。

（4）按台区无账务联系人用户清单（低压户）。

路径：系统支撑功能>>自定义查询>>功能>>常用查询执行。

查询编号：Y013。

查询名称：无账务联系人用户查询（按台区）。

查询口径：无账务联系人或者没有维护账务联系人移动电话的用户清单。

2. 测算情况

对于测算失败的用户，各地市公司组织各单位和主站厂家进行确认，查找原因，对现场故障和主站故障及时进行处理，保证后续表底示数可以进行正常采集。

路径：系统支撑功能>>自定义查询>>功能>>常用查询执行。

查询编号：Y003。

查询名称：低压试点费控测算失败用户查询。

查询口径：测算前一天无采集数据或有采集数据未上传中间库的用户清单。

3. 远程停复电情况

达到停复电阈值后需要各地市公司对于需要停电的用户及时进行相关审批，完成停电指令的下发，对于下发失败的用户开展掌机停电工作。具体的用户可以通过以下功能进行查询。

（1）路径：核算管理>>国网费控>>功能>>费控策略执行信息查询。

可以根据单位、日期、策略应用类型、策略应用状态等进行查询。

（2）路径：系统支撑功能>>自定义查询>>功能>>常用查询执行。

查询编号：Y005。

查询名称：低压试点费控停电用户清单（主站）。

查询口径：实时查询，通过采集系统下发停电用户清单。

（3）路径：系统支撑功能>>自定义查询>>功能>>常用查询执行。

查询编号：Y006。

查询名称：低压试点费控复电用户清单（主站）。

查询口径：实时查询，通过采集系统下发复电用户清单。

4. 掌机停复电情况

对于远程停复电的用户，各地市公司组织各单位采用掌机作业的方式进行任务下载，到现场进行掌机的停复电。

路径：系统支撑功能>>自定义查询>>功能>>常用查询执行。

（1）查询编号：Y008。

查询名称：低压试点费控掌机下发任务清单。

查询口径：实时查询，制定掌机任务清单。

（2）查询编号：Y004。

查询名称：低压试点费控停电用户清单（掌机）。

查询口径：实时查询，制定掌机停电任务清单。

（3）查询编号：Y007。

查询名称：低压试点费控复电用户清单（掌机）。

查询口径：实时查询，制定掌机复电任务清单。

5. 低压费控应用情况

路径：系统支撑功能>>自定义查询>>功能>>常用查询执行。

查询编号：Y010。

查询名称：低压试点费控日报查询（每天下午统计当天的指令执行情况）。

6. 应复电用户查询

路径：系统支撑功能>>自定义查询>>功能>>常用查询执行。

查询编号：MX009。

查询名称：远程费控户应复电用户查询。

查询结果集包含：供电单位、户号、户名、用电地址、用户状态、测算时间、营销预收、营销欠费、测算电量、测算电费、在途复电策略，其系统显示如图 1-4-14 所示。

供电单位	户号	户名	用电地址	用户状态	测算时间	营销预收	营销欠费	测算电量	测算电费	在途复电策略
藁城市西庄供电所	0587161994	李永涛	河北省石家庄市藁城市屯头村	已停电	2016-05-17	0.55	0	0	-0.05	无

图 1-4-14　应复电用户系统查询

查询口径：
（1）系统显示停电状态的费控用户。
（2）用户预收大于测算电费，且大于欠费（符合复电条件）。
（3）只能查询本单位下用户，不能查询下级单位。
（4）查询实时数据。
查询出来的应复电用户需要做的工作：
（1）如果测算时间为当天，可以看看有没有执行中的复电策略。如果有，不需要处理。
（2）如果测算时间为2016-5-21之前，建议用掌机去复电，部分用户无法发起基准比较。
（3）其余用户可以通过用户状态校验功能发起复电策略和下发复电指令。

【思考与练习】

1. 停复电的流程是什么？
2. 什么情况下必须用掌机进行操作？

第二节　远程费控系统应用常见问题

【概述】

本节主要介绍远程费控系统在应用过程中的常见问题，了解对应的解决措施。

【课时】

4课时。

【适用等级】

Ⅱ级。

【正文】

一、档案及操作类问题

（一）如何维护账务联系人和费控信息

1. 账务联系人维护

如果用户档案中账务联系人错误，可以到以下路径维护：当前位置：新装增容及变更用电＞＞业务受理＞＞功能＞＞维护联系信息，系统操作如图1-4-15所示。

2. 费控信息维护

（1）国网费控模式调整申请。

新增费控模式调整申请的条件：

低压用户：用户安装远程费控表；用户有采集档案（客户统一视图采集点页面）；没有费控信息或费控标志为否［客户统一视图费控信息（国网）页面］。

高压用户：用户安装远程费控表或者有轮次开关信息；用户有采集档案（客户统一视图采集点页面）；没有费控信息或费控标志为否［客户统一视图费控信息（国网）页面］。

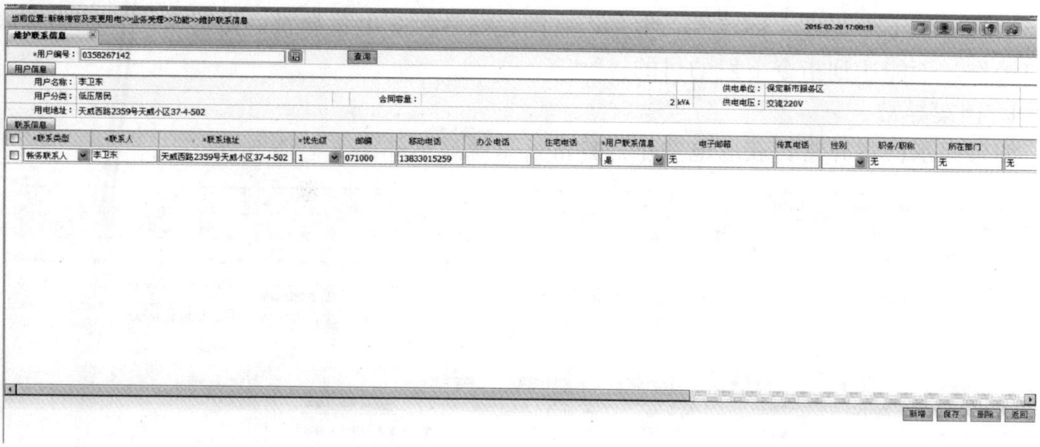

图 1-4-15　维护账务联系人系统操作

（2）业扩计量流程可以添加费控信息。

换远程费控表的流程中，在业务受理或者现场勘查环节，需要在费控申请信息（国网）页面维护费控信息。具体操作可以参考下载中心>>系统操作资料>>远程费控计量培训资料>>远程费控培训相关资料。系统操作如图 1-4-16 所示。

图 1-4-16　费控信息维护系统操作

（二）测算异常的处理

核算管理>>国网费控>>功能>>异常复核>>测算异常复核中有两类情况：一类是档案异常；另一类是审核异常。

根据省公司要求，目前对两种情况进行测算电量的异常审核，审核出异常的用户，无测算余额，不能正常下发指令和短信。

档案异常消缺，可以在异常处理分类选择错误原因，复核后做发送，发起营销相应流程校正后才可以测算正常。异常处理分类如图 1-4-17 所示。

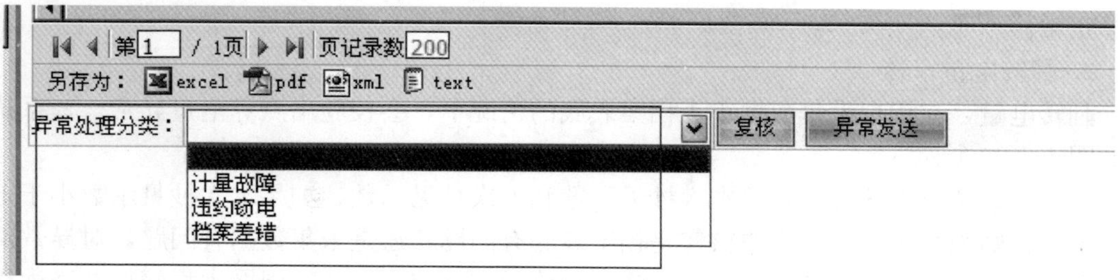

图 1-4-17　异常处理分类

审核异常也需要核实档案或采集是否有问题导致测算电量异常。做异常终止相当于未做任何操作，不能达到指令下发的目的。

1. 档案异常

如果提示档案异常，获取电费年月异常，系统显示如图 1-4-18 所示。

图 1-4-18　档案异常系统显示

请查询是否新装用户未分配抄表段，在客户信息统一视图中就可以查询到，用电客户信息系统显示如图 1-4-19 所示。

图 1-4-19　用电客户信息系统显示

抄表管理>>抄表段管理>>功能>>新户分配抄表段，功能对新装户分配抄表段即可测算正常。

2. 翻转电量审核

翻转电量，在用户采集数据小于档案表底的情况下，会校验出测算电量异常，其系统显示如图 1-4-20 所示。

（1）登录费控系统可以查看本次抄见示数和上次抄见示数，如果本次抄见示数小于上次抄见示数，则为翻转，需要用户核实是档案表底有问题，还是采集数据有问题，对异常消缺后此类校验结束（登录费控系统的人员清单和路径在下载中心>>国网远程费控>>远程费控和掌机使用培训资料中找到）。

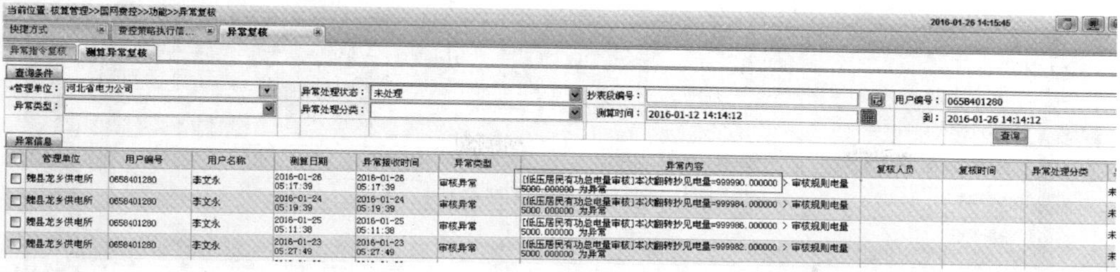

图 1-4-20　电量异常系统显示

（2）也可以在营销系统中查询档案表底（客户信息统一视图），然后核对一下采集的数据是否存在采集数据小于档案表底的情况，如果存在，则需要用户核实是档案表底有问题，还是采集数据有问题，对异常消缺后此类校验结束。其系统显示如图 1-4-21 所示。

注意：采集数据为测算前一天的数据。

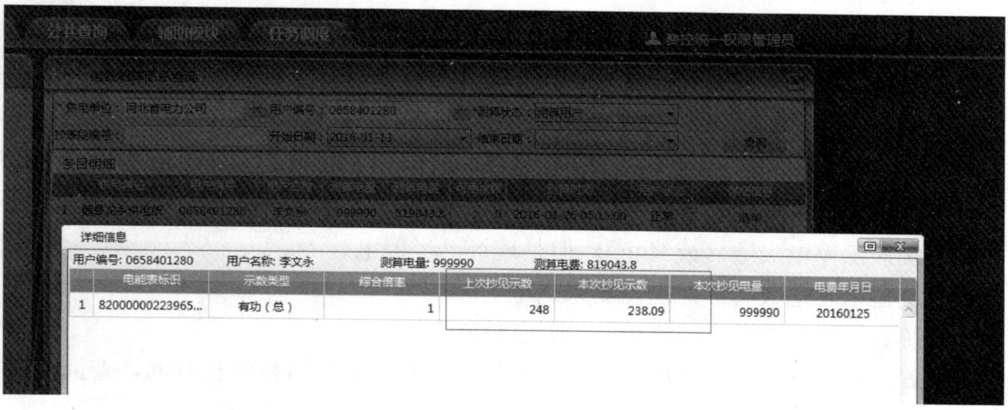

图 1-4-21　采集数据少于档案表底系统显示

（3）连续测算电量异常审核。

若出现“本次电量大于上次测算电量×2 且本次电量大于上次测算电量＋600”的情况，此种情况为测算异常（上次测算电量取近 7 天内最近一次的测算结果）。需要核实采集数据突然增大的原因，及时处理，以免由于采集错误而造成指令错误下发。其系统显示如图 1-4-22 所示。

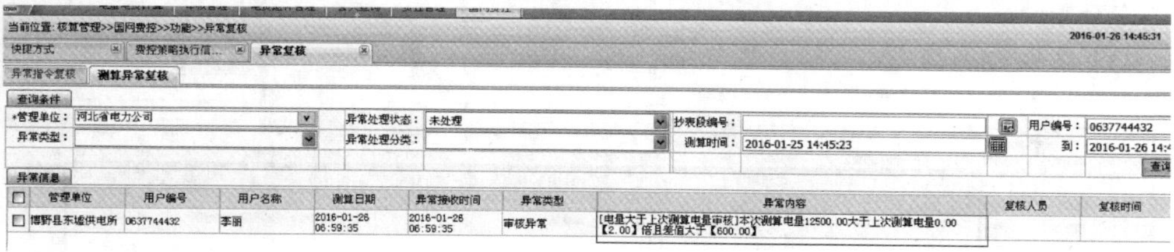

图 1-4-22　连续测算电量异常系统显示

如果确认采集无误，且第二天测算不出现“本次电量大于上次测算电量×2 且本次电量大于上次测算电量＋600”的情况，可以正常测算，并且生成相应的策略。应注意，此异常无法手动消缺。

可以在费控系统中查询连续几天的测算结果（登录费控系统的人员清单和路径在下载中心>>国网远程费控>>远程费控和掌机使用培训资料中找到）。其系统显示如图 1-4-23 所示。

图 1-4-23　测算结果查询系统显示

(三) 采集反馈和现场结果不一致的处理

下发的指令执行结果都是由采集系统反馈给营销的，反馈和现场不一致的情况有以下几类：

(1) 系统显示停电成功，现场未停电。

(2) 系统显示停电失败（或终止），但是现场已经停电。

(2) 系统显示复电成功，但是现场未送电。

(4) 系统显示复电失败（或终止），现场已送电。

当前位置：核算管理>>国网费控>>功能>>费控策略执行信息查询，查询策略执行情况。

如果出现上述情况，需要分析失败原因，请联系采集相关人员。

(四) 策略显示未执行状态

策略双击打开显示以下内容，有停电短信生成和计划停电记录，无控制指令信息。系统显示如图 1-4-24 所示。

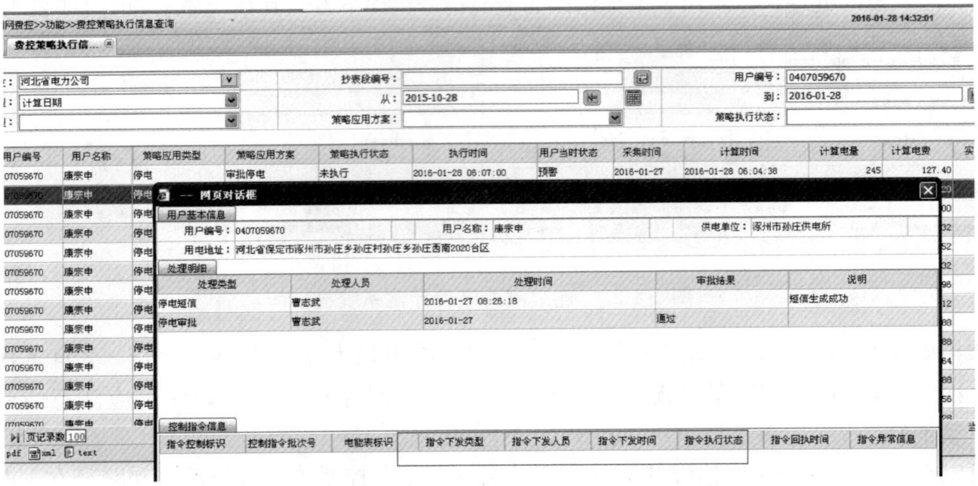

图 1-4-24　策略显示未执行系统显示

首先查看档案数据是否完整。档案有两种情况会造成指令无法下发。

一种是没有采集档案的情况。如果策略双击打开显示如图 1-4-24 所示，只有生成短信成功的记录，控制指令信息为空，请查看档案信息是否完整。低压户需要核实有没有采集对象，高压户需要核实轮次信息是否存在，客户信息统一视图>>采集点页面查看系统显示如图 1-4-25 所示。

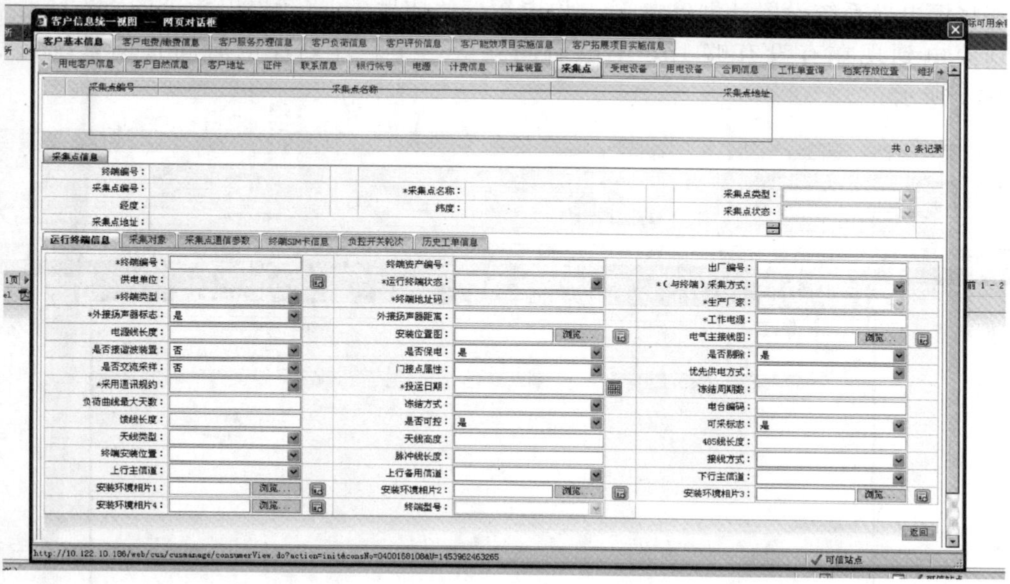

图 1-4-25　采集点页面查看系统显示

另一种是计量点档案设置了不可停电。查看路径：客户信息统一视图>>计量点信息，如图 1-4-26 所示。系统会对这种用户进行保电处理，即使生成停电策略，停电指令也无法下发。

图 1-4-26　计量点信息系统显示

1. 自动停电策略显示未执行状态

自动停电策略显示未执行状态有两种情况：

（1）在策略延期范围内，根据省公司要求，晚 6 点到早 7 点不对用户进行停电业务。

（2）自动停电策略也执行计划停电，即生成自动停电策略后 1h 再下发停电指令。

2. 停电策略审批后显示未执行状态

查询路径：核算管理＞＞国网费控＞＞功能＞＞费控策略执行信息查询

停电策略审批后显示未执行状态两种情况：

（1）按照省公司要求，所有费控用户执行计划停电，即停电审批后立即发短信通知用户即将停电，系统设置计划停电 1h，停电短信生成后 1h 进行停电指令的下发。查看发现计划停电到现在有没有够 1h，不够时间就等一下。计划停电时间查询系统显示如图 1-4-27 所示。

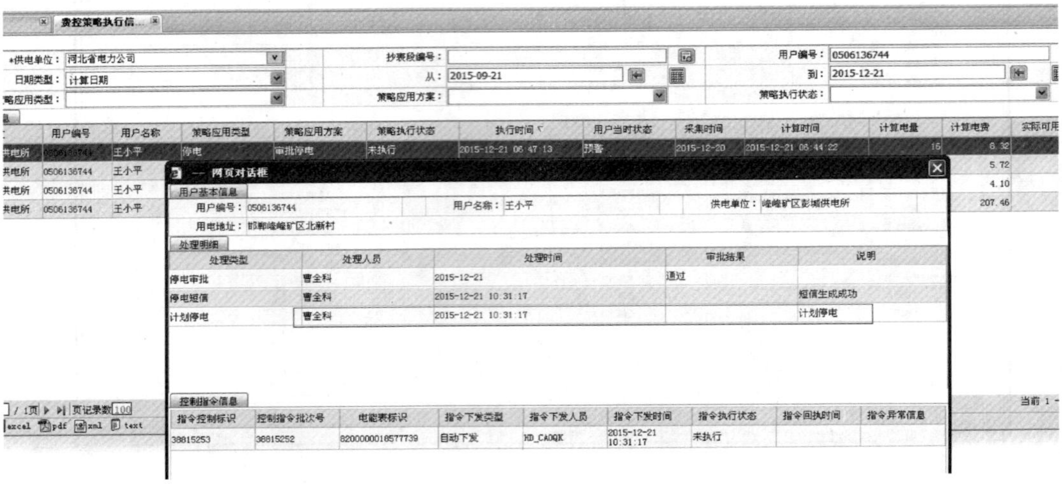

图 1-4-27　计划停电时间查询系统显示

（2）审批的时候没有生成当天的策略，审批的停电信息是前一天的信息，当天策略生成后会终止掉之前审批过的信息，重新生成未执行状态的审批停电策略（建议审批当天的停电策略，就不会出现这种情况），如图 1-4-28 所示。

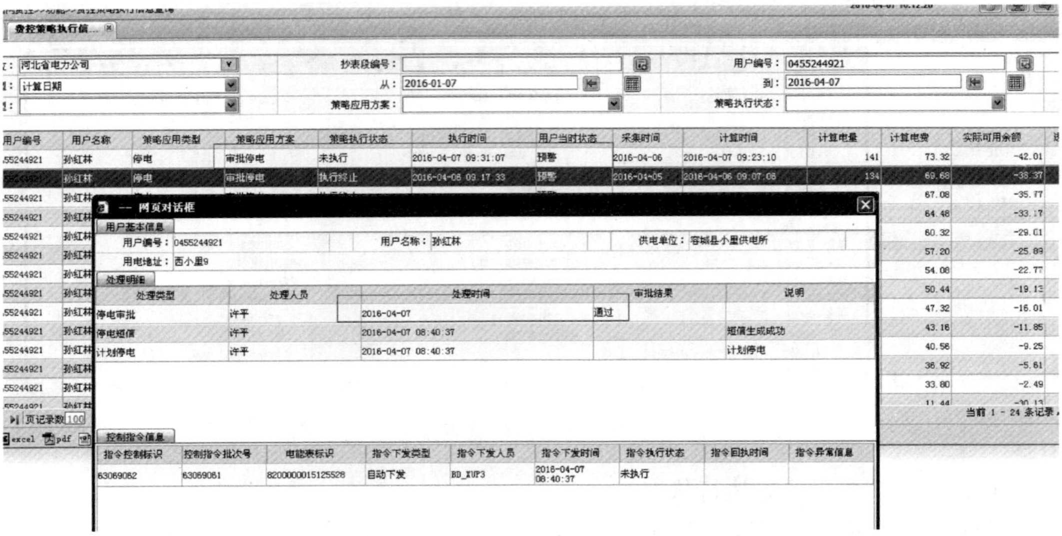

图 1-4-28　审批停电信息查询系统显示

（3）安全复电策略显示未执行状态。安全复电策略是需要通过审批的，审批路径：核算管理>>国网费控>>功能>>复电通知。

（4）自动复电策略显示未执行状态。当档案信息不完整时，低压户需要核实有没有采集对象，高压户需要核实轮次信息是否存在，客户信息统一视图>>采集点页面查看如图 1-4-29所示。

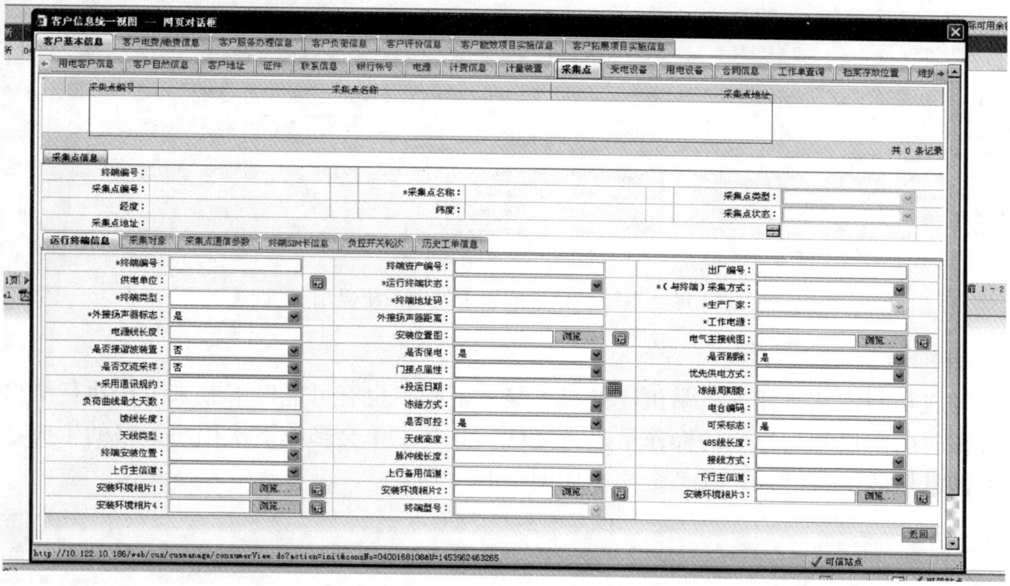

图 1-4-29　档案信息查询系统显示

（五）用户生成策略一直显示执行终止状态

首先，显示已经终止的策略，且不能再做任何操作。

（1）用户存在在途的策略，之后生成的策略系统会自动终止掉。每个用户只能有一个在途的指令任务。核算管理>>国网费控>>功能>>费控策略执行信息查询，选择策略状态为“执行中”。存在这个策略状态目前有两种情况：一个是指令已经下发采集尚未反馈（可查询自定义 Y005 和 Y006）；另一个是采集已经反馈了失败，已经制定了相应的掌机任务（可查询自定义 Y004 和 Y007），掌机任务未下载或者未反馈执行结果。

（2）停电指令未下发，用户缴费、停电策略会终止掉。可以双击策略打开看一下计划停电的时间，如果在计划停电 1h 内缴费，停电指令并未下发至主站，缴费后会终止停电策略。

（3）停电指令下发后，采集反馈执行失败，用户缴费后会把执行失败的策略终止掉，防止前台重新下发错误指令。此类情况可以双击策略打开查询反馈执行失败的原因，或者通过查询自定义 Y005 来查看采集反馈执行失败的原因。

（4）复电策略不符合复电条件，下发的时候系统自动终止这一策略。可以查看用户是否存在冻结金额。冻结金额不应算在正常预收，若影响用户复电，可以提醒用户再缴费，或者解冻。

（5）发行引起的终止。停电策略生成早于发行时间，当天发行电费后会终止掉未下发的指令或者执行失败的停电策略。

（6）用户状态校验引起的终止。例如用户生成了审批停电策略，然后使用用户状态校验功能更新了用户状态，那么未执行的停电策略就会终止掉，无法再做审批。

(六) 异常消缺工单状态说明

1. 未处理

只在异常复核做了异常消缺，后续操作未操作。此类工单如果当天未完成处理，不影响后续策略和指令的生成和下发，不需要做处理。其系统显示如图 1-4-30 所示。

图 1-4-30　异常消缺未处理系统显示

2. 处理中

已经成功制定掌机任务，掌机任务有可能未下载，也有可能已下载未上传执行结果，需要查看相应的掌机和与相应的操作员进行确认。此类工单会影响下次用户策略的生成，建议及时上传掌机的执行结果。其系统显示如图 1-4-31 所示。

图 1-4-31　异常消缺处理中系统显示

3. 处理成功

说明掌机任务反馈现场执行成功，现场执行人员栏下显示的内容为掌机的操作员工号。其系统显示如图 1-4-32 所示。

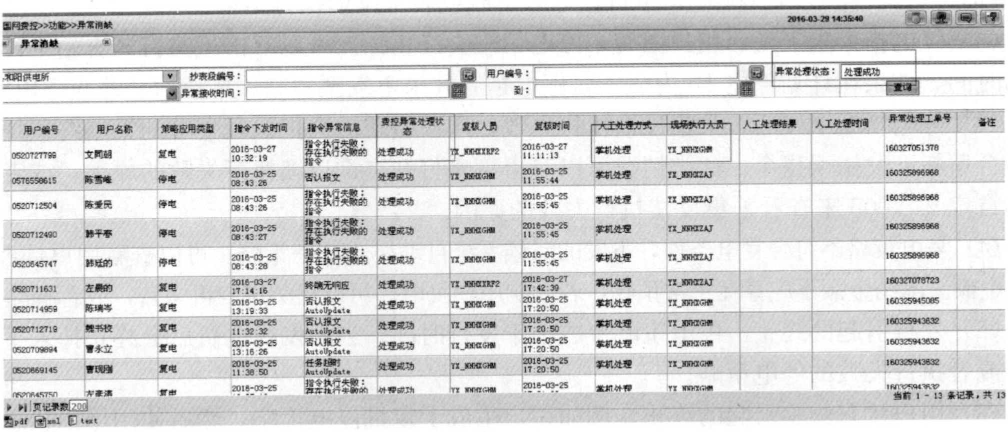

图 1-4-32　异常消缺处理成功系统显示

4. 处理失败

说明掌机任务反馈现场执行成功，现场执行人员栏下显示的内容为掌机的操作员工号，失败原因可以在自定义 Y008（Y004 或 Y007）进行查询。其系统显示如图 1-4-33 所示。

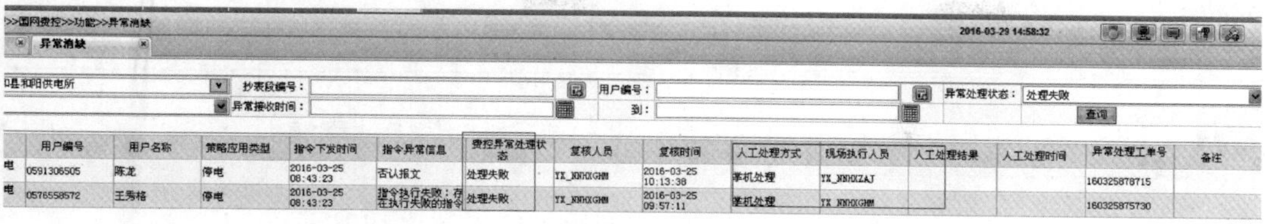

图 1-4-33 异常消缺处理失败系统显示

（七）现场表屏亮，显示请购电

现场表屏亮并提示“请购电”字样，可以通过用户状态校验功能下发取消预警指令。

用户状态应该选择“预警”状态，单击“更新”按钮，用户状态更新为预警。如果基准比较后测算余额高于预警值，则系统会生成取消预警策略，可以在费控策略执行信息查询页面查看。

注意：如果更新状态后半个小时仍然未发起相应的策略，可以重新更新一遍。

（八）异常消缺发送提示

若异常消除策略终止，系统将会显示：“策略已终止！在资源文件中未找到”。

其系统显示如图 1-4-34 所示。

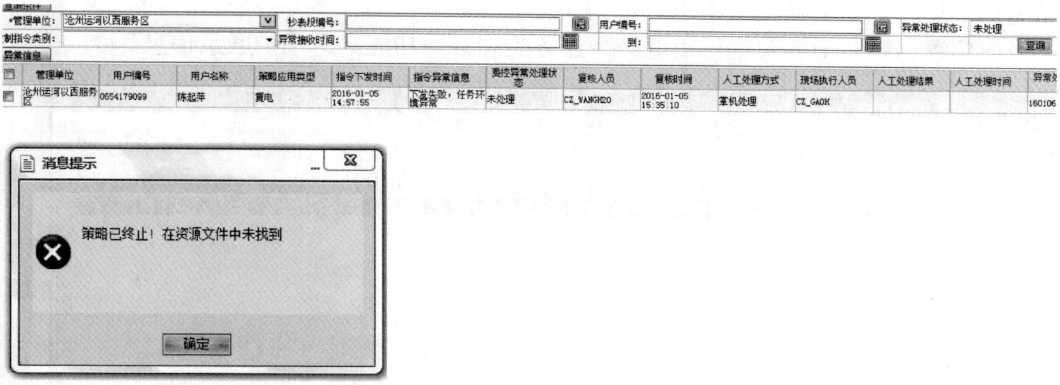

图 1-4-34 异常消缺策略终止系统显示

原因：截图中指令下发时间为 2016-1-5，当 2016-1-6 测算后再生成策略的时候，会终止之前未执行或者执行失败的策略。已经终止的策略，不允许再做异常消缺制定停复电任务。

解决方案：核算管理>>国网费控>>功能>>费控策略执行信息查询。查询一下第二天的策略是否执行成功，如果执行成功，不用再下发掌机任务；如果执行失败，重新在异常复核做异常消缺，制定停复电任务。

（九）低压用户无法加入试点

1. 无费控信息或者费控标志为否

在“核算管理>>国网费控>>功能>>用户配置”查询的时候，未配置用户查询不到，要考虑是无费控信息或者费控标志为否的情况。可以在客户信息统一视图下国网费控页面中查询一下。确认缺少费控信息的用户，应完成相关操作，添加费控信息。其系统操作如图 1-4-35 所示。

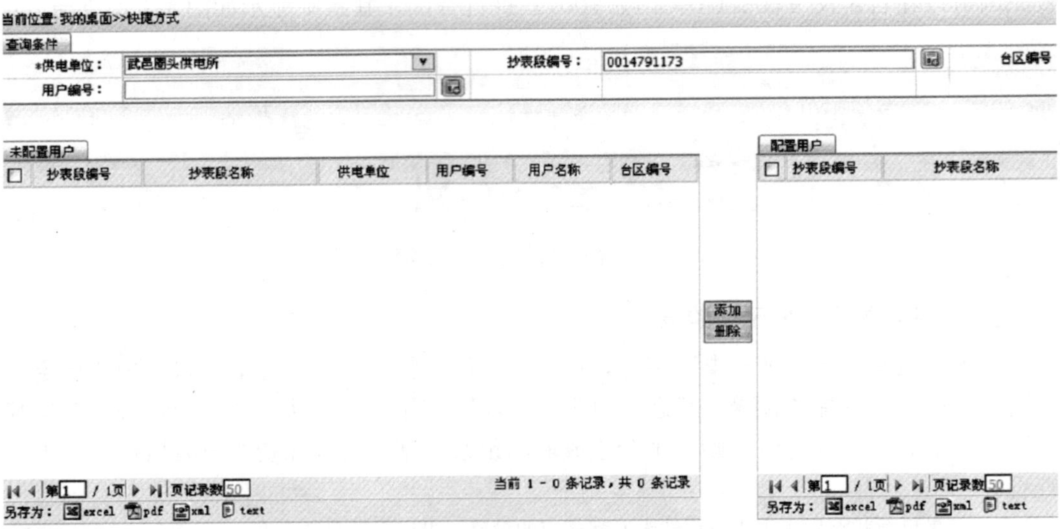

图 1-4-35　费控信息添加系统操作

2. 无账务联系人信息

在客户信息统一视图联系人页面，查看是否存在账务联系人信息，账务联系人需要维护移动电话信息。其系统显示如图 1-4-36 所示。

当前位置：新装增容及变更用电>>业务受理>>功能>>维护联系信息。

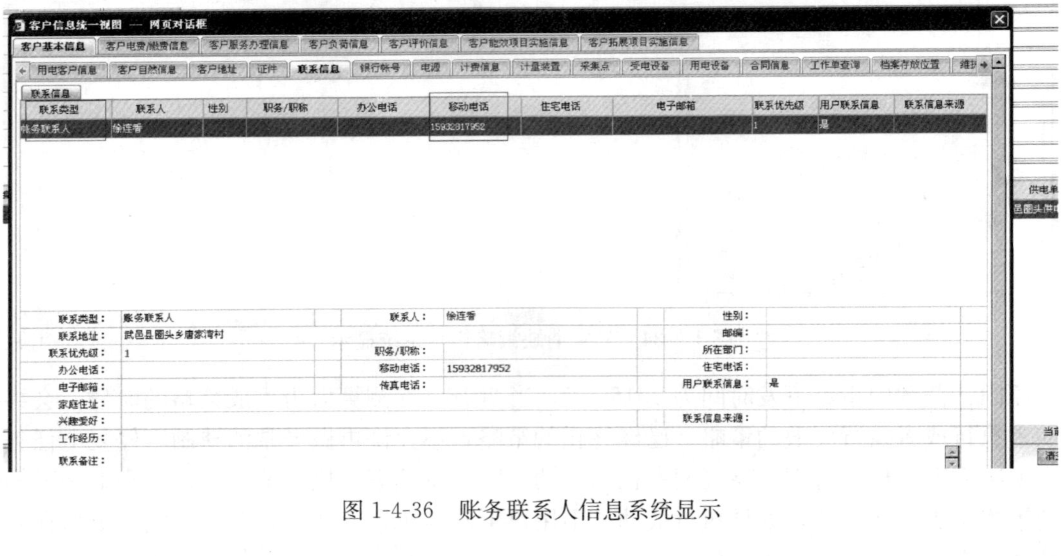

图 1-4-36　账务联系人信息系统显示

（十）策略显示执行失败

核算管理>>国网费控>>功能>>费控策略执行信息查询，查询到策略的执行状态为执行失败。其系统显示如图 1-4-37 所示。

（1）指令异常信息显示“指令下发失败”字样，可以在异常复核重新下发试一下，如果一直报错，请联系营销运维人员处理。

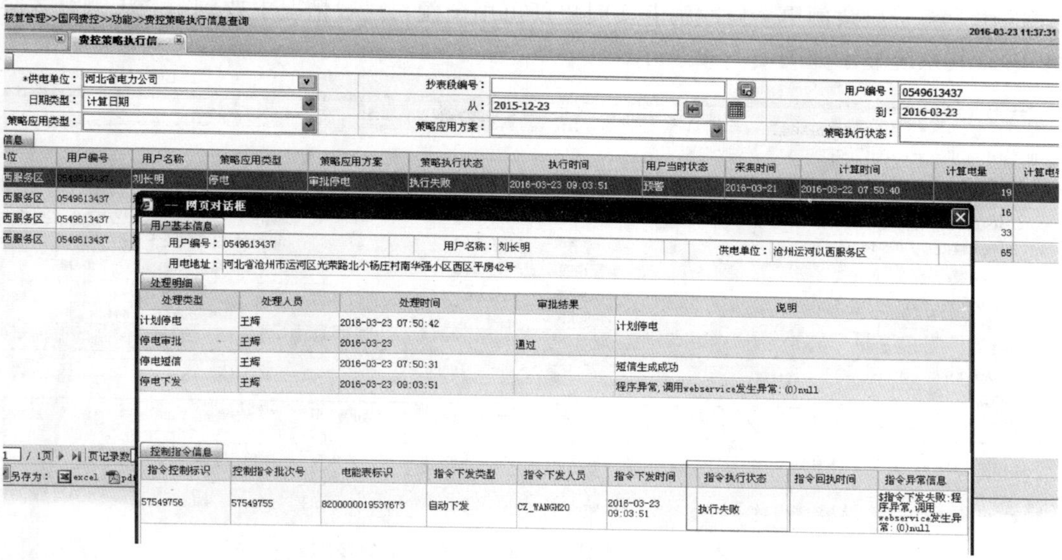

图 1-4-37　策略执行失败系统显示

（2）指令异常信息显示如图 1-4-38 所示的失败原因，请联系采集咨询原因及最终解决方案。

否认报文
任务超时
任务下发失败
认证失败
上行报文错误
下发超次数
下发失败，任务环境异常
载波超时
终端不在线
终端不响应
终端响应超时

图 1-4-38　指令异常失败原因

营销能给出的解决方案（任选一种）：

①异常复核重新下发。

②如果是停复电策略，可以在异常复核做异常消缺，然后在异常消缺制定掌机任务，现场操作。

③如果是停复电策略，可以在停复电任务下发制定掌机任务现场处理。

（3）档案有问题的失败原因，请联系计量采集人员核实档案信息。

（十一）用户缴费后，客户统一视图中测算余额没有更新

目前系统配置只有停电状态的用户，缴费后会实时更新测算可用余额，其他正常及预警状态的用户缴费后余额更新修改为非实时更新可用余额，一般情况下要到第二天测算才会显示正常。其系统显示如图 1-4-39 所示。

图 1-4-39　测算余额非实时更新系统显示

（1）用户停电策略被终止，未触发基准比较，用户余额不更新。

核算管理>>国网费控>>功能>>费控策略执行信息查询，其系统显示如图 1-4-40 所示。

图 1-4-40　费控策略执行信息查询

停电策略被终止的原因，可能是由于计划停电时间内（目前系统配置 1h）用户缴费，可能是由于停电指令采集反馈执行失败，用户缴费后会终止失败的停电策略，具体情况可以双击查询到的策略记录进行查询。

（2）用户为预警状态，缴费后取消预警不是实时触发的，测算余额也不会实时更新。

按路径：核算管理>>国网费控>>功能>>用户状态校验，查询系统用户状态。

（3）用户测算时被审核出测算电量异常，所以测算余额不会实时更新。

按路径：核算管理>>国网费控>>功能>>异常复核>>测算异常复核，测算电量异常规则，可以咨询各地市专责。其系统显示如图 1-4-41 所示。

（十二）策略一直显示执行中

1. 采集未反馈执行结果

根据图 1-4-42 中所示内容判断，指令回执时间为空，指令异常信息为空。

2. 掌机有在途任务未反馈执行结果

根据图 1-4-43 中所示内容判断，指令异常信息为 02＄为有掌机任务的情况，可以在异常消缺功能找一下工单。

图 1-4-41　测算电量异常系统显示

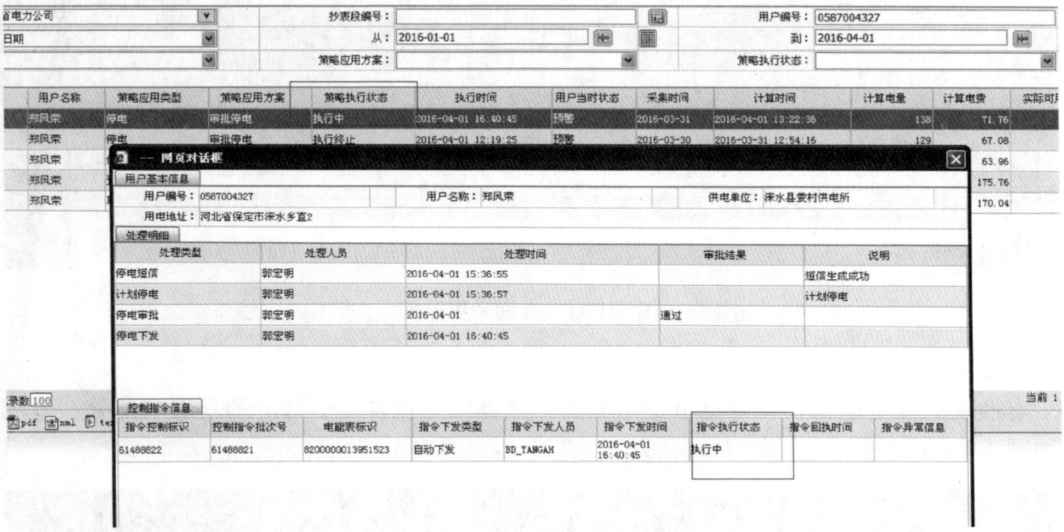

图 1-4-42　采集未反馈执行结果系统显示

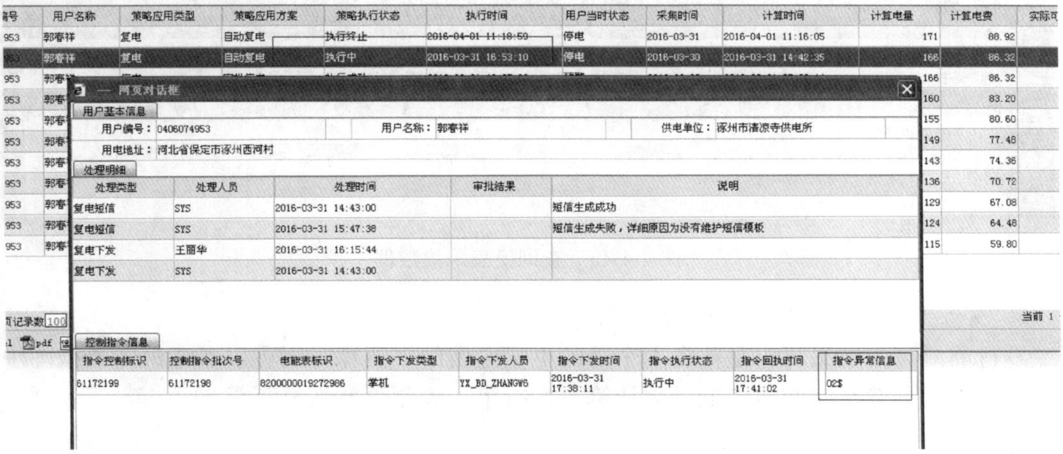

图 1-4-43　掌机有在途任务系统显示

二、测算问题

（一）测算电量电费不对

1. 采集提供的表底不对

登录远程费控系统，可以查询到测算的上次抄见示数和本次抄见示数。上次抄见示数为最后一次抄表后的表底，本次抄见示数为采集提供的采集数据。由于测算取的是采集前一天的数据，需要核对采集的数据是否和实际情况一致。其系统显示如图 1-4-44 所示。

如果是采集数据错误造成的测算错误，请联系采集系统进行处理。

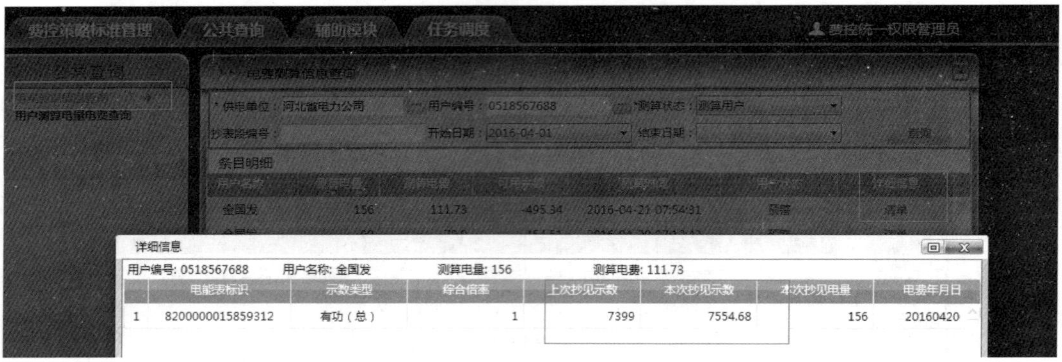

图 1-4-44 查询采集数据

2. 有旧表未结清电量

有换表的变更电量，在变更电量结算前，测算结果包含变更部分和新表两部分。系统显示如图 1-4-45 所示。

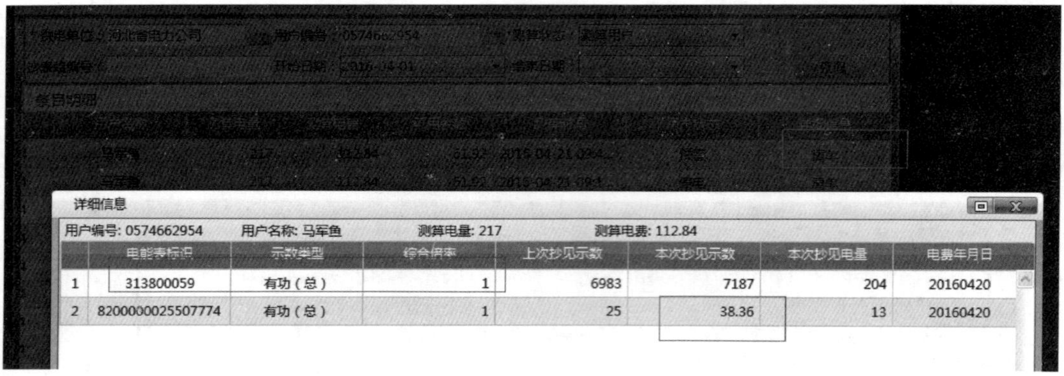

图 1-4-45 查询换表采集数据

3. 发行当天先完成测算再发行的情况

发行前测算的结果肯定是包含上个月的电量电费的，测算时间可以参考第二条截图中测算时间的方法。发行时间需咨询抄表核算。发行第二天测算就恢复正常。

（二）测算可用余额不正确

若测算日期早于用户缴费日期，则应计算测算电费与测算余额之和，如果计算结果等于缴费的上次余额，说明先进行的是当天的测算，测算完成后缴费。若测算余额未实时更新，是因为目前只有停电状态的用户在进行实时基准比较，其余用户会有一天延迟。其系统显示如图 1-4-46 所示。

图 1-4-46　测算余额系统显示

（三）采集系统有数据，费控未测算

自定义查询 BM110521 和 Y003 查询情况不一致。BM110521 可以查询到采集中间库的采集数据，Y003 查询由于采集中间库无数据未做测算。

BM110521 口径：中间库的采集对象和采集数据。

Y003 口径：营销档案和抽取到营销的采集数据。

如果出现两个自定义查询不一致的情况，请核实一下采集系统中采集对象标识是否能和营销相对应。建议走调试流程，重新同步档案数据。

三、短信问题

问题：客户欠费不发短信的情况。

解决方案：如果想重新发短信，可以按核算管理>>国网费控>>功能>>用户状态校验路径处理。

原因分析：首先判断用户是否生成相应的策略，如果策略都没有生成，有两种情况：一种是由于无采集数据没有测算；另一种是出现测算电量异常。

1. 预警短信

按路径：核算管理>>国网费控>>功能>>费控策略执行信息查询，先查看有没有状态为执行成功的预警策略。

（1）如果没有预警策略，不发预警短信属于正常现象。如果确认已经低于预警值，可以看一下是否采集没有数据，或者是否有测算电量异常的情况。

（2）如果有预警策略，双击策略打开看一下是否有短信生成成功的记录，或者在短信查询功能下查询（支持半年内的短信查询）。

（3）如果有预警策略，双击策略显示：短信生成失败，详细原因为没有账务联系人联系电话。说明生成预警策略的时候，没有维护账务联系人的联系电话号码。预警策略只下发一次，不重复下发，预警策略之后需维护档案信息，这样下次预警时账户联系人才能收到短信通知。其系统显示如图 1-4-47 所示。

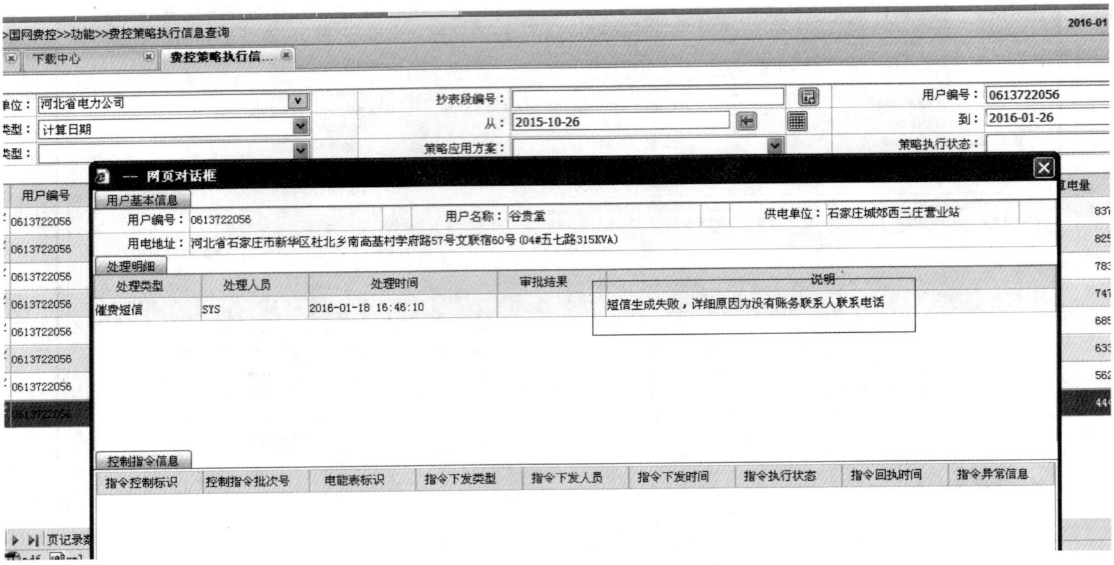

图 1-4-47　短信生成失败系统显示

2. 停电短信

所有用户都应该是先预警，再停电的顺序执行策略。按路径：核算管理>>国网费控>>功能>>费控策略执行信息查询，先查看系统是否发出停电策略。

（1）如果系统没有发出停电策略，不下发停电短信是正常的。

如果确认用户已经预警成功并且费用已经低于透支值的情况下，可以看一下有没有出现采集数据或者测算异常的情况。

（2）如果系统发出停电策略，双击策略，打开查看是否有短信生成成功的记录。

停电短信下发条件：

审批停电：高压户先确认停电范围，然后在停电审批后下发停电前短信通知；低压户在停电审批后下发停电前短信通知。

自动停电：高压户停电范围确认后下发停电前短信通知；低压户直接下发停电前短信通知。

停电后短信要等采集反馈执行成功后下发给用户已停电通知。

停电短信是否生成查询：

按路径：核算管理>>国网费控>>功能>>费控策略执行信息查询，双击打开，查看是否存在短信生成成功记录，如图 1-4-48 所示，第一个是停电前短信，第二个是停电成功后的短信。短信内容可以在“短信查询”功能查看（支持查看近半年的记录）。

（3）如果有停电策略，双击策略显示：短信生成失败，详细原因为没有账务联系人联系电话。

说明生成停电短信的时候，没有维护账务联系人联系电话。停电短信生成之后需维护档案信息，这样下次再停电时帐户联系人才能收到短信通知。

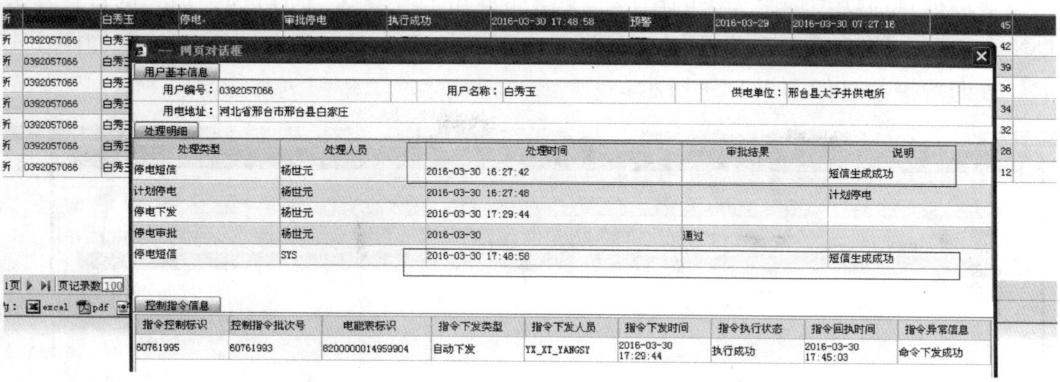

图 1-4-48　费控策略执行信息查询

四、停电问题

(一) 系统查询该户已欠费，但没有生成停电策略

1. 解决方案

如果是低压用户，确认已经加入试点后，以下操作任选其一：

(1) 按路径：核算管理>>国网费控>>功能>>用户状态校验处理。

(2) 按路径：核算管理>>国网费控>>功能>>停复电指令下发掌机任务处理。

2. 原因分析

(1) 如果是低压用户，先确认是否已经加入试点。

路径：核算管理>>国网费控>>功能>>用户配置（权限请联系市局系统管理员分配）。

查看一下，若客户信息统一视图中国网费控信息费控标志为“是”，则进一步查看用户配置，未配置用户是否包含要查询的用户。配置用户查询到的是已经添加到试点的明细。用户配置查询如图 1-4-49 所示。

注意：当天加入试点的用户不会下发停电策略。

图 1-4-49　用户配置查询

(2) 未加入试点的用户查询档案是否错误。

请确认用户是否存在账务联系人和费控信息，无账务联系人的用户无法通知用户停电信息；无费控信息或费控标志为否的用户，无法测算和生成策略，所以均未加入试点，在客户信息统一视图，联系信息和费控信息（国网）页面核实。查询账务联系人信息如图 1-4-50 所示，查询费控信息如图 1-4-51 所示。

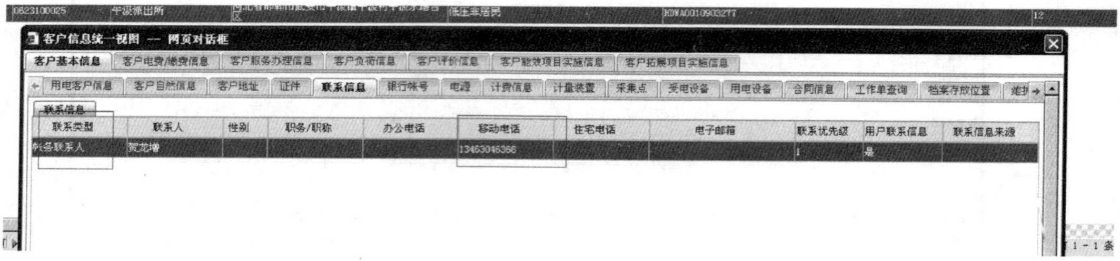

图 1-4-50　查询账务联系人信息

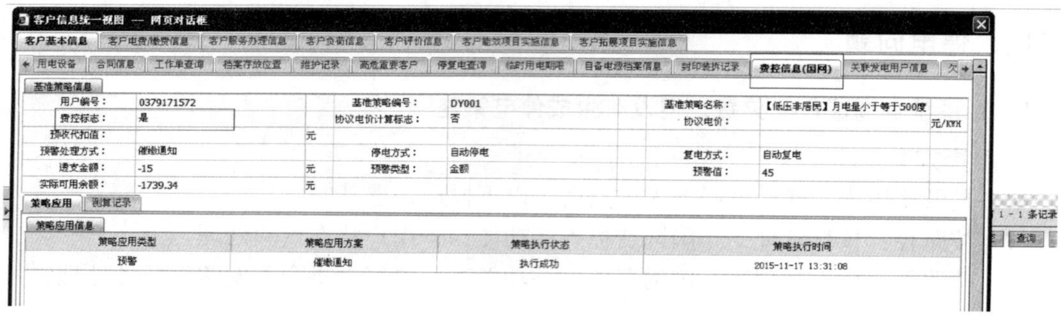

图 1-4-51　查询费控信息

如果费控标志为否，请核实用户是否缺失采集档案；如果没有采集档案，用户无法获取采集数据，无法进行测算，请联系采集人员及时维护。查询采集点档案信息如图 1-4-52 所示。

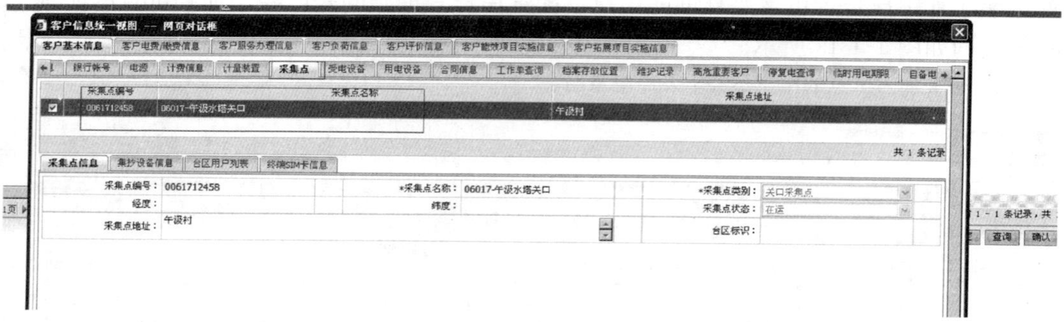

图 1-4-52　查询采集点档案信息

（3）确认用户状态，如果是停电状态的用户，肯定是不会再发起审批停电策略。

查询路径：核算管理>>国网费控>>功能>>用户状态校验。

（4）确认是否存在测算电量异常。

查询路径：核算管理>>国网费控>>功能>>异常复核，查看异常内容确定属于哪类异常。测算电量异常规则按照省公司要求统一配置。查询测算电量异常信息如图 1-4-53 所示。

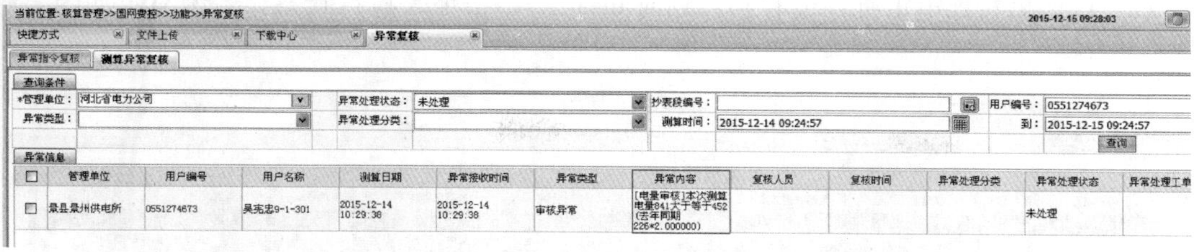

图 1-4-53　查询测算电量异常信息

存在测算电量异常的用户，测算但是不计算测算后可用余额，不生成策略，系统不进行控制。

（5）确认用户近期是否存在采集数据，需要登录采集系统查询。

无采集数据的无法完成测算，也不会生成任何策略。

（6）确认用户是否有测算结果，测算余额是否小于透支金额。

可以登录费控系统查询测算结果，测算结果系统查询如图 1-4-54 所示。

图 1-4-54　测算结果系统查询

（二）审批停电功能查询不到用户

当前位置：核算管理>>国网费控>>功能>>审批停电。已欠费用户在审批停电查询不到。

1. 已经生成停电策略

（1）审批停电策略执行状态为执行终止。执行终止的策略不能再做任何操作，终止原因可能是有发行或者缴费的情况。

（2）审批停电策略执行状态为执行失败。可以对执行失败的策略进行重新下发或异常消缺。策略执行失败系统查询如图 1-4-55 所示。

图 1-4-55　策略执行失败系统查询

(3) 已经做过停电审批，没有到计划时间（1h），指令未执行状态，系统显示如图 1-4-56 所示。

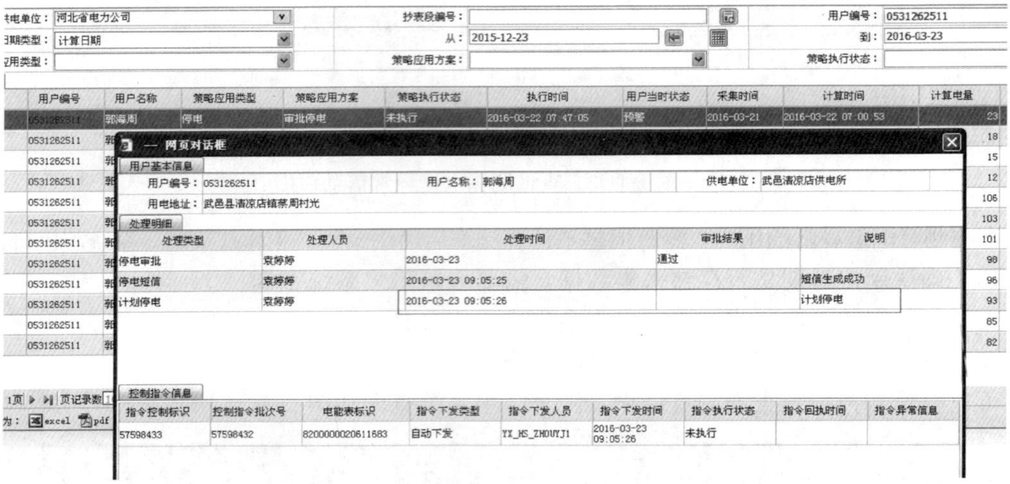

图 1-4-56　指令为执行系统查询

2. 未生成停电策略

(1) 可以查到当天的预警策略。用户先预警再停电，如果无缴费情况，预警第二天测算低于透支金额则会生成停电策略。

(2) 无当天的测算结果。按照以下步骤核实：

①可以在费控系统查询，或者统一视图看一下测算日期是否当前日期。

②如果无当天的测算结果，需要看一下是否存在测算异常（查询路径：核算管理>>国网费控>>功能>>异常复核>>测算异常复核）。

③如果没有测算异常，需要看一下有没有前一天的采集数据（采集系统和中间库）。

五、复电问题

(一) 用户缴费后没有复电

1. 解决方案

如果是低压用户，确认已经加入试点后，以下操作任选其一：

(1) 按路径：核算管理>>国网费控>>功能>>用户状态校验处理。

(2) 按路径：核算管理>>国网费控>>功能>>停复电指令下发掌机任务处理。

2. 原因分析

(1) 首先确认用户在系统中有没有执行成功的停电策略。

查询路径：核算管理>>国网费控>>功能>>费控策略执行信息查询，费控信息系统查询如图 1-4-57 所示。

①如果存在停电执行成功的策略，则需要做进一步核实；如果此策略不存在，说明用户停电与系统无关，请联系计量人员核实。

②如果停电策略执行状态为执行终止，一般情况下指令并未下发给采集系统执行，或者采集系统反馈执行失败，可以双击记录，打开查询“指令异常信息”，此字段为采集反馈执行失败的原因。此类情况，也需要现场核实。

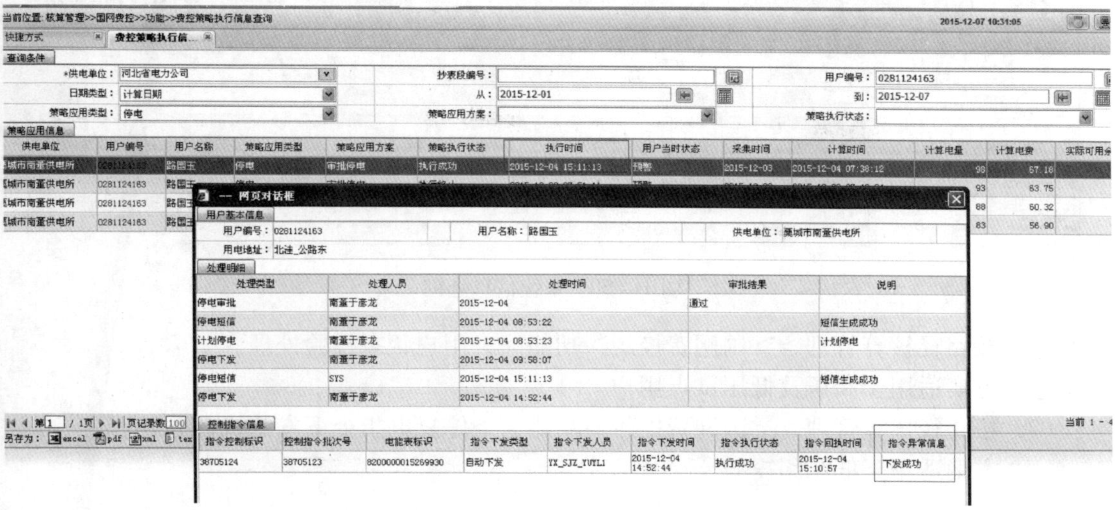

图 1-4-57　费控信息系统查询

③目前系统设置计划停电，如果用户在停电短信生成 1h 内缴费符合复电条件，停电策略会自动终止，停电指令不会下发到采集系统，现场不执行停电指令。此类情况，用户缴费后也不会生成复电策略。

停电短信生成查询路径：核算管理>>国网费控>>功能>>短信查询。

停电指令下发情况在营销系统自定义查询中可查询，查询编号：Y005；查询名称：低压试点费控停电用户清单（主站）。

④如果系统显示停电策略为执行失败，但是现场已停电，为采集、反馈和现场不一致的情况，可以用基准比较功能进行处理。

（2）缴费不足，用户仍然欠费，无法复电。

客户信息统一视图可以查到最新的预收余额和测算电费情况，核实一下预收是否足够扣除测算电费，如果测算电费大于预收，说明用户还存在欠费，无法复电。

（3）用户状态不对，无法发起复电。

按核算管理>>国网费控>>功能>>用户状态校验路径查询一下用户状态为停电状态，测算或者基准比较后才能发起复电。

（4）如果现场已停电，需要做复电，可以任选以下一种方案：

①按路径核算管理>>国网费控>>功能>>用户状态校验处理。

②按路径核算管理>>国网费控>>功能>>停复电指令下发掌机任务处理。

（二）非费控指令引起的现场停电

现场停电是由很多原因造成的。确认是否因费控引起的停电，需查看系统有没有下发成功的停电指令。

查询路径：核算管理>>国网费控>>功能>>费控策略执行信息查询，策略应用类型“停电”，策略执行状态显示“执行成功”。

若系统内查询不到停电记录，如图 1-4-58 所示，说明非费控指令引起的现场停电，需自行排查停电原因。

解决方案：

图 1-4-58　系统信息查询

（1）按路径核算管理>>国网费控>>功能>>用户状态校验处理。

这一方案适用于高压及低压试点用户。

（2）按路径核算管理>>国网费控>>功能>>停复电指令下发掌机任务处理。

这一方案适用于低压用户。

六、掌机停复电问题

1. 掌机获取表号失败

（1）掌机任务表号和现场不对应。

（2）确认对准红外口操作失误。

（3）掌机参数设置，通道选择“红外”，485 通道是错误选项。

（4）如果核实以上都无误，请联系掌机厂家。

2. 掌机显示同步任务成功，无未执行任务

任务下发的时候选择的派工人员和掌机发放操作卡人员工号不一致，导致任务无法下载到掌机上。

任务下发的派工人员查询：

路径：系统支撑功能>>自定义查询>>功能>>常用查询执行。

查询编号：Y008。

查询名称：低压试点费控掌机下发任务清单。

掌机发放操作卡业务卡工号查询：

路径：下载中心>>国网远程费控>>掌机操作卡和业务卡使用人员清单，可以根据卡号或工号查询。系统查询如图 1-4-59 所示。

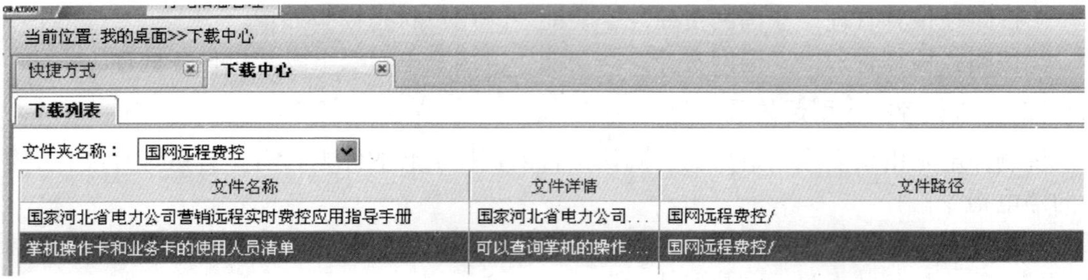

图 1-4-59　掌机操作卡和业务卡使用人员清单系统查询

3. 掌机强复电出现异常

强复电功能只有北京智芯和科曼的掌机支持，此功能为掌机功能，和系统无关，不需要

下载任务执行，所以掌机强复电遇到问题需要咨询掌机厂家进行处理，营销运维人员无法解答。

4. 掌机任务需要清除

（1）处理方法：

①如果操作员已经到达现场，发现停电或者复电操作已完成，掌机任务也是可以再操作的，然后将结果上传，就不需要清理数据了。

②按核算管理>>国网费控>>功能>>停复电任务修改。

（2）适用范围：

①核算管理>>国网费控>>功能>>停复电指令下发制定的掌机任务。

②未下载到掌机之前，可以对操作员进行修改，或者将做错的任务删除。

注意：异常消缺制定的任务，以及已经下载到掌机的任务不能修改。

（3）前两条无法完成的任务清理：

①掌机任务清理，请按照群公告联系厂家咨询。

②系统内掌机任务清理，请登记问题管理器，如果不清楚流程，打电话咨询。

5. 掌机停复电任务现场执行成功，并上传系统后，系统策略仍然显示执行失败

只有在异常消缺制定的掌机任务，上传掌机任务执行结果的时候，才将对应策略的“执行中”状态改为掌机的执行结果。

如果在停复电任务下发制定的任务，与系统中的策略无关，上传结果是为了处理用户状态，不会更新策略的执行状态。

七、掌机抄表问题

1. 掌机补采的数据系统显示自动抄表吗？

使用掌机抄表之后，实际抄表方式更新为远红外抄表器，影响自动核算比率。

2. 如果抄表工单终止，掌机任务如何处理？

抄表工单终止后，掌机任务系统中无法进行删除操作，已经下载到掌机上的任务可以数据初始化删除。

【思考练习题】

1. 用电信息采集反馈结果与系统不一致的情况都有哪些？应如何处理？

2. 何为异常消缺？系统中应怎么操作？

第二篇

电量电费计算及审核（Ⅱ级）

第五章　电量电费计算

第一节　电量计算

【概述】

本模块包含各类型用户电量计算等内容。通过概念描述、术语说明、公式解释、要点归纳、计算示例，掌握各类型用户电量计算。

【课时】

2课时。

【适用等级】

Ⅱ级。

【正文】

一、电量计算概述

根据用户的抄表数据、档案信息对各种类型电量进行计算，得出结算电量。具体计算内容包括抄见电量、峰谷分时电量、定比定量电量、主分表电量、转供电量及电能损耗电量的计算。

本章节课程对应的培训对象是抄核收高级工，主要介绍抄见电量、峰谷分时电量、变压器损耗电量（只考虑不同费率时段的分摊）的计算。

二、抄见电量计算

抄见电量是根据用户计费电能表的抄见示数、表位数和综合倍率等计算出来的。

1. 表计电量计算（有功、尖、峰、平、谷、无功）

（1）抄见电量＝(本次示数－上次示数)×综合倍率

【例2-5-1】 某低压用户，有功表上次示数855，本次示数905；无功表上次示数334，本次示数344，CT变比为50/5，则本月有功和无功抄见电量分别是多少？

解：有功电量＝(本次示数－上次示数)×综合倍率

＝(905－855)×50/5＝50×10＝500（kW·h）

无功电量＝(344－334)×50/5＝10×10＝100（kvar·h）

（2）若出现翻转，抄见电量＝(本次示数＋10表位数－上次示数)×综合倍率

【例2-5-2】 有一低压用户，使用4位电能表，有功本次示数25，上次示数9885，CT

变比为 75/5，问抄见电量是多少？

解：按常规算法，（本次示数－上次示数）＝－9860，不正确；抄表员现场抄表，确定该表翻转，采取翻转算法。

抄见电量＝(本次示数＋10 表位数－上次示数)×综合倍率

＝(25＋104－9885)×75/5＝140×15＝2100（kW·h）

（3）若出现倒转，抄见电量＝(上次示数－本次示数)×综合倍率

注意：本处倒转是指线路接反所引起的电能表倒走。

【例 2-5-3】 在抄表工作中，发现有一低压用户本次有功示数小于上次示数，经检查确认接线接反导致表倒走，本次示数 8，上次示数 128，CT＝50/5，请问本月抄见电量是多少？

解：本次示数小于上次示数，经现场确认，是因为线路接反所引起的电能表倒走。

抄见电量＝(上次示数－本次示数)×综合倍率

＝(128－8)×50/5＝120×10＝1200（kW·h）

（4）若倒转且翻转，抄见电量＝(上次示数＋10×表位数－本次示数)×综合倍率

注意：本处倒转是指线路接反所引起的电能表倒走。

【例 2-5-4】 某一低压用户在抄表工作中，经检查确认接线接反导致表倒走，本次有功示数 9998，上次示数 128，CT＝50/5，请问本月抄见电量是多少？

解：本次示数小于上次示数，经现场确认，是因为线路接反所引起的电能表倒走。

抄见电量＝(上次示数＋104－本次示数)×综合倍率

＝(128＋104－9998)×50/5＝130×10＝1300（kW·h）

2. 综合倍率计算

若用户为低压或高供低计的供电方式，倍率只有 CT，即综合倍率＝CT；

若用户为高供高计的供电方式，倍率包含 PT 和 CT，即综合倍率＝PT×CT。

【例 2-5-5】 某化工厂，10kW 供电，变压器容量 200kV·A×2，高供高计，电流互感器 30/5，计算该用户的综合倍率。

解：CT＝30/5＝6，PT＝10×(1000/100)＝100

综合倍率＝6×100＝600

3. 最大需量值计算

抄见最大需量＝本次示数×综合倍率

注意：最大需量是指计量在一定结算期内（一般为一个月）某一段时间（我国执行 15min）客户用电的平均功率，保留其最大一次指示值作为这一结算期的最大需量。

【例 2-5-6】 某高供低计的用户于抄表例日抄得电能表上最大需量为 200，已知其电流互感器变比为 50/5，则该用户本月最大需量值是多少？

解：200 为这一个月内电能表记录的最大值，且唯一。

抄见最大需量＝200×50/5＝2000（kW）

三、峰谷分时电量

若用户为峰谷分时计量，计算电量时应峰平谷各个时段分别计算。

【例 2-5-7】 某机械厂客户，高供低计，电流互感器 600/5A，本月抄见表示数为：有功总 0048，尖 0010，峰 0016，谷 0012，无功示数 0034（上月表底为 0000），计算本月用电量。

解：供电方式为：高供低计，综合倍率＝CT＝600/5＝120

尖电量＝10×120＝1200（kW·h）

峰电量＝16×120＝1920（kW·h）

谷电量＝12×120＝1440（kW·h）

平电量＝(48－10－16－12)×400＝1200（kW·h）

四、变压器损耗电量

1. 变损电量计算依据

变损电量一般采用查表法计算。根据在本核算期内受电变压器的总用电量、变压器容量、生产班次和变压器型号系列（是否节能型变压器），在变损电量速算表中提取相应的有功损耗电量（含铜损和铁损）、无功损耗电量，作为变损电量分摊计算的依据。

2. 变损电量分摊

变损电量分为有功变损电量和无功变损电量，需分别进行分摊。

（1）定量计量点不参与损耗分摊。

（2）多个主表间的分摊。变压器下若存在多个高供低计的主表时，变损电量按每个表计的抄见电量比例分摊。

$$\text{主表}\,i\,\text{损耗} = \frac{\text{主表}\,i\,\text{抄见电量}}{\sum_{i=1}^{n}(\text{主表}\,i\,\text{抄见电量})} \times \text{总损耗} \quad i = 1,2,\cdots,n-1$$

$$\text{主表}\,n\,\text{包底损耗} = \text{总损耗} - \sum_{i=1}^{n-1}(\text{主表}\,i\,\text{损耗})$$

【例 2-5-8】 现有一专用变压器，约定损耗为 600kW·h，下面有 3 个主表，甲本月用电量 1000kW·h，乙本月为 2000kW·h，丙本月为 3000kW·h，且都参与变损分摊，请问各主表用户分别分摊多少变损？

解：总电量＝1000＋2000＋3000＝6000（kW·h）；

甲分摊变损＝600×(1000/6000) ＝100（kW·h）；

乙分摊变损＝600×(2000/6000) ＝200（kW·h）；

丙分摊变损＝600－100－200＝300（kW·h）。

（3）主分表间的分摊。若主表下存在分表，则分表的变损电量按其抄见电量和主表抄见电量比例分摊。

$$\text{分表损耗}\,i = \frac{\text{分表}\,i\,\text{抄见电量}}{\text{主表抄见电量}} \times \text{主表总损耗}$$

$$\text{主表包底损耗} = \text{主表总损耗} - \sum_{i=1}^{n}(\text{分表}\,i\,\text{损耗})$$

【例 2-5-9】 某专变用户，主表低压计量，本月抄见电量 2000kW·h，该主表下有甲、乙两分表，本月抄见电量分别为 200kW·h、600kW·h。若本月主表的总损耗为 500kW·h，请问各部分摊变损是多少？

解：甲分表的损耗＝200/2000×500＝50（kW·h）；

乙分表的损耗＝600/2000×500＝150（kW·h）；

主表包底的损耗＝500－50－150＝300（kW·h）。

本单元不考虑不同费率时段及专供户与被转供户之间的变损分摊。

五、业务规则

（1）用户总用电量为零时

当用户的月用电量为零时，变压器只计空载损耗电量。

若变压器下只有一个主表，则空载损耗全部分摊到主表。

若变压器下存在多个主表，则空载损耗平均分摊到各主表。

若变压器主表下存在分表，则空载损耗平均分摊到主表与各分表。

（2）两个变压器下接一个主表时，如图 2-5-1 所示。

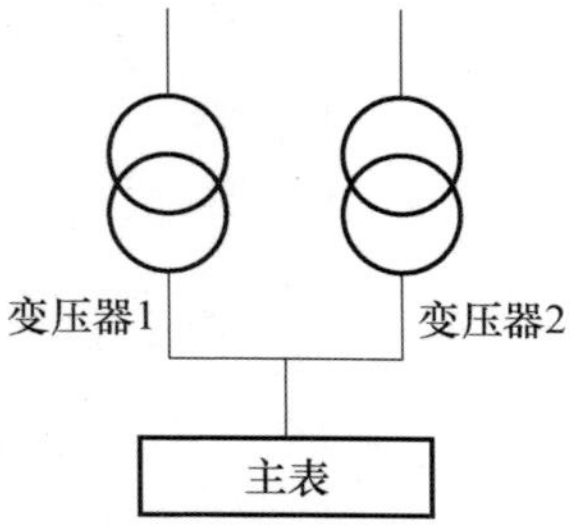

图 2-5-1　两个变压器下接一个主表

按变压器的容量比把主表的电量进行分摊，然后分别计算变损电量。

$$变压器\ 1\ 主表电量=主表抄见电量\times\frac{变压器\ 1\ 容量}{变压器\ 1\ 容量+变压器\ 2\ 容量}$$

$$变压器\ 2\ 主表电量=主表抄见电量\times\frac{变压器\ 2\ 容量}{变压器\ 1\ 容量+变压器\ 2\ 容量}$$

（3）一个变压器下存在两个或多个用户时，如图 2-5-2 所示。

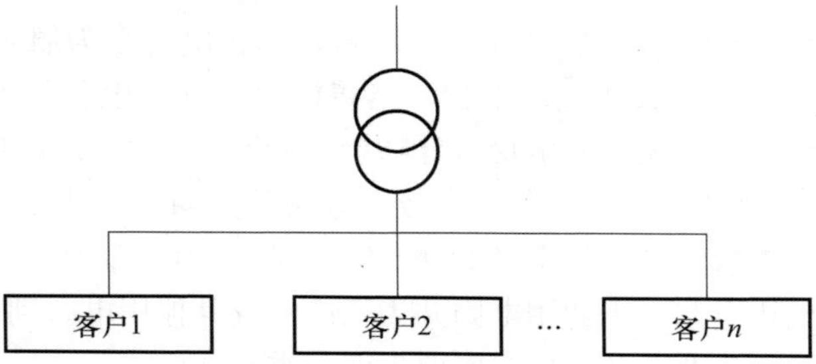

图 2-5-2　一个变压器下存在两个或多个用户

一个专用变压器下存在两个或多个用户时，按照各户用电量与总用电量的比例进行分摊损耗。若总用电量为零，则按照用户容量比例进行分摊损耗。

除历史原因和已既成事实的情况外，原则上应不允许出现一个专用变压器下面存在两个或多个用户的情况。

居民用电量，按照上述原则参与变损分摊计算，但不加收变损电量电费。

【思考与练习】

1. 高供高计用户的综合倍率如何计算？
2. 变损电量的分摊原则是什么？

第二节　电量计算依据

【概述】

本节介绍电费计算的依据，包含各类电价的适用范围及组成等，通过学习，掌握电费计算的依据。

【课时】

2课时。

【适用等级】

Ⅱ级。

【正文】

一、前言

供电企业应按照国家核准的电价和用电计量装置的记录，向用户计收电费。电费计算的依据是国家电价政策，由于其构成复杂、内容多、时间跨度长，成为电费计算的难点和关键点。该部分以1976年《电、热价格》颁布以来的各种电价政策文件为基础，对现行电价政策进行了梳理，分类进行了说明。

二、分类电价

根据《电、热价格》（水电财字〔1975〕67号），销售电价分为照明电价、非工业电价、普通工业电价、大工业电价、农业生产电价、趸售电价、互供电价等七种。1993年，照明电价分为居民生活电价、非居民照明电价（计物价〔1993〕1122号）；1996年，增加了商业电价（计价管〔1996〕828号）；2006年，商业、非居民照明、非普工业用电三类电价合并为一般工商业及其他类电价（冀价管字〔2006〕57号）。2016年6月1日起，将原销售电价中的一般工商业及其他用电与大工业用电归并为工商业及其他用电。到目前为止，河北南网销售电价分为居民生活、工商业及其他、农业生产三类。

（一）居民生活用电

应用范围（冀价管〔2014〕167号）

（1）城乡居民家庭住宅用电：是指城乡居民家庭住宅，以及机关、部队、学校、企事业单位集体宿舍的生活用电，不含利用居民住宅、集体宿舍开办会所、商店、餐饮、美容美发、网吧等从事生产、经营活动的用电。

部队生活用电是指部队（含武警）营区内宿舍的生活用电，不含办公、训练、装备、指挥等用电。

（2）城乡居民住宅小区公用附属设施用电：是指城乡居民住宅小区（村庄）内的公共场所照明、电梯、电子防盗门、电子门铃、消防、绿地、门卫、车库等非经营性用电，以及居民小区用水增压水泵、居民供热终端换热站、居民小区电锅炉采暖、中央空调（含国家鼓励的热泵技术供暖、制冷）用电，不包含小区（村庄）内的生产和经营性场所用电，以及属市政、交通等部门管理的道路照明用电。

（3）学校教学和学生生活用电：是指学校的教室、图书馆、实验室、体育用房、校系行政用房等教学设施，以及学校食堂、澡堂、宿舍等学生生活设施用电。

执行居民生活电价的学校，是指经国家有关部门批准，由政府及其有关部门、社会组织和公民个人举办的公立、民办学校，包括：①普通高等学校（包括大学、独立设置的学院和高等专科学校）；②普通高中、成人高中和中等职业学校（包括普通中专、成人中专、职业高中、技工学校）；③普通初中、职业初中、成人初中；④小学；⑤幼儿园（托儿所）；⑥特殊教育学校（对残障儿童、少年实施义务教育的机构）。不含各类经营性培训机构，如驾校、烹饪、美容美发、语言、电脑培训，以及党校和机关、企事业单位培训中心等。

（4）社会福利场所生活用电：是指经县级及以上人民政府民政部门批准，由国家、社会组织和公民个人举办的，为老年人、残疾人、孤儿、弃婴提供养护、康复、托管等服务场所的生活用电。

（5）宗教场所生活用电：是指经县级及以上人民政府宗教事务部门登记的寺院、宫观、清真寺、教堂等宗教活动场所常住人员和外来暂住人员的生活用电，不含经营性和非生活设施用电。

（6）城乡社区居民委员会服务设施用电：是指城乡居民社区居民委员会工作场所及非经营公益性服务设施的用电。具体包括：城乡社区居民委员会、村委会的办公场所用电及其附属的非经营公益性的文化娱乐场所用电。

（7）博物馆、图书馆、会展中心、纪念馆和全国爱国主义教育示范基地等免费开放的公益性文化单位用电。

（8）农村饮水安全工程供水用电：是指乡镇及以下农村居民饮水工程用电。饮水工程同时用于非居民饮水的，应按照供水比例确定相应的用电量。

（9）监狱监房生活用电。

（10）居民家庭住宅、居民住宅小区、执行居民电价中的非居民用户中设置的充电设施用电，执行居民用电价格中的合表用户电价。

（二）工商业及其他用电

1．商业用电

应用范围：凡从事商品交换或商业、金融、服务性的有偿服务所需的电力（计价管〔1996〕828号）。包括：

（1）商场、商店、物资供销、仓储、服装家具店、洗染店、宾馆、招待所、旅社、酒家、茶座、咖啡厅、餐馆等用电。

（2）美容美发厅、浴室、录像放映点、影剧院、游戏机室、彩扩摄像店、歌舞厅、卡拉OK厅等用电。

（3）金融、保险、旅游点、房地产经营、咨询服务等用电。

（4）电子计算业及其他综合技术服务事业等用电。

（5）党政机关、企事业单位和社会公共停车场中设置的充电设施用电执行“一般工商业及其他”类用电价格（冀价管〔2014〕98号文件），也就是现销售电价表中的单一制电价。

2. 非居民照明用电

应用范围：原《电、热价格》中照明用电除居民生活用电和商业用电以外部分（计物价〔1993〕1122号、计价管〔1996〕828号）。

（1）一般照明用电。

（2）铁道、航运等信号灯用电。

（3）霓虹灯、荧光灯、弧光灯、水银灯（电影制片厂摄影棚水银灯除外）、非对外营业的放映机用电。

（4）电扇、电熨斗、电钟、电铃、收音机、电动留声机、电视机、电冰箱等电器用电。

（5）总容量不足3kW的晒图机、医疗用X光机、无影灯、消毒等用电。

（6）以电动机带动发电机或整流器整流供给照明之用电。

（7）除上列各项用电的其他非工业用的电力、电热，其用电设备总容量不足3kW而又无其他非工业用电者。

（8）工业用单相电动机，其总容量不足1kW，或工业用单相电热，其总容量不足2kW，而又无其他工业用电者。

（9）市政部门管理的公用道路、桥梁、码头照明用电；公共厕所、公共水井用灯、标准钟、报时电笛及公安部门交通指挥灯、公安指示灯、警亭用电、不收门票的公园内路灯等用电。

3. 非工业用电

应用范围：凡以电为原动力，或以电冶炼、烘焙、熔焊、电解、电化的试验和非工业生产，其总容量在3kW及以上者。例如下列各种用电：

（1）机关、部队、商店、学校、医院及学术研究、试验等单位的电动机、电热、电解、电化、冷藏等用电。

（2）铁道、地下铁道（包括照明）、管道输油、航运、电车、电信、广播、仓库、码头、飞机场及其他处所的加油站、打气站、充电站、下水道等电力用电。

（3）电影制片厂摄影棚水银灯用电和专门对外营业的电影院、剧院、电影放映队、宣传演出队的影剧场照明、通风、放映机、幻灯机等用电。

（4）基建工地施工用电（包括施工照明）。

（5）地下防空设施的通风、照明、抽水用电。

（6）有线广播站电力用电（不分设备容量大小）。

其他规定：

（1）在非工业用户中，除地下铁道、基建工地和地下防空设施的照明以外，其他用电户的生产照明都应按非居民照明电价计费。

（2）冷藏用电（冀价工函字〔2000〕第26号）。

（3）以上涉及的部队营房、学校教学执行居民生活用电电价（冀价管字〔2007〕3号、发改价格〔2007〕2463号）。

（4）以上涉及的从事商品交换或商业、金融、服务性的有偿服务的用电执行商业电价（计价管〔1996〕828号）。

（5）以上涉及的电气化铁路牵引站执行大工业电价（价工字〔1993〕126号）。

4. 普通工业用电

应用范围：凡以电为原动力，或以电冶炼、烘焙、熔焊、电解、电化的一切工业生产，其受电变压器容量不足315kV·A或低压受电，以及在上述容量、受电电压以内的下列各项用电。

（1）机关、部队、学校及学术研究、试验等单位的附属工厂，有产品生产并纳入国家计划，或对外承受生产、修理业务的生产用电。

（2）铁道、地下铁道、航运、电车、电信、下水道、建筑部门及部队等单位所属的修理工厂生产用电。

（3）自来水厂、工业试验、照相制版工业水银灯用电。

其他规定：

（1）普通工业用户的照明用电（包括生活照明和生产照明），应分表计量。如果一时不能分表，可根据实际情况合理分算照明电度，按照明电价计收电费。

（2）315kV·A以下污水处理厂用电（冀价管字〔2007〕80号）。

（3）非工业与普通工业是两个不同性质的用电，但是属同一个电价类别，它们的主要区别：非工业是指用于非工业生产（无产品生产）和试验用电，其总容量在3kW及以上（不考虑受电变压器容量的大小）。普通工业是指用于工业生产（有产品生产）和各类修理（业务）工厂的生产用电，其受电变压器总容量不足315kV·A。

5. 大工业用电

应用范围：凡以电为原动力，或以电冶炼、烘焙、焊熔、电解、电化的一切工业生产，受电变压器总容量在315kV·A及以上者，以及符合上述容量规定的下列用电：

（1）机关、部队、学校及学术研究、试验等单位的附属工厂（凡以学生参加劳动实习为主的校办工厂除外），有产品生产，或对外承受生产、修理业务的生产用电。

（2）铁道（包括地下铁道）、航运、电车、电信、下水道、建筑部门及部队等单位所属修理工厂的用电。

（3）自来水厂、工业试验、照相制版工业水银灯用电。

（4）电气化铁路用电（价工字〔1993〕126号）。

（5）315kV·A及以上的污水处理厂用电（冀价管字〔2007〕80号）。

其他规定：

（1）大工业用户的生产照明（系指井下、车间、厂房内照明）与动力用电，按大工业电价计收电费。其办公和厂区道路、露天仓库及其他照明用电，应分表计量，按非居民照明电价分类计收电费；大工业用户对外营业的饭店、招待所、商店等用电，应分表计量，按商业电价计收。

（2）对向电网经营企业直接报装的经营性集中式充换电设施用电，在2020年前暂按对应电压等级电度电价执行，在不满1kV电压等级接电的，按两部制1～10kV电度电价标准执行。

（3）取消中小化肥电价优惠，原大工业用电类别中的中小化肥生产用电，改为两部制电价中的非优待电价执行。

（4）合成氨生产用电，执行两部制电价的按照销售电价表中“电石、电解烧碱、氯碱、合成氨、电炉黄磷生产用电”类别价格执行。

（三）农业生产用电

1. 应用范围

农村乡镇、国营农场、牧场、电力排灌站和垦殖场、学校、机关、部队以及其他单位举办的农场或农业基地的农田排涝、灌溉、电犁、打井、打场、脱粒、积肥、育秧、口粮加工（指非商品性的），牲畜饲料加工、防汛临时照明和黑光灯捕虫用电。

2. 其他规定

（1）农村自来水及浇果树用电执行农业生产电价（冀价工函字〔2000〕第31号）。

（2）大棚蔬菜种植业和农村畜禽养殖业用电执行农业生产电价（冀价工字〔2003〕26号）。

（3）农业经济作物和养殖业用电一律按农业生产用电价格执行（冀价工字〔2004〕37号）。

（4）西柏坡纪念馆浇灌抽水泵用电执行农业生产电价（冀价管字〔2006〕77号）。

（5）水库移民村农业生产用电全部执行贫困县农业排灌电价（冀价管字〔2007〕81号）。

（6）水库移民村养殖业用电执行贫困县农业排灌电价（冀价管函字〔2007〕26号）。

（7）农村集中供水设施用电执行农业生产用电价格；属于从事蔬菜种植活动、畜禽饲养活动及其初加工用电，执行农业生产用电价格；属于以农产品和初加工的农产品为原料进行的食品加工活动用电，执行一般工商业及其他用电价格（冀价管函〔2009〕20号）。

（8）贫困县农业排灌电量执行贫困县农业排灌电价（冀价重〔1993〕133号、冀扶贫〔1994〕5号、冀价重字〔1994〕126号）。

三、功率因数调整电费

（一）执行标准

1983年12月2日，水利电力部、国家物价局颁发了《功率因数调整电费办法》（水电财字〔1983〕215号），主要内容如下：

（1）功率因数标准0.90，适用于160kV·A（kW）以上的高压供电工业用户，装有带负荷调整电压装置的高压供电电力用户和3200kV·A（kW）及以上的高压供电电力排灌站。

（2）功率因数标准0.85，适用于100kV·A（kW）及以上的其他工业用户（包括社队工业用户）、100kV·A（kW）及以上的非工业用户（包括社队工业用户）和100kV·A（kW）及以上的电力排灌站。

（3）功率因数标准0.80，适用于100kV·A（kW）及以上的农业用户和趸售用户，但大工业用户未划由电业局直接管理的趸售用户，功率因数标准应为0.85。

（4）“两分钱”电力建设基金取消后并入电价收取，用于解决农村电网改造还贷问题，因此，应参与电费计算（计价格〔2001〕2466号、财企〔2001〕820号）。

（5）根据电网的具体情况，对不需增设补偿设备，用电功率因数就能达到规定的用户，或离电源点较近、电压质量较好、无须进一步提高用电功率因数的用户，可以降低功率因数标准值或不实行功率因数调整电费办法，但须经省、市、自治区电力局批准，并报电网管理局备案。降低功率因数标准的用户的实际功率因数高于降低后的功率因数标准时，不减收电费，但低于降低后的功率因数标准时，应增收电费（冀电供用〔1986〕60号、冀电供用〔1987〕19号）。

（二）计算

（1）凡实行功率因数调整电费的用户，应装设带有防倒装置的无功电能表，按用户每月实用有功电量和无功电量，计算月平均功率因数。

（2）凡装有无功补偿设备且有可能向电网倒送无功电量的用户，应随其负荷和电压变动及时投入或切除部分无功补偿设备，供电部门应在计费计量点加装带有防倒装置的反向无功电度表，按倒送的无功电量与实用的无功电量两者的绝对值之和，计算月平均功率因数。

（3）销售电价内包含的国家规定的重大水利建设基金（原三峡工程建设基金）、城市公用事业附加费、可再生能源电价附加费、大中型水库移民后期扶持资金、地方水库移民后期扶持资金，不列入功率因数调整电费计算（计价格〔1999〕2240号、冀价工字〔1999〕138号）。

四、峰谷分时电价

（一）适用范围

1. 冀南电网供电区域内除行政机关、学校（不含校办工厂）、部队（不含生产企业）、医院、自来水、路灯、热力煤气及居民用电外，其他所有受电用户均实行峰谷分时电价。趸售转供用户也应实行峰谷分时电价，具体办法另行制定（计价管〔1996〕828号）。

2. 供电企业能够直接抄表到户的居民用户（含执行居民电价的非居民用户，不含多户居民共用一块电表计量的用户），以及城乡居民住宅小区公用附属设施用电（不包括从事生产、经营活动用电），均可自愿选择实行峰谷分时电价政策。选择执行峰谷分时电价的用户可向当地供电企业提出申请，由供电企业免费安装峰谷分时电能表，执行时间以年度为周期，且不得少于一年（冀价管〔2015〕185号）。

3. 尖峰电价实行范围：大工业用户和受电变压器容量在100kV·A及以上的非普工业用户（冀价工字〔2004〕19号）。

4. “双蓄”低谷电价实行范围：“双蓄”用户是指利用电网的低谷时段，实施电蓄热采暖及电蓄冰制冷的用户（冀价工字〔2004〕19号）。

（二）其他规定

1. 铁路用户不具备调峰能力，不实行分时电价（发改价格〔2003〕141号）。

2. 对部分大型商业零售企业暂缓执行峰谷电价（冀价管字〔2007〕102号）。

3. 农村地区的广播电视站无线发射台（站）、转播台（站）、差转台（站）、监测台（站）用电，不执行峰谷分时电价政策（发改价格〔2006〕2696号）。

4. 对参与发展城市夜经济的重点商贸（餐饮）企业暂缓执行峰谷电价（冀发改价格〔2010〕1933号）。

（三）分时时段

河北南网峰谷时段（冀价管〔2017〕89号）：

高峰：8：00—12：00、16：00—20：00；

谷段：22：00—次日6：00；

平段：6：00—8：00、12：00—16：00、20：00—22：00；

尖峰段：每年6、7、8月份9：00—12：00。

（四）浮动幅度

高峰和低谷时段用电价格在平段电价基础上分别上、下浮动40%；尖峰时段用电价格在平段电价基础上上浮60%；“双蓄”设备低谷时段用电价格在平段电价基础上下浮50%

(冀价管〔2015〕78号)。

随电费加收的国家规定的重大水利建设基金(三峡工程建设基金)、可再生能源电价附加、大中型水库移民后期扶持资金、地方水库移民后期扶持资金,不实行峰谷电价;实行两部制电价的用户,基本电价暂不实行峰谷电价(计价管〔1996〕828号)。城市公用事业附加费于2018年4月1日起取消。

(五)分时电量电费的计算(计价管〔1996〕828号)

1. 实行峰谷分时电价的用户,必须装有由供电部门统一安装的分时计量表,分别计量高峰、低谷、平段以及尖峰的用电量。

2. 高压供电低压计量的用户,其变压器和线路损失的电量,按分时电能表记录的高峰、低谷、平段以及尖峰电量比例核定计费。

3. 经供电部门同意,通过用户转供并在供电部门立户收费的用户,应单独安装分时电能表,转供户的分时电量应将被转供用户的分时电量扣除。

4. 地方电厂电量不执行峰谷分时电价。对销售地方电厂电量的用户,应按照实际峰、谷、平、尖比例扣减地方小火电量后,再执行峰谷分时电价(冀价工字〔1997〕180号)。

5. 分时电费的计算(计价管〔1996〕828号)。

每年6—8月份:

高峰电度电费=高峰时段电量×高峰电价

低谷电度电费=低谷时段电量×低谷电价

平段电度电费=平段时段电量×平段电价

尖峰电度电费=尖峰时段电量×尖峰电价

其他月份:

高峰电度电费=(高峰时段电量+尖峰时段电量)×高峰电价

低谷电度电费=低谷时段电量×低谷电价

平段电度电费=平段时段电量×平段电价

五、代征基(资)金及附加

(一)重大水利工程建设基金

重大水利基金利用三峡工程建设基金停征后的电价空间设立。三峡工程建设基金向重大水利基金平稳过渡,保持三峡工程建设基金现行征收政策基本不变。

1. 征收范围:按照各省、自治区、直辖市扣除国家扶贫开发工作重点县农业排灌用电后的全部销售电量(财综〔2009〕90号)。

注意:除贫困县农业排灌用电外,其他所有用电均征收费用(冀价管〔2009〕96号附件二)。

2. 征收标准:0.39分/(kW·h)。

3. 其他规定:电能损耗电量不征收政府性基金(资金)及附加,由市、县级供电部门在结算电费时按实际电能损耗比例扣除(冀价管〔2009〕96号)。

(二)水库移民后期扶持资金

1. 征收范围:省级电网企业在省内扣除农业生产用电(含贫困县农排电量)外的全部销售电量,电能损耗电量不征收水库移民后期扶持资金(冀价管字〔2006〕57号)。

2. 征收标准:大中型水库移民后期扶持资金0.26分/(kW·h),地方水库移民后期扶持资金 0.05 分/(kW·h)。

（三）可再生能源电价附加

1. 征收范围：除农业生产（含贫困县农排）用电外的全部销售电量、自备电厂自发自用电量和向发电厂直接购电的用户收取可再生能源电价附加。可再生能源电价附加计入电网销售电价，由省级电网公司收取，单独记账，专款专用（冀价管字〔2006〕57 号）。

2. 征收标准：居民生活用电 0.1 分/(kW·h)，其他用电类别 1.9 分/(kW·h)。

【思考与练习】

1. 功率因数调整电费的执行标准是什么？
2. 现行电价分为哪几类？

第三节　执行两部制电价客户电费计算

【概述】

本节包含执行两部制电价客户电费的构成和计算方法等内容。通过术语说明、电费构成分析、公式解释、要点归纳、计算示例，掌握执行两部制电价客户的电费构成分析及计算过程。

【课时】

2 课时。

【适用等级】

Ⅱ级。

【正文】

一、执行两部制电价客户电费构成及计算

根据用户的结算电量和执行的电价标准，进行计算后得出的电费。

按照现行电价制度分类，所有客户可分为执行单一制电价的客户和执行两部制电价的客户。电度电价包含目录电度电价、各项基金及附加单价的总和。对应的电费有基本电费、目录电度电费、代征电费。

二、电度电费计算

电度电费包括目录电度电费和代征基金两部分。

电能损耗电量不征收政府性基金（资金）及附加。因此，电度电费计算分为两类：无损耗电量用户和有损耗电量用户。此单元对应的培训对象是抄核收高级工，主要介绍无损耗电量用户。

1. 业务规则

无损耗电量用户电费计算按目录电度电费、代征基金分开计算与按电度电价（包含代征基金）计算的电度电费，由于四舍五入问题出现计算结果不一致时，代征基金四舍五入，差

异金额由目录电度电费包底。

2. 目录电度电费计算

目录电度电费计算是依据用户的结算电量及该部分电量所对应的电度电价执行标准计算出来的电费，不包含政府性基金及附加。

(1) 单费率用户计费方式：

$$\text{目录电度电费}=\text{结算电量}\times\text{目录电度电价}$$

(2) 复费率用户计费方式：

复费率用户分别按各时段结算电量及其对应的目录电度电价来计算各时段目录电度电费。

$$\text{目录电度电费}\,i=\text{结算电量}\,i\times\text{目录电度电价}\,i$$

式中，i 表示各时段。

3. 代征基金计算

代征基金计算是按照国家有关法律、行政法规规定或经国务院以及国务院授权部门批准，随结算电量征收的政府性基金及附加。

(1) 无损耗电量用户代征基金计算：

$$\text{某项代征基金}=\sum_{i=1}^{n}(\text{结算电量}\,i\times\text{代征电价}\,i)$$

式中，i 表示各时段。

(2) 有损耗电量用户代征基金计算：

$$\text{某项代征基金}=\sum_{i=1}^{n}[(\text{结算电量}\,i-\text{损耗电量}\,i)\times\text{代征电价}\,i]$$

式中，i 表示各时段。

三、基本电费计算

基本电费是对执行两部制电价的用户，根据受电变压器（含高压电动机）的容量或最大需量和国家批准的基本电价计收的电费。

1. 按变压器容量计算基本电费

(1) 凡不通过受电变压器接用的高压电动机（千瓦视同千伏安）也应计算基本电费。

(2) 按照冀价管〔2016〕180号《河北省物价局关于完善两部制电价用户基本电价执行方式的通知》的文件规定，电力用户申请暂停用电必须是整台或整组变压器停止运行，申请暂停时间每次应不少于15d，每一日历年内累计不超过6个月，超过6个月的可由用户申请办理减容。超过6个月且未申请办理暂停恢复或减容的，超过天数需缴纳基本电费。

(3) 在暂停期限内，用户申请恢复暂停用电容量用电时，须在预定恢复日前5天向供电企业提出申请。暂停时间少于15d者，暂停期间基本电费照收。

【例2-5-10】 某工厂原有一台315kV·A变压器和一台250kV·A变压器，按容量计收基本电费。2008年4月，因检修经供电企业检查同意，于13日暂停第一台变压器，4月26日检修完毕恢复送电。供电企业对该厂的抄表日期是每月月末，基本电价为=10元/(kV·A)。试计算该厂4月份应交纳的基本电费是多少元？

解： 当月基本电费=(315+250)×10=5650（元）

(4) 对备用的变压器（含高压电动机），属于冷备状态并经供电企业加封的，不收基本电费；属于热备状态或未经加封的，不论使用与否都计收基本电费。用户专为调整用电功率因数的设备，如电容器、调相机等，不计收基本电费。

（5）在受电装置一次侧装有联锁装置互为备用的变压器（含高压电动机），按可能同时使用的变压器（含高压电动机）容量之和的最大值计算其基本电费。

（6）备用变压器已经供电部门封停或装有闭锁装置，不可能发生变压器同时投运的，则基本电费按可能同时使用的变压器容量之和的最大值计算其基本电费。

（7）基本电费以自然月计算，但新装、增容、变更与终止用电当月的基本电费，按实用天数计算，每日为全月基本电费的1/30；事故停电、检修停电、计划限电不扣减基本电费。

一般情况下，基本电费＝变压器容量×基本电价。

用电变更后容量发生改变时，基本电费＝[原容量×变更前变压器实际运行天数]/30×基本电价＋[变更后剩余容量×变更后变压器实际运行天数]/30×基本电价。

其中：①变更时基本电费按每台变压器分别进行计算。②变压器停止运行当天不计收基本电费，变压器恢复运行当天计收基本电费，即“起算止不算”。③按变压器实际运行天数进行容量计算时，如有小数，计算基本电费时将变压器容量保留两位小数。

【例2-5-11】 某大工业用户，装有受电变压器 $S_0=315$kV·A一台。5月18日变压器故障，因无同容量变压器，征得供电企业同意，暂换一台 $S_1=400$kV·A变压器。供电企业与用户约定的抄表结算电费日期为每月月末，则5月份应缴纳的基本电费为多少元？[基本电价10元/(kV·A)]

解：(315×17/30＋400×14/30)×10＝3651.67（元）

（8）电网企业对电力用户减容（暂停）设备，自设备加封之日起，减容（暂停）部分免收基本电费。减容（暂停）后容量达不到实施两部制电价规定容量标准的，应改按相应用电类别单一制电价计费，并执行相应的分类电价标准。减容（暂停）恢复用电后，其用电容量达到实施两部制电价规定容量标准的，应改按两部制电价标准和政策执行。

【例2-5-12】 某大工业用户3月份新装1000kV·A变压器和630kV·A变压器各一台，后因资金不能到位于6月向供电部门申请暂停1000kV·A变压器一台，供电部门经核查后同意并于6月20日对其1000kV·A变压器加封，则该用户6月份基本电费为多少元？[基本电价15元/(kV·A)]

6月份基本电费＝[630＋1000×(19/30)] ×15＝18950（元）

（9）如转供户按容量计算基本电费，需按合同约定的方式进行扣减（此单元不详细介绍）。

2. 按最大需量计算基本电费

（1）对有两路及以上进线的用户，各路进线应分别计算最大需量。在分别计算需量时，如因电业部门有计划的检修或其他原因而造成用户倒用线路而增加的最大需量，其增大部分可在计算用户当月最大需量时合理扣除。

（2）按最大需量计算基本电费的用户，凡有不通过专用变压器接用的高压电动机，其最大需量应包括该高压电动机的容量。用户申请最大需量包括不通过变压器接用的高压电动机容量，当其低于按变压器容量（千伏安视同千瓦）和高压电动机容量总和的40％时，则按容量总和的40％核定最大需量。由于电网负荷紧张，电业部门限制用户的最大需量低于容量的40％时，可以按低于40％数核定最大需量。

（3）基本电价按最大需量计费的用户应和电网企业签订合同，按合同确定值计收基本电费，如果用户实际最大需量超过核定值 5%，超过 5%部分的基本电费加一倍收取。

实际抄见最大需量小于等于核定值 1.05 倍的：基本电费＝核定值×基本电价。

实际抄见最大需量大于核定值 1.05 倍的：基本电费＝核定值×基本电价＋(抄见最大需量－核定值×1.05)×基本电价×2。

【例 2-5-13】 某大工业用户装有 1000kVA 变压器两台，根据供用电合同，电力部门按最大需量对该户计收基本电费，核准的最大需量 S 为 1800kW。已知该户当月最大需量表读数 S1 为 1892kW，该户当月基本电费为多少元？(假设基本电价为 20 元/kW)

解： 当月基本电费＝1800×20＋(1892－1890)×20×2＝36000＋80＝36080（元）

(4) 双路电源供电的用户按需量计算基本电费时，如果是双路常供，基本电费需要按照两个需量表分别计算，各路按照单路供电需量计算基本电费的原则计算，用户上报两路各自的核准值。如果是一路常用、一路备用，基本电费按照需量值最大的计算。

(5) 基本电费以自然月计算，但新装、增容、变更与终止用电当月的基本电费，按实用天数计算，每日为全月基本电费的 1/30；事故停电、检修停电、计划限电不扣减基本电费。基本电费＝(全月基本电费×变压器实际运行天数) /30。

(6) 电力用户申请减容必须是整台或整组变压器的停止或更换小容量变压器用电，减容期限不受时间限制。电力用户减容两年内恢复或部分恢复的，按减容恢复办理。减容超过两年如需再增加用电容量按新装或增容办理。

存在转供户、被转供户关系的计算，将在技师单元模块介绍。

3. 功率因数调整电费计算

当用户的月平均功率因数高于或低于标准时，在计算出当月电费的基础上，还要按照国家规定的功率因数标准减收或加收一定比例的电费，这部分减收或加收的电费就是功率因数调整电费。

(1) 月平均功率因数＝有功电量/$\sqrt{有功电量^2+无功电量^2}$

或　月平均功率因数＝$\cos\left(\arctan\dfrac{无功电量}{有功电量}\right)$

(2) 功率因数调整电费计算规则

①根据计算的功率因数，高于或低于规定标准时，在按照规定的电价计算出其当月电费后，再按照“功率因数调整电费表”所规定的百分数增减电费。如用户的功率因数在“功率因数调整电费表”所列两数之间，则以四舍五入计算。

②根据电网的具体情况，对不需增设补偿设备用电功率因数就能达到规定标准的用户，或离电源点较近，电压质量较好、无须进一步提高用电功率因数的用户，可以降低功率因数标准或不实行功率因数调整电费办法，但须经省、市、自治区电力局批准，并报电网管理局备案。降低功率因数标准的用户的实际功率因数，高于降低后的功率因数标准时，不减收电费，但低于降低后的功率因数标准时，应增收电费。

③功率因数调整电费计算方法：

按实际计算出的月平均功率因数与功率因数标准对照功率因数调整电费表，查出电费增减百分数。

单一制功率因数调整电费＝目录电度电费×功率因数调整电费增减百分数

两部制功率因数调整电费＝(基本电费＋目录电度电费)×功率因数调整电费增减百分数

注意：目录电度电费不包含居民生活电费和非居民照明电费。

【例 2-5-14】 某工业用户变压器容量 500kV·A，装有有功电能表和双向无功电能表。已知某月该户有功电能表抄见电量为 4000kW·h，无功电能表抄见电量为正向 25000kvar·h，反向 5000kvar·h。试求该用户当月功率因数调整电费为多少？［假设大工业用户目录电价为 0.5992 元/(kW·h)，基本电价为 20/(kW·h)］

解：该户当月目录电度电费＝4000×0.5992＝23968（元）

基本电费＝500×20＝10000（元）

总无功电量＝25000＋5000＝30000

功率因数 $\cos\phi = P/S = 0.8$，功率因数标准值为 0.9，查表得电费调整率为 5%，则功率因数调整电费＝(23968＋10000)×5%＝1698.4（元）。

（3）当月用户增容或变更用电，如功率因数标准发生变化，根据变化前后的电量数据分段进行计算。

（4）分次结算的用户，最后一次抄表时按全月电量计算功率因数，以全月目录电度电费和全月基本电费作为基数计算功率因数调整电费。

（5）双路供电的情况下，有功电量和无功电量可合并计算总功率因数。

（6）用户的月平均功率因数是按照总有功电量、总无功电量计算的，按照不同电价类别对应的考核值分别计算调整电费。

（7）高供低量用户的有功、无功变损均参加月平均功率因数计算。

【例 2-5-15】 某机械厂客户，4 月 6 日新装一台 400kV·A 的变压器，10kV 供电，高供低计，电流互感器 600/5A，变压器有功损失电量为 718kW·h，无功损失电量为 9370kvar·h。本月电表指示数有功总为 0286，尖为 0040，峰为 0065，谷 0050，无功表示数为 0058。计算该客户本月应交电费（上月表底都为 0000，基本电费按变压器容量计算）。

解：（1）高供低计的计量方式，倍率＝C/T＝600/5＝120

（2）基本电费计算，按使用天数计算，每日是全月的 1/30

基本电费＝400×25/30×23.3＝7766.67（元）

（3）总有功电量＝286×120＋718＝35038（kW·h）

总无功电量＝58×120＋9370＝16330（kvar·h）

（4）峰谷电量计算：尖峰电价的执行时间是每年的 6、7、8 三个月 18：00—21：00，题目中为 4 月份，把尖段和峰段电量的和作为高峰时段的电量。

有功损耗电量按照峰谷比率分摊到各时段的电量中。

峰段电量＝35038×(40＋65)/286＝12862.45（kW·h）

谷电量＝35038×50/286＝6000＝6124.64（kW·h）

平电量＝35038－12862.45－6124.64＝16050.91（kW·h）

（5）损耗电量不参与代征基金的计算，目录电费的计算分为目录电度电费和代征电费两部分。

目录电度电费计算：

峰电费＝(0.8044－0.04)×12862.45＝9832.06（元）

谷电费＝(0.3676－0.04)×6124.64＝2006.43（元）

平电费＝(0.5860－0.04)×16050.91＝8763.80（元）

代征电费：286×120×0.04＝1372.80（元）

(6) 计算功率因数，并确定力率调整电费标准（该户执行0.9力率标准）

$\cos\phi=\dfrac{35038}{\sqrt{35038^2+16330^2}}=0.91$，查表得增减百分数为$-0.15\%$。

功率因数调整电费＝(7766.67＋9832.06＋2006.43＋8763.80)×(－0.15%)
＝－42.55（元）

(7) 总电费：基本电费＋各目录电度电费＋功率因数调整电费＋代征电费
＝7766.67＋9832.06＋2006.43＋8763.80＋1372.80－42.55
＝29699.21（元）

【思考与练习】

1. 按最大需量计算基本电费的用户，如实际抄见最大需量大于核定值1.05倍时，应如何计算？

2. 两部制电价用户功率因数调整电费的组成包括哪些？

第四节　居民用户电量电费计算

【概述】

本节介绍居民用户电量电费的计算过程，包含阶梯及阶梯基础上峰谷分时两种情况。通过术语说明、公式解释、要点归纳、计算示例，掌握居民用户电量电费的计算过程。

【课时】

2课时。

【适用等级】

Ⅱ级。

【正文】

一、阶梯电价

居民阶梯电价是指将现行单一形式的居民电价，改为按照用户消费的电量分段定价，用电价格随用电量增加呈阶梯状逐级递增的一种电价定价机制。主要内容包括：

1. 执行范围。对城乡“一户一表”居民用户实行阶梯电价。对合表用户、执行居民电价的非居民用户用电，不执行阶梯电价。

2. 电量分档情况。按照国家发展改革委确定的分档原则，第一档电量，按照覆盖本区域内80%居民用户的月均用电量确定；第二档电量，按照覆盖本区域内95%居民用户的月均用电量确定；第三档电量，为超出第二档的电量。

同时，国家发展改革委确定我省城乡“低保户”和农村“五保户”家庭设置每户每月免费用电基数为15度。

3. 提价标准。按照国家发展改革委确定的原则，第一档电量电价不做调整，第二档电量提价幅度为每度 0.05 元，第三档电量提价幅度为每度 0.3 元。合表用户、执行居民电价的非居民用户，每度按 0.0185 元上调。

4. 执行周期：以年为周期执行阶梯电价，从 2012 年 7 月 1 日起按供电公司抄表周期执行。

（1）以年为周期执行阶梯电价，将各档电量标准×12 作为分档电量标准，即年分档标准为：

第一档，累计用电量在 2160（=180×12）kW·h 以内；

第二档，累计用电量在 2161－3360（=280×12）kW·h 之间；

第三档，累计用电量在 3361kW·h 及以上。

【例 2-5-16】 某一户一表用户，抄表周期为每月，执行年阶梯分档，往月阶梯周期内上月累计总电量为 1900kW·h，本月抄见电量 500kW·h，计算该用户本月份应缴电费。

解： 总用电量＝第一档用电量＋第二档用电量＋第三档用电量

第一档电费＝第一档用电量×第一档电价

第二档电费＝第二档用电量×第二档电价

第三档电费＝第三档用电量×第三档电价

总电费＝第一档电费＋第二档电费＋第三档电费

本题中：第一档电费：(2160－1900)×0.52＝260×0.52＝135.2（元）

第二档电费：(500－260)×0.57＝240×0.57＝136.8（元）

合计电费：135.2＋136.8＝272（元）

（2）不足一年的按照实际用电月数执行，将各档电量标准×实际用电月数作为分档电量标准。

（3）实际用电天数不足一个月的按照一个月执行。

（4）家庭人口为 5 人或 5 人以上的用户，可申请执行合表电价。改之前还要看用户是不是有阶梯的差价产生。

【例 2-5-17】 某居民用户，抄表例日是每月 8 日，月月抄表。执行一户一表阶梯电价。2018 年 1 月到 6 月的用电量是 2318kW·h，该用户于 2018 年 6 月 19 日更改为居民合表电价，7 月份抄表电量是 267kW·h。计算 7 月份的电费。

解： 执行阶梯月数为 7，

按实际阶梯月数各档电量标准，第一档：180×7＝1260（kW·h）

第二档：280×7＝1960（kW·h）

阶梯清算：

一档：－2160×0.52＋1260×0.52＝－900×0.52＝－468（元）

二档：－(2318－2160)×0.57＋(1960－1260)×0.57＝(－158＋700)×0.57＝542×0.57＝308.94（元）

三档：(2318－1960)×0.82＝358×0.82＝293.56（元）

合表：267×0.5362＝143.17（元）

7 月份电费：－468＋308.94＋293.56＋143.17＝277.67（元）

二、阶梯分时电价

按照《关于居民用电实行峰谷分时电价政策的通知》（冀价管〔2015〕185 号）居民用

户于 2015 年 9 月 29 日起可选择执行峰谷分时电价。

1. 居民用电峰谷分时电价实施范围和条件

供电企业能够直接抄表到户的居民用户（含执行居民电价的非居民用户，不含多户居民共用一块电表计量的用户），以及城乡居民住宅小区公用附属设施用电（不包括从事生产、经营活动用电），均可自愿选择实行峰谷分时电价政策。选择执行峰谷分时电价的用户可向当地供电企业提出申请，由供电企业免费安装峰谷分时电能表，执行时间以年度为周期，且不得少于一年。

2. 峰谷时段划分及峰谷电价

（1）峰谷时段划分：峰段 8：00—22：00；谷段 22：00—次日 8：00。

（2）峰谷电价

①执行阶梯电价的居民用户：用电电压等级为不满 1kV 的，第一档峰段电价为 0.55 元/(kW·h)（下同）、谷段电价 0.30 元/(kW·h)；用电电压等级为 1～10kV 的，第一档峰段电价为 0.50 元/(kW·h)、谷段电价 0.27 元/(kW·h)。第二、三档峰、谷电价分别在第一档电价基础上加价 0.05 元、0.30 元。

②执行合表电价的用户：用电电压等级为不满 1kV 的，峰段电价为 0.57 元/(kW·h)、谷段电价 0.31 元/(kW·h)；用电电压等级为 1～10kV 的，峰段电价为 0.52 元/(kW·h)、谷段电价 0.28 元/(kW·h)。

③符合《河北省物价局关于我省居民生活用电试行阶梯电价有关问题的通知》（冀价管〔2012〕63 号）要求，且选择执行峰谷分时电价的居民电采暖用户，执行上述对应的峰谷分时电价。

④未开征城市公用事业附加地区的居民用电峰谷分时电价，在上述电价基础上每千瓦时降低 1.5 分钱。

3. 阶梯峰谷计算

阶梯峰谷采用增益的方法计算电费，计算步骤如下：

首先，将所有电量按照一档的电价进行计算；

然后，将二档电量乘以二档和一档的价差（峰谷价差一样）作为二档增益电费；

最后，将三档电量乘以三档和一档的价差（峰谷价差一样）作为三档增益电费。

【例 2-5-18】 某居民用户 2018 年 7 月份抄见电量 805kW·h，其中谷电量 245kW·h，截至上月累计用电量 2755kW·h，请计算该户本月的电费。

解：谷电量 245kW·h，则峰电量为 805－245＝560（kW·h）

二档电量 3360－2755＝605（kW·h）

三档电量 805－605＝200（kW·h）

（1）560×0.55＋245×0.3＝308＋73.5＝381.5（元）

（2）二档增益 605×0.05＝30.25（元）

（3）三档增益 200×0.3＝60（元）

总电费 381.5＋30.25＋60＝471.75（元）

【思考与练习】

1. 阶梯电价的适用范围是什么？
2. 进行阶梯差价电费计算时，应注意哪些问题？

第五节　电费违约金计算

【概述】

本节介绍电费违约金的计算，包含收取次序、限额的规定等。通过要点归纳、计算示例，掌握电费违约金的收取较以往发生的变化。

【课时】

1课时。

【适用等级】

Ⅱ级。

【正文】

根据《国家电网公司关于进一步规范供用电合同管理工作的通知》（国家电网营销〔2016〕835号）中关于违约金算费的修改。

一、区分居民和非居

《供电营业规则》第八章第九十八条中已明确规定：居民用户每日按欠费总额的千分之一计算；其他用户：当年欠费部分，每日按欠费总额的千分之二计算，跨年度欠费部分，每日按欠费总额的千分之三计算。

二、上限规定

文件中规定："不超过造成损失的百分之三十"。

损失是指截止到违约金起算日期的欠费（仅电费）。

违约金上限＝损失×0.3

注意：违约金上限是固定值，如部分缴费，违约金上限也不再变化。

违约金收取顺序变更

三、全额缴费

例如：用户欠费100，违约金10，缴纳110，同时结清欠费及违约金；冲正后重新计算违约金。

四、部分缴费

收取顺序为：先收电费，再收违约金。

【例2-5-19】　1月欠费100，违约金天数10d。

违约金＝100×0.001×10＝1

违约金上限＝100×0.3＝30，违约金上限未超过上限，按1元收。

第一次缴费20元，缴费后，欠费80，违约金1；

间隔 15d 后再次缴费，违约金＝上次违约金 1＋80×15×0.001＝2.2

违约金上限＝100×0.3＝30

五、相关规定

（1）存在违约金时，不允许只结清欠费；

（2）违约金暂缓有效期内，不收取暂缓的违约金；

（3）违约金下限：不足一元，按一元收取。

【思考与练习】

违约金收取的上下限规定分别是什么？

附件：

河北省物价局

关于完善两部制电价用户基本电价执行方式的通知

冀价管〔2016〕180 号

各市（定州、辛集市）物价局，国网河北省电力公司、国网冀北电力有限公司：

为支持企业优化调整生产结构，促进转型升级，减少停产、半停产企业电费支出，降低实体经济运行成本，根据国家发展改革委办公厅《关于完善两部制电价用户基本电价执行方式的通知》（发改办价格〔2016〕1583 号）规定，现将完善我省两部制电价用户基本电价执行方式有关事项通知如下：

一、放宽基本电价计费方式变更周期限制

（一）基本电价按变压器容量或按最大需量计费，由电力用户自行选择。基本电价计费方式变更周期从现行按年调整为不少于 90 天变更，电力用户可在电网企业下一个月抄表之日前 15 个工作日，向当地电网企业申请变更基本电价计费方式。

（二）电力用户选择按最大需量方式计收基本电费的，应与电网企业签订合同，并按合同最大需量计收基本电费。合同最大需量核定值的变更周期从现行按半年调整为按月变更，电力用户可提前 5 个工作日向电网企业申请变更下一个月（抄表周期）的合同最大需量核定值。电力用户实际最大需量超过合同确定值 105％时，超过 105％部分的基本电费加一倍收取；未超过合同确定值 105％的，按合同确定值收取；申请最大需量核定值低于变压器容量和高压电动机容量总和的 40％时，按容量总和的 40％核定合同最大需量。对按最大需量计费的两路及以上进线用户，各路进线分别计算最大需量，累加计收基本电费。由于电网负荷紧张，电网企业限制用户的最大需量低于容量的 40％时，按实际比例核定最大需量。

二、放宽减容（暂停）期限限制

（一）电力用户（含新装和增容用户）可根据用电需求变化情况，提前 5 个工作日向当地电网企业申请办理减容、暂停、减容恢复、暂停恢复用电，自用户申请的起始日期对设备进行加（启）封。

（二）电力用户申请减容必须是整台或整组变压器的停止或更换小容量变压器用电，减容期限不受时间限制。电力用户减容两年内恢复或部分恢复的，按减容恢复办理。减容超过两年如需再增加用电容量按新装或增容办理。

（三）电力用户申请暂停用电必须是整台或整组变压器停止运行，申请暂停时间每次应不少于15天，每一日历年内累计不超过6个月，超过6个月的可由用户申请办理减容。超过6个月且未申请办理暂停恢复或减容的，超过天数需缴纳基本电费。

（四）电网企业对电力用户减容（暂停）设备，自设备加封之日起，减容（暂停）部分免收基本电费。减容（暂停）后容量达不到实施两部制电价规定容量标准的，应改按相应用电类别单一制电价计费，并执行相应的分类电价标准。减容（暂停）恢复用电后，其用电容量达到实施两部制电价规定容量标准的，应改按两部制电价标准和政策执行。

（五）执行最大需量计费方式的电力用户减容（暂停）后，合同最大需量按照减容（暂停）后总容量申报。因电网企业有计划的检修或其他原因造成用户倒用线路而增大的最大需量在计算用户当月最大需量时扣除。

（六）电力用户因不可抗力因素造成停产，在停产期间免收基本电费，用户应及时告知供电企业。

（七）上述规定自2016年7月1日起执行。此前，电力用户已办理减容（暂停）的，自本通知执行之日起按新规定执行。功率因数调整电费按实际运行容量计算。其他有关事项仍按现行规定执行。

三、电网企业要通过多种形式，帮助用电企业广泛知晓完善后的基本电价执行方式，主动为用电企业申请调整计费方式、减容、暂停提供方便，确保相关措施落实到位，让用电企业真正得到好处。在执行中遇到的问题，要及时向省物价局反馈。

河北省物价局

2016年9月7日

第六章　电量电费复核

第一节　低压客户计费档案审核

【概述】

本节重点介绍低压客户计费档案的审核及政策依据等内容。

【课时】

3课时。

【适用等级】

Ⅱ级。

【正文】

1. 审核电费的结算方式，只能为抄表结算。

2. 审核客户分类与执行电价相对应，客户分类为低压居民或低压非居民，执行电价应为对应的低压居民电价或低压非居民电价，不得执行低维费关口电价；客户分类为台区综合户，执行电价应包含提取低维费各类电价。

3. 审核供电电压为交流380V或交流220V。

4. 审核临时用电标志，属于临时用电的对应计量点电价应全部是非工业电价。

5. 审核台区名称，如为提取低维费台区，计量点电价应执行提取低维费的各类农村到户电价。

6. 审核定价策略类型，应为单一制。

7. 审核基本电费计算方式，应为不计算。

8. 审核需量核定值为空。

9. 审核功率因数考核方式：合同容量小于100kW，功率因数审核方式应为不审核；合同容量在100kW及以上，且用户电价至少有一个执行审核，功率因数审核方式为标准审核。

10. 审核功率因数审核标准，居民电价、非居民电价、地方小火电电价为不审核，合同容量小于100kW的客户为不审核，100kW及以上客户依据《功率因数调电费办法》审核，“功率因数标准0.85，适用于100kV·A（kW）及以上的其他工业用客户（包括社队工业客户）、100kV·A（kW）及以上的非工业用客户（包括社队工业用客户）和100kV·A（kW）及以上的电力排灌站；功率因数标准0.80，适用于100kV·A（kW）及以上的农业客户”。

11. 审核执行电价，与用电类别、供电电压、电价行业类别相对应；审核低压非普工业客户，应不执行尖峰电价；审核提取低维费台区客户应执行提取低维费的各类农村到户电价；审核临时用电客户计量点电价应全部是非工业电价。

相关政策：

（1）尖峰电价实行范围：大工业客客户和受电变压器容量在100kV·A及以上的非普工业客户。

（2）“双蓄”低谷电价实行范围：“双蓄”客户是指利用电网的低谷时段，实施电蓄热采暖及电蓄冰制冷的客户。

12. 审核是否执行峰谷标志，审核农业电价应为不执行峰谷电价；审核其他电价是否符合峰谷电价的相关政策。

峰谷电价的相关政策：

（1）暂不实行峰谷电价的客户范围：

①铁路、行政机关、学校（不含校办工商企业）、部队（含武警）、监狱（含劳教所、看守所，不含生产经营企业）、医院、城乡供水（供热、供气）、城乡路灯和农业生产用电（自愿选择实行峰谷分时电价的单一制工商业及其他户、直接抄表到户的居民客户以及城乡居民住宅小区公用附属设施用电除外）。

其中：城乡供气用电，指煤气、天然气的输送、供应等用电。

②广播电视站无线发射台（站）、转播台（站）、差转台（站）、监测台（站）（自愿选择实行峰谷分时电价的单一制工商业及其他户除外）。

③商场（含商业综合体）、超市、餐饮店（馆）和宾馆客户（自愿选择实行峰谷分时电价的客户除外）。

④发电企业机组启动、调试阶段的购电价格按照大工业平段电度电价标准执行。

⑤农产品批发市场、农贸市场、农产品冷链物流的冷库用电（自愿选择实行峰谷分时电价的客户除外）。

（2）居民峰谷分时电价的执行由客户自愿选择，执行时间以年度为周期，且不得少于一年。居民峰谷分时电价执行范围为直接抄表到户的居民客户（含执行居民电价的非居民客户，不含多户居民客户合用一块电表的），以及城乡居民住宅小区公用附属设施用电（不包括从事生产、经营活动用电）。

（3）未执行峰谷分时电价的单一制工商业及其他用户，可选择执行峰谷分时电价，选择后执行时间不得少于一年。

13. 审核计量方式，应为低供低计。

14. 审核计量点性质，应为结算。

15. 审核电量计算方式，分为实抄（装表计量）、定比、定量。

16. 审核计量点级数，若电量计算方式为定比时，计量点级数不得为1级且必须有上级计量点。若已设置定比或定量计量点，不允许再出现下一级定比、定量计量点。

17. 审核定量定比值，若电量计算方式为定量时，定量定比值为大于零的整数值，可作为主表的分表抄见电量，也可作为无表客户的约定抄见电量；若电量计算方式为定比时，定量定比值为大于0且小于1。

18. 审核定比扣减标志。客户同一主计费表下存在实分表、定比和定量三种计量点，对于同时存在实分表、定量和定比的客户，如果实分表、定量计量点的定比扣减标志为是，计算时先扣减实分表、定量值再计算定比；如果实分表、定量计量点的定比扣减标志为否，定比计算时不扣减定量值。

19. 审核电能表信息是否参考表，应为否。

20. 审核综合倍率与互感器电流变比是否相等，电流变比为空时倍率为1。

21. 审核互感器电压变比，应为空。

22. 审核示数类型。所有客户的示数类型应包括有功（总）；考核功率因数客户，示数类型应包括无功（总）；居民执行峰谷分时电价客户，示数类型应包括有功（谷）；其他执行峰谷分时电价客户，示数类型应包括有功（尖）、有功（峰）、有功（谷）。

23. 审核电能表装拆示数，审核本次示数应大于等于上次示数，抄见电量与上次抄见电量相比不为超大电量，审核本次抄表日期晚于上次抄表日期。

【思考与练习】

1. 居民客户申请由居民（一户一表）电价改为执行分时电价，需要重点审核哪些档案信息？

2. 暂不执行峰谷分时电价的客户范围包括哪些？

第二节　低压客户电量电费审核

【概述】

本节重点介绍低压非居民和低压居民客户电量电费审核的内容。

【课时】

1课时。

【适用等级】

Ⅱ级。

【正文】

一、低压非居民客户

1. 结算电量环比波动绝对值超过500的客户。

2. 电量同比波动超过±50%，且电量环比波动超过±50%（同比环比±50%，且不为分次结算，且本月减上月大于1000kW·h电量，但是本月电量不包含变更）的客户。

3. 连续8个月及以上抄见电量为零的客户。

4. 抄表段抄表方式为远采集抄，但实际抄表方式不是远采集抄的客户。

5. 无功特别大调整系数为0的客户。

6. 0＜实际功率因数≤0.65的客户。

7. 实际功率因数值与上月差值的绝对值超过0.05的客户。

8. 农业排灌大电量异常筛查（用电类别是农业排灌/贫困县农业排灌用电的客户，在12、1、2、3月结算电量大于30000kW·h）。

9. 当月用电变更的客户。

10. 存在档案校验异常的客户。

二、低压居民客户

1. 结算电量环比波动绝对值超过100的客户。

2. 电量同比波动超过±60%，且电量环比波动超过±60%（同比环比±60%，且不为分次结算，且本月减上月大于500kW·h电量，但是本月电量不包含变更）的客户。

3. 连续8个月及以上抄见电量为零的客户。

4. 执行一户一表电价客户电量异常（结算有功电量大于2000kW·h）的客户。

5. 抄表段抄表方式为远采集抄，但实际抄表方式不是远采集抄的客户。

6. 当月用电变更的客户。

7. 存在档案校验异常的客户。

【思考与练习】

低压客户审核规则的内容包括哪些?

第三节　低压客户退补电量电费审核

【概述】

本节重点介绍低压客户电量电费退补的流程及审核。

【课时】

2课时。

【适用等级】

Ⅱ级。

【正文】

1. 相关名词解释

“退补差错分类”：造成退补电量电费的原因类别，包括：“无差错”“档案管理差错”“客户服务处理差错”“业扩报装差错”“抄表差错”“计费差错”“收费差错”“计量差错”“现场检查处理差错”“综合差错”等。

“差错原因”：导致计算电量电费错误的原因，包括：“止码错误”“表计异常”“表计倍率错误”“用电类别错误”“旧表止码错误”等。

“差错发生日期”：是发生差错的具体日期。居民阶梯客户电费退补要根据差错年月选择差错日期，避免追退年月不在当年阶梯截止日期内。尤其是12月，如果选择例日之后退补电量直接累加到次年阶梯电量，会造成次年阶梯累计电量错误。

“差错说明”：是本次造成退补申请的差错说明，内容包括：造成本次差错的原因，差错时间，退补依据，发生经过，具体退补内容（电量、电价、电费、退补止度）等。

2. 流程说明

(1) 退补流程分为电费退补与计量退补，主要区别在于退补审批部门不同。电费退补由电费核算员制订退补方案，经过电费审批环节；计量退补由计量专业相关人员制订退补方案，经过计量审批环节。两种退补的退补发行环节都由电费核算员完成。

(2) 退补申请中差错原因的选择决定流程是电费退补还是计量退补。由于电能表示数抄错、计费信息、工单跨核算周期、功率因数异常、基本费异常等引起的电量电费差错发起电费退补，在申请时差错原因根据具体情况选择：止码错误、旧表止码错误、用电类别错误中的一种，选择电费退补。由于计量异常例如表丢、表烧、计量环节未正确录入拆表示数、失压、断相、表计倍率错误引起的电量电费差错发起计量退补，在申请时差错原因根据具体情况选：表计异常、表计倍率错误、计量故障中的一种，选择计量退补。差错原因如图 2-6-1 所示。

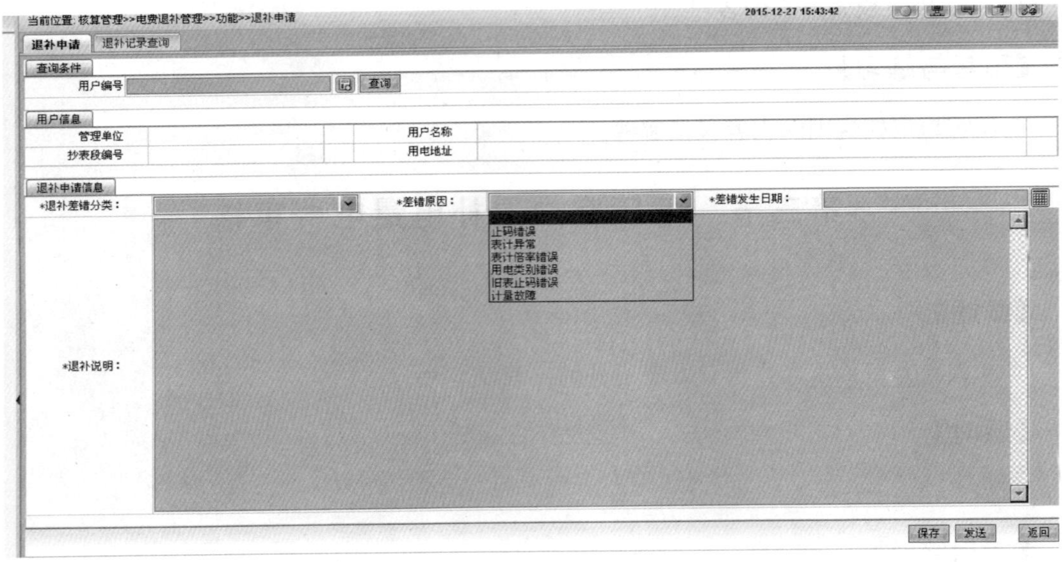

图 2-6-1　差错原因

(3) 退补流程不允许通过工单终止的形式来结束工单。只能通过“不处理”来进行“间接”终止，而且只有退补发行环节配置了回退环节。此环节如果想终止，则通过回退，然后“不处理”来解决。

3. 退补处理分类标志

退补处理分类标志分为全减另发、退补电量、退补电费（合并出账），退补电费（立即出账）。

(1) 全减另发：当月电费发行后未关账的情况下可以走全减另发，全减另发是把最后一笔已发行的电费全部冲掉。

全减另发操作可看成两个操作部分：全减和另发。全减另发不论电量、电费的多少都只到二级审批结束。退补发行完毕，即表示全减结束。然后即会触发一个抄表算费的流程，即为另发工单，触发至抄表数据复核环节，抄表员更正示数后传到电费计算环节，电费核算员根据抄表员更正的示数或电价重新计算电费并发行。

需要注意全减的电费是否已经发行出去，即在已发行台账中是否可以查询得到，要等发行后才可以全减另发，否则有可能会将上月的电费全减。对于隔月全减另发的操作，应该慎用。

对于具有转供关系的客户不允许全减另发。对于分次抄表的客户不允许全减另发，在退补发行环节会有所限制。在账务有在途锁定、票据锁定等一系列锁定操作时，不允许进行全减另发。

（2）退补电量：退补电量要随正常抄表算费流程中的电费计算环节一起计算才能退补，退补的各时段电量都要小于当月各时段抄见电量，否则下月再退，直到退清为止。在非尖峰电价执行月份时尖峰电量要合到峰段电量里。如果退补电量是在点“计算”按钮之后归档的，就需要回退到电费计算环节重新计算，如果电费已经发行，就需要全减另发才可以将退补电量进入到当月计算中，否则将合并到下月一起计算。

（3）退补电费：分为合并出账、立即出账。合并出账是将此笔电费经过下次正常抄表算费流程中的电费计算环节，与下次电费一起发行。例：如 2016 年 8 月抄表算费流程已发起但未发行，可经过电费计算环节计算后，退补电费合并到 2016 年 8 月发行；如 2016 年 8 月正常电费已发行，退补流程才走完，则合并到下月即 2016 年 9 月的电费中。立即出账与正常电费发行没有任何关系，退补发行操作则相当于电费发行操作，退补流程走完，立即产生应收。

注意事项：

①有转供关系的客户在退补电费要选择立即出账。

②抄表员可根据实际情况选择出账方式，在申请时注明。

③追退在选择退补电费时，对于不执行尖峰电价月份时退补的尖峰电量要合并在峰段电量上，对于执行尖峰电价月份时退补的尖峰电量要放在尖峰时段上。

④电费退补时，核算员在退补核算审核环节应根据退补申请内容制订退补方案，正确选择电价版本及电价信息，根据需要修改退补止度，电价选择方式分为当前档案、电费台账、电价表三种，可根据实际情况进行选择。计量退补时，核算员在退补发行环节，应注意审核发行电费、电量要与申请内容一致，电价版本、电价信息、退补止度正确。

4. 电费退补流程审批权限

市公司客户电费退补流程如表 2-6-1 所示。

表 2-6-1　市公司客户电费退补流程

流程环节	处理部门	审批权限	
		电量	电费
退补申请	市公司电费抄收班		
退补审批［一级］	市公司抄收专责		
退补核算审核	市公司营业电费室电费核算班		
退补核算主管审核	市公司核算专责		
退补审批［二级］	市公司营业电费室主管主任	大于等于 5000kW・h	大于等于 3000 元
退补审批［三级］	市公司营业电费室主任	大于等于 20000kW・h	大于等于 10000 元
退补审批［四级］	市公司营销部主管主任	大于等于 100000kW・h	大于等于 50000 元
退补审批［五级］	市公司营销主管局长	大于等于 200000kW・h	大于等于 100000 元
退补发行	市公司营业电费室电费核算班		

县公司客户电费退补流程如表 2-6-2 所示。

表 2-6-2　县公司客户电费退补流程

<table>
<tr><th>流程名称</th><th>活动名称</th><th colspan="3">县公司</th></tr>
<tr><td rowspan="10">非政策性退补</td><td>申请</td><td colspan="3">县公司相关专业人员（供电所、抄表、电费、用检等）</td></tr>
<tr><td>用电退补审批［一级］</td><td colspan="3">县公司所长或电费主管</td></tr>
<tr><td>用电退补核算审核</td><td colspan="3">市公司核算员</td></tr>
<tr><td></td><td>判断：退补金额小于等于 3000 元或小于等于 5000kW・h</td><td colspan="2">判断：退补金额大于 3000 元或大于 5000kW・h</td></tr>
<tr><td>用电退补核算主管审核</td><td>县公司电费主管</td><td>市公司电费主管</td><td></td></tr>
<tr><td>用电退补审批［二级］</td><td>县公司营销部主管主任</td><td>小于等于 10000 元</td><td>小于等于 20000kW・h</td></tr>
<tr><td>用电退补审批［三级］</td><td>县公司营销主管局长</td><td>小于等于 50000 元</td><td>小于等于 100000kW・h</td></tr>
<tr><td>用电退补审批［四级］</td><td>市公司营销主管主任</td><td>小于等于 100000 元</td><td>小于等于 200000kW・h</td></tr>
<tr><td>用电退补审批［五级］</td><td>市公司营销主管局长</td><td>100000 元以上</td><td>200000kW・h 以上</td></tr>
<tr><td>退补发行</td><td colspan="3">市公司营业电费室电费核算班</td></tr>
</table>

市公司客户计量退补流程如表 2-6-3 所示。

表 2-6-3　市公司客户计量退补流程

流程环节	处理部门	审批权限	
		电量	电费
退补申请	市公司相关专业人员		
用电退补计量审核	市公司计量室专责		
用电退补计量审批［一级］	市公司计量室专责		
用电退补计量审批［二级］	市公司计量室主管主任	大于等于 5000kW・h	大于等于 3000 元
用电退补计量审批［三级］	市公司营销部计量专责	大于等于 20000kW・h	大于等于 10000 元
用电退补计量审批［四级］	市公司营销部主管主任	大于等于 100000kW・h	大于等于 50000 元
用电退补计量审批［五级］	市公司营销主管局长	大于等于 200000kW・h	大于等于 100000 元
退补发行	市公司营业电费室电费核算班		

县公司客户计量退补流程如表2-6-4所示。

表2-6-4　县公司客户计量退补流程

流程环节	处理部门	审批权限	
		电量	电费
退补申请	县公司相关专业人员		
用电退补计量审核	县公司计量专责		
用电退补计量审批［一级］	县公司营销部主管主任		
用电退补计量审批［二级］	县公司营销部主任	大于等于5000kW·h	大于等于3000元
用电退补计量审批［三级］	县公司营销主管局长	大于等于20000kW·h	大于等于10000元
用电退补计量审批［四级］	市公司计量室主任	大于等于100000kW·h	大于等于50000元
用电退补计量审批［五级］	市公司营销主管局长	大于等于200000kW·h	大于等于100000元
退补发行	市公司营业电费室电费核算班		

全减另发流程如表2-6-5所示。

表2-6-5　全减另发流程

流程名称	活动名称	县公司	市公司
非政策性退补	申请	县公司相关专业人员	市公司相关专业人员
	用电退补审批［一级］	县公司所长或电费主管	市公司抄收专责
	用电退补核算审核	市公司核算员	
	用电退补核算主管审核	县公司电费主管	市公司核算专责
	用电退补审批［二级］	县公司营销主管主任	市公司营销主管主任
	退补发行	市公司核算员	

【思考与练习】

低压用户电费退补的审核要点有哪些？

第四节　低压客户电费复核示例

【概述】

本节重点通过示例介绍低压客户电费复核。

【课时】

2课时。

【适用等级】

Ⅱ级。

【正文】

【例 2-6-1】 某低压居民用电，2017 年 1 月发现该户 2016 年 12 月由于远采集抄错误回数造成电量电费差错，12 月起码 1500，远抄回数 1986，现场实际表计示数 1676，倍率为 1，例日为 10 日，2016 年年累计电量 2360kW·h。根据给定条件做退补申请，并做退补方案。

退补申请：该户因远采集抄回数错误造成 2016 年 12 月电量电费差错，正确示数 1676，错误示数 1986，倍率为 1，应退电量（1986－1676）×1＝310（kW·h），执行城镇居民不满 1 千伏（一户一表）电价，并更正示数为 1676。申请退补电费，立即出账。

差错原因：止码错误。

差错年月：20161209（根据实际差错日期选择，上年退补应选在上年 12 月抄表例日之前）。

退补处理分类标志：退补电费。

是否合并出账：立即出账。

调整电费：选择城镇不满 1 千伏居民（一户一表）电价

一档电量：－110kW·h　　一档电费－57.2 元

二档电量：－200kW·h　　二档电费－114 元

合计电量：－310kW·h，电费－171.2 元

退补止度：改有功（总）示数为 1676

【例 2-6-2】 某低压居民用电，2016 年 9 月改类申请执行城镇居民不满 1 千伏（一户一表分时）电价，2016 年 10 月抄表数据如表 2-2-6 所示。

表 2-6-6　某低压居民用电 2016 年 10 月抄表数据

示数类型	上次示数（kW·h）	本次示数（kW·h）	综合倍率	本次电量（kW·h）
有功（总）	0	150	1	150
有功（谷）	0	0	1	0

电费计算结果如表 2-6-7 所示。

表 2-6-7　电费计算结果

目录电价简称	级数[阶梯]	时段	有功结算电量（kW·h）	目录电度电价单价[元/(kW·h)]	目录电度电费金额（元）	代征电费（元）	电度电价单价[元/(kW·h)]	电度电费金额（元）
城镇居民不满1千伏（一户一表分时）	1	峰	150	0.503	75.45	7.05	0.55	82.5

发行后发现有误，经复核发现抄表员未抄录谷段示数，实际谷段示数为 50。请根据给定条件做退补申请，并做退补方案。

退补申请：该户执行城镇居民不满 1kV（一户一表分时）电价，2016 年 10 月抄表错误，未抄录谷段示数，谷段正确示数为 50，造成电费差错，现申请退补峰谷差价电费 50×(0.55－30)＝12.5 元，并将谷段示数改为 50。申请退补电费，立即出账。

差错原因：止码错误

差错年月：201610

退补处理分类标志：退补电费

是否合并出账：立即出账

调整电费：选择城镇不满 1 千伏居民（一户一表分时）电价

一档峰电量：－50kW·h　一档峰电费－27.5 元

一档谷电量：50kW·h　　一档谷电费 15 元

合计电量 0，电费－12.5 元

退补止度：改有功（谷）示数为 50

【例 2-6-3】 某低压客户，网吧用电，2016 年 9 月 20 日新装，2016 年 10 月第一次抄表计费，抄表数据如表 2-6-8 所示。

表 2-6-8　抄表数据

示数类型	上次示数	本次示数	综合倍率	本次电量
有功（总）	0	100	10	1000
有功（尖）	0	0	10	0
有功（峰）	0	40	10	400
有功（谷）	0	20	10	200

电费计算结果如表 2-6-9 所示。

表 2-6-9　电费计算结果

目录电价简称	级数［阶梯］	时段	有功结算电量（kW·h）	目录电度电价单价［元/（kW·h）］	目录电度电费金额（元）	代征电费（元）	电度电价单价［元/（kW·h）］	电度电费金额（元）
工商业单一制（商业）不满 1 千伏	1	平	1000	0.6401	640.1	61	0.7011	701.1

请根据给定条件复核相关信息，若有错，请分析原因并说明处理情况。

复核结果：从表中可以看出，该户执行电价正确，但根据题目中给定的信息，该户应执行峰谷分时电价，从抄表数据中可以看出，电能表已抄录峰谷，电费未计算出峰谷的原因应该是档案中的计费信息有误，是否执行峰谷标志错误，应改为“是”。

处理情况：经调查、确认、审批后将错误信息改正。

如在电费发行前发现错误并更正，可退回电费计算环节同步档案后再次计算正确；如在电费发行后当月关账前发现错误并更正，可全减另发处理；如在当月关账后发现错误并更正，按规定走退补流程退补相应的峰谷差价电费。

【例 2-6-4】 请根据示例 2-6-3 给定的条件做当月关账后的退补申请及退补方案。

退补申请：该户为网吧用电，执行工商业单一制（商业）不满 1 千伏电价，2016 年 10 月因档案中峰谷执行标志错误导致电费差错，现已更正，申请对其 10 月份峰谷差价电费进行退补，追峰电量（40－0）×10＝400（kW·h），谷电量（20－0）×10＝200（kW·h），退平电量 400＋200＝600（kW·h）。申请退补电费，立即出账。

差错原因：用电类别错误。

差错年月：201610。

退补处理分类标志：退补电费。

是否合并出账：立即出账。

调整电费：选择工商业单一制（商业）不满1kV电价。

峰电量：400kW·h，峰电费386.04元。

谷电量：200kW·h，谷电费87.42元。

平电量：−600kW·h，平电费−420.66。

合计电量0，电费52.8元。

【思考与练习】

结合实际工作，举例分析各类错误计算信息产生的原因及处理方法。

第三篇

部分高压客户电费回收及电费风险防范

第七章　复杂电费回收的方法和结算方式

【概述】

本章包含复杂的缴费方式及资金结算方式等内容。通过概念描述、术语说明、要点归纳，掌握各种特殊方式下电费回收业务流程及工作内容。

本章重点介绍负控购电、自助缴费、特约委托、分次划拨、集中代收、资金结算方式中的汇票和本票。

【课时】

8 课时。

【适用等级】

Ⅱ级。

【正文】

一、较复杂的电费回收方法

（一）购电

购电是为防范电费风险，客户采取“先付后用”的方式支付电费的一种收费方式。购电通常有两种处理方式：

1. 购电方式：客户申请购电，供电企业根据客户预购电金额，计算出电量，直接发行，做电费应收、实收处理并为客户开据电费发票。

2. 预收方式：客户申请购电，供电企业根据客户预购电金额，做预收处理，为客户开据预存电费收据。

采用购电方式结算电费的客户主要包括以下类别：

（1）IC 卡表客户

IC 卡表客户又称预付费卡表客户，使用 IC 卡表计量计费的客户。客户持卡在营业网点或具备购电条件的银行网点购电，通过读写卡器将客户购买的电量电费信息写入电卡，卡表中电量近零时报警，若未及时续购电，电表自动断电。

有些供电企业对 IC 卡表客户也采取按期抄表的预收方式结算电费。

在办理卡表购电业务时，还应注意对以下特殊问题的处理：

①办理卡表新装、换表、读写异常换卡、读入异常换卡、卡表清零等业务后，需要分别处理预置电量、剩余电量、购电信息。预置电量是指在新装、换表或对卡表做清零时给电表预置一定量的电量，使得用户能正常用电。供电单位需要对预置电量额度

进行严格控制和管理。剩余电量是指卡表换表时旧表剩余电量或电表清零时电表的剩余电量。

②对于卡表换普通表和卡表客户销户的情况，卡表的剩余电量形成负应收，相应的金额转为预收。

③购电当日，在电量未输入电表的情况下，客户可以申请取消最后一次售电，并将电卡信息还原。

（2）负控购电

负控购电是指客户在营业网点预购电量，供电企业通过电能量采集控制功能传送给电能采集系统，管理控制客户用电的缴费方式。

负控购电一般为预购方式，即客户在接收到“购电余额不足”提示时，通过各种方式购买电量，计入电能量采集系统，待供电企业抄表计费后，再如实结算电费，结清电费后，供电企业为客户出具电费发票。如遇收费差错，采用冲回处理，重新将客户缴纳金额折算成可用电量，进行电能量采集控制管理。

购电方式在收取客户电费资金环节与其他柜面收费方式类似，与其他收费方式不同的是，购电方式在正常收取了电费资金后，还需向卡表或负控系统写入客户缴费折算的电量电费信息。

供电企业可以对缴纳电费信誉等级较差等电费风险较大的电力客户，采取以合同方式约定实行预购电制度（《国家电网公司营业抄核收工作管理规定》第二十二条）。

（二）自助缴费

自助缴费是指客户通过电话、公共网站、自助型终端设备等各种媒介自主缴纳电费的一种缴费方式。

所有自助缴费方式大多是非供电企业通过各缴费渠道代收电费的一种形式，其实现原理与其他代收方式完全相同。例如，招行自助服务区开通的自助终端签约、缴纳电费等业务与招行柜面开通的代收电费业务完全相同，不同的是客户不再面对服务人员，而是根据自助设备操作提示缴纳电费。

各类自助缴费收取的电费资金均与对应渠道柜面实时收费、预约社区坐收等其他缴费形式一起归集到供电企业指定的电费资金账户中，供电企业每日按不同渠道进行代收电费的对账（详见营销信息化相关章节）。

自助缴费的形式主要有以下几类：

1．自助终端机

客户通过银行、银联、非银行机构、供电公司的自助终端机按照界面提示步骤缴纳电费。

2．电话银行

客户通过拨打持卡银行的电话，根据语音提示缴纳电费。

3．网上缴费

客户通过登录持卡银行或银联的网上银行、代收机构网上商铺、供电企业网上营业厅等网站，根据提示缴纳电费。

4．手机短信

客户将移动、联通等手机与银行卡绑定，开通“手机钱包”，同时，银联等代收电费机构的公共支付平台将电力客户编号与银行卡绑定，实现手机短信指令缴纳电费。

5. 电费充值卡

供电企业自建“95598”充值平台，或借助移动、联通、电信充值平台，开通充值业务后，客户购买充值卡，拨打指定充值电话，根据语音流程提示缴纳电费。

6. 固网支付

购买具有刷卡功能的电话，开通固定电话公共支付功能，实现“足不出户，轻松缴费”。目前，电信公司已在一些地区与银联合作，开通这一功能。

7. 支付宝支付

支付宝缴纳电费有两种模式：第一种，客户登录供电企业自建“95598”网站，通过“支付宝缴费”菜单进行缴费；第二种，客户登录支付宝网站上直接缴纳电费。

8. 网银预存预付电费

由电力用户自主通过工行网上银行向各地供电公司发起电费预充值，实现资金即时清算、信息实时传送、电量快速下发的一项特色业务。

另外，还有邮政代收、电E宝、电信翼支付、社会化代收等缴费形式。

（三）特约委托

特约委托收费方式是指根据客户、银行、供电企业三方签订电费结算协议，供电企业委托电费开户银行向客户收取电费，从客户银行账户上扣款缴纳的一种方式，俗称“托收”。

银行通常只针对对公账户开放特约委托收费业务，根据付款性质，特约委托收费可分为两种，分别是“无承付”和“承付”。其中，托收无承付是指客户账户开户银行见凭证后不经账户所有人同意，即按凭证所需将款项划出的一种支付方式；托收承付是指客户账户开户银行见凭证后，需经账户所有人同意后，方可按凭证所需将款项划出的一种支付方式。采取无承付方式时，供电企业享有更高的划款优先权。

1. 特约委托方式

依据扣款形式的不同，特约委托又可分为电子托收及手工托收两种方式：

（1）电子托收是供电公司与委托收款的开户银行利用计算机平台实现客户数据交换，供电公司将客户的应收电费、户号、协议号、开户银行、银行账号等信息转输给委托收款的开户银行，委托收款的开户银行根据供电公司提供的信息，经过数据筛选，将客户的应收电费从其账户中自动划转到供电公司的电费专用账户上的过程。电子托收与代扣业务流程相似，由供电企业以文件形式发起扣款请求，经银行电子清算系统进行扣款，供电企业根据返回文件进行实收销账及未收处理，对于客户账户与供电企业电费账户不属同一开户银行的，委托银行可通过人民银行小额支付系统进行电子清算。供电公司做好电子托收应该做到：①建立托收客户的完整电子托收信息；②办理好托收客户委托银行授权书，一式三份，一份送供电公司备查，一份送客户开户银行，一份客户留存；③银行数据及时传递，实收数据及时确认销账；④未收数据应及时置为退票，交催费人员催费；⑤电子托收的到账客户要做好票据交接的签收，防止票据丢失；⑥托收方式的确认必须与收费方式一致。

（2）手工托收方式，供电企业必须先填写（打印）特约委托收款凭证、电费发票等票据，按客户开户银行（简称付款人银行）分类汇总封包，送供电企业开户银行（简称收款人银行），与银行共同审核票据及应收款汇总金额、笔数，确认后交接封包，收款人银行将封包送人民银行清算，各付款人银行到人民银行提取清算票据，逐笔按凭证划转电费（签订承付协议的银行方还需与客户确认是否允许扣款），扣款完成后，将扣款成功的凭证回执联及扣款不成功的原始票据（注明退票理由）全部返还到人民银行清算中心，由收款行提票送达给供电企业，供电企业依据返回票据确认业务系统收费。这一过程环节众多，周期较长，通常需要2～5天，有时因付款银行处理不及时等原因，周期甚至可能超过10天，极端情况下还会出现清算票据遗失，既无退票也无返回的情况，当出现超期时，收费人员应及时与银行取得联系，追查票据，催办划款，才能保障电费如期回收。在有些地区，手工托收流程也实现了电力方的电子化处理，即在供电企业向收款人银行交接清算票据同时提供电子扣款文件，付款人银行负责根据清算完成后的票据登记实收及退票，通过电子文件方式返回清算结果，方便供电企业电子销账。特约委托手工托收方式虽然操作复杂、周期长，但满足了托收承付客户的需要，因此也是必不可少的。

2. 特约委托业务处理中的常见问题处理

（1）增值税客户：增值税发票不能随托收凭证一起送银行，这类客户在委托收款时打印普通电费发票或销货清单，待收款成功后，客户凭普通发票或销货清单到供电企业办理换票。

（2）分次划拨客户：对采用分次划拨的客户，前几次托收时打印收据，月末最后一次结算电费时打印电费发票及明细账单。

（3）分次结算客户：采用分次结算的客户，每次结算都开具发票并委托收费，在月末最后一次结算时，除打印电费发票外还需提供全月电费清单一并封包至收款银行办理扣款。

（4）退票处理：对于银行退票，应如实登记退票信息，对因客户账户错误导致的扣款不成功电费进行核查处理；对因资金不足导致扣款不成功的，通过95598业务处理或催费人员及时通知客户尽快缴纳电费。

（5）重新托收：退票核实原因后，需要重托的，若电费违约金发生变化的，应将原发票作费，重新打印发票后托出。

（6）并笔托收：多个用电客户可以通过一个银行账号进行托收。发票上的单位名称可以以被托收的付款单位名称开具。供电企业可以为这些客户确定关联缴费关系，并笔打印托收凭证，并笔申请划款。

（7）托收管理人员应及时到电费开户银行索取银行的到账通知单，以便及时销账。

（8）未退未回处理。超过正常日期未返回托收回单的，托收人员应联系收、付银行，尽可能追回票据，重新处理，对于确实无法找回票据的，应登记未退未回信息，通知客户，同时，找出相应电费发票存根联，复印作为发票，补齐收款凭证后按退票的操作方式重新托出电费，或转入其他收费方式尽快回收电费。

（四）分次划拨电费

分次划拨电费是指根据加强电费风险控制与管理要求，对月用电量较大的电力客户实行每月分次划拨电费，月末抄表后结清当月电费的收费方式。分次划拨电费的业务处理流程如下：

（1）供电企业与客户签订分次划拨协议，在协议中约定每月电费划拨次数、每次缴款的金额、缴款所采用的方式等。在划拨协议中，一般每月划拨次数不少于三次，每次划拨金额计算方式有定额（固定金额）、系数（按上月电量的一定比例）两种方式。

（2）根据客户分次划拨协议，按日或按月生成分次划拨计划并形成应收，划拨计划包括：客户编号、年月、期数、金额、划拨违约金计算日期等。

（3）客户根据分次划拨协议按时缴纳每期的划拨金额，记入到预存电费中，供电企业为客户出具收据。对于逾期未缴的，供电企业采用各种策略开展催费。

（4）记录分次划拨实收信息，在月末抄表电费发行后根据前期缴费情况计算尾款，生成缴费明细清单，请客户补交剩余部分电费，如果有溢收，可以作为预收，在下月分次划拨时扣除本部分预收，或者直接退还给客户。结清电费后，为客户开具全额电费发票。

在办理分次划拨电费业务时，应注意以下问题：

（1）在签订分次划拨电费协议期间，具体划拨期数、额度的确定要与客户充分协商，其中缴费金额即不能太小，不足以控制风险，又不能定得太大，占用客户资金。

（2）供电企业收费人员应注意检查分次划拨情况，对于没有按计划执行的，查明原因及时处理。

（3）月底统计本期分次划拨计划应收及实收，对分次划拨客户数量增减进行分析，保障电量较大客户电费资金的安全回收。

（五）电费预结算

电费预结算是指供用电双方根据签订的合同或协议，由用电方在供电公司发行当期电费之前按照约定支付部分或全部电费。其分为购电预结算、分次预结算、其他预结算等。

对客户实施电费预结算前，必须与客户签订供用电合同或电费结算协议，明确电费预结算的具体方式，以及双方的权利和义务。可以按用户用电容量确定电费预结算方式：

1. 对新增用电容量在50kV·A（kW）以下的用电客户，原则上除居民客户外应安装卡式电能表，推广电卡表购电预结算方式。

2. 对用电容量在50kV·A（kW）及以上的用电客户，办理新装、增容业务时，原则上采取购电预结算方式。

3. 重要客户和315kV·A（kW）及以上容量的大工业用电客户也可每月按客户实际用电量实行分次预结算电费方式。每月6日按实预结算1—5日使用电量（或上月抄表日至本月5日电量），14日按实预结算6—13日使用电量，22日按实预结算14—21日使用电量，月末最后一天（次月1日）或正常抄表日结清当月电费。

二、复杂的电费资金结算方式

1. 汇票

汇票是指出票人签发的，委托付款人在见票时或者在指定日期无条件支付确定的金额给收款人或持票人的票据。汇票是委托证券，其付款日可有见票即付、定日付款、出票后定期付款、见票后定期付款四种方式，出票时将载于汇票上。其中除见票即付方式外，其余三种均为远期付款方式。通常汇票分为银行汇票和商业汇票。其中银行汇票是指汇款人将款项交存当地银行，由银行签发给汇款人持往异地办理转账结算或支取现金的票据，多用于付款人异地办理转账结算，其出票人、付款人均为银行。商业汇票是指由收款人或存款人签发，由承兑人承兑，并于到期日向收款人或被背书人支付款项的一种票据。按其承兑人不同，商业汇票又分为银行承兑汇票和商业承兑汇票。银行承兑汇票利用银行的资金信誉，由银行向收款人承诺，具有更高的安全性。商业汇票作为远期汇票，承兑期限由交易双方商定，一般为3～6个月，最长不得超过9个月，远期商业汇票必须以商品交易为基础，以防止利用商业汇票拆借资金、套取银行贴现资金。

多数汇票为远期付款，客户若要求以汇票形式结算电费，电费资金将存在承兑风险，为保障资金安全，供电企业需安排熟悉凭证票据管理的专业财会人员办理汇票的结算，并制定严格的内部处理流程，约定汇票收取、处置办法。内部处理流程应包括以下基本要素：

（1）客户申请以汇票方式结算电费。

（2）基层收费人员向分管领导或上级主管部门提交客户申请。

（3）分管领导审批同意结算的，通知收费人员收取汇票，不同意则要求收费员通知客户以其他方式缴纳电费。对于远期汇票，收费人员应提示客户签发金额中需承担远期支付电费相应的违约金。

（4）收费人员收到汇票，按汇票审验的一般要求审验汇票，不合格退回付款单位重签发。

（5）收费人员将收到的合格汇票上缴单位（或上级主管单位）财务部门，并办理交接手续，登记备查。

（6）财务部门按汇票使用程序办理结算。

（7）结算成功的，通知基层收费人员作电费销账处理，未成功的，通知催收电费。

由于汇票的结算程序专业性强、操作复杂，且需由专业账务人员处理，因此在此不做详细讲解。另外，根据以上讲解，商业承兑汇票的结算具有极大的风险性，因此在电费回收工作中，应尽可能避免客户以该方式结算电费，一些供电企业甚至明文规定不允许使用商业承兑汇票。

收费人员收到电费客户提供的银行汇票，要审查汇票的有效性，具体包括如下三个方面：

（1）审查银行汇票的必须记载事项，银行汇票欠缺一项必须记载事项，则汇票无效，不能接收。事项主要包括：

①表明“银行汇票”的字样；

②无条件支付的承诺；

③确定的金额；

④付款人名称；

⑤收款人名称；

⑥出票日期；

⑦出票人签章。

还应注意如下事项：

①汇票上记载付款日期、付款地、出票地等事项的，应当清楚、明确。

②汇票上未记载付款日期的，为见票即付。

③汇票上未记载付款地的，付款人的营业场所、住所或者居住地为付款地。

④汇票上未记载出票地的，出票人的营业场所、住所或者经常居住地为出票地。

（2）审查银行汇票中是否存在构成该汇票无效的行为，如果有以下任意一个或几个行为则汇票无效，不能接收。

①银行汇票的金额、出票日期、收款人名称不得更改，更改的票据无效。对票据上的其他记载事项，原记载人可以更改，更改时应当由原记载人在更改处签章证明。

②银行汇票金额以中文大写和阿拉伯数字同时记载，二者必须一致，二者不一致的票据无效。

③背书不得附有条件，背书附有条件的，所附条件不具有汇票上的效力，同时将汇票金额一部分转让的背书或者将汇票金额分别转让给二人以上的背书无效。

④银行汇票的实际结算金额不得更改，更改实际结算金额的银行汇票无效。

⑤公司催告期间票据转让的行为无效。

⑥现金银行汇票不得背书转让，背书转让后转让行为无效。

（3）以下票据供电方不得受理：

①银行汇票提示付款期限自出票日起1个月（不分大月小月，按对月对日计算，到期遇节假日顺延，下同），持票人超过付款期限提示付款的，代理付款人不予受理。

②持票人向银行提示付款时，必须同时提交银行汇票和解讫通知，缺少任何一联，银行不予受理。

③银行汇票允许背书转让。背书转让必须连续，背书使用粘单的应按规定由第一个使用粘单的背书人加盖骑缝章。

④出票人在汇票上记载“不得转让”字样，汇票不得转让。

在确认该汇票的有效性之后，应按客户缴纳的电费金额，在汇票和解款通知上填写实际结算金额和多余金额，在汇票背面提示付款人处加盖供电部门的财务专用章，并填写银行存款进账单，交银行进账，然后凭银行加盖的“转讫”的进账回单，借记银行存款，贷记产品销售收入——电力销售收入。

2. 本票

本票是指出票人签发的，承诺自己在见票时无条件支付确定的金额给收款人或者持票人的票据。根据出票人的不同，可以将本票分为银行本票和商业本票。

银行本票是银行签发的，承诺自己在见票时无条件支付确定的金额给收款人或者持票人的票据。银行本票是银行提供的一种银行信用，见票即付，可当场抵用。银行本票的提示付款期限自出票日起一个月。

商业本票，又称一般本票。是指企业为筹措短期资金，由企业署名担保发行的本票。商业本票的发行多采用折价方式，根据其发行目的，又可分为交易商业本票和融资商业本票两种。

本票作为一种“预约证券”，其实际资金结算存在着一定的风险，因此接收本票作为缴纳电费的资金也需要经过严格的审批确认手续，其操作流程与汇票大致相同。同时，由于两类本票的资金风险不一样，其中银行本票资金风险小，建议在电费回收工作中，避免接收商业本票。

除按上述流程办理本票结算电费手续外，收费员在收取本票时，还需注意审验以下事项：

（1）收款人是否确为本单位或本人；

（2）银行本票是否在提示付款期限内；

（3）必须记载的事项是否齐全；

（4）出票人签章是否符合规定，不定额银行本票是否有压数机压印的出票金额，并与大写出票金额一致；

（5）出票金额、出票日期、收款人名称是否更改，更改的其他记载事项是否由原记载人签章证明。

3. 列账单

当客户需要通过物电互抵方式缴纳电费时，应与供电企业就抵缴电费金额及相应物资进行协商，达成协议后，形成列账单并经双方审批确认后，办理物资转移手续，所有手续完成后，供电企业收费人员使用具有审批权限的财务部门出具的列账单作为收费依据进行相应电费销账。

三、收费业务的发展趋势

随着金融行业的飞速发展和金融产品的不断丰富，电费支付的电子化程度将不断提高，例如，非收款银行或付款银行的第三方网点支票进账、特约委托完全电子化清算等电子化支付形式都将成为可能。同时，随着各行业与金融行业的空前合作，跨行业支付业务的互通技术已完全成熟，基于共赢经营理念的跨行业合作将直接施惠于最终客户。

【思考与练习】

1. 试述特约委托业务的常见分类及相应处理流程。
2. 结合工作实际，谈谈在特约委托收费过程中遇到的常见问题及处理方法。
3. 试述常见的自助缴费形式。
4. 试述汇票收费的业务流程。

第八章　电费结算协议的签订

【概述】

本章介绍电费结算协议的签订要求，通过学习，掌握电费结算协议签订方法。

本章重点介绍电费结算方式的种类、电费预结算执行的范围、电费结算协议的基本内容、签订电费结算协议的方法和注意事项。

【课时】

8课时。

【适用等级】

Ⅱ级。

【正文】

一、电费结算方式的种类

电费结算方式从本质上讲有两种，即先用电、后付费或预结算电费、后用电；前者包括分次付费和一次性后付费，后者包括分次划拨电费或电费预结算。电费预结算是指供用电双方根据签订的合同或协议，由用电方在供电公司发行当期电费之前按照约定支付部分或全部电费。电费预算分为购电预结算、分次预结算、其他预结算等。

1. 分次划拨电费

用电容量在100kV·A（kW）以上的普通工业用户、非工业用户，应通过银行实行计划结算划拨电费，每月分两次划拨，第一次划拨50%的计划电费，于15日前进入供电企业账户，月末抄表后结算的应交电费于月末最后一天进入供电企业账户。

大工业用户：供电方每月分三次划拨，第一次由供电方委托银行划拨当月50%的正常电费；第二次由供电方委托银行划拨当月40%的正常电费；第三次由供电方月末抄表后委托银行结算划拨当月电费（少补，多作为供电方暂收用电方电费款）。

2. 购电预结算

购电预结算的载体是预付费电卡表，它是一种集计费、计量和控制于一体的电能表，客户在使用电能前，通过IC卡预先购电输入电能表。预购的电能用完后，通过表内的控制装置自动切断电源。

3. 分次预结算

对月用电量20万kW·h以上的客户和缴纳电费信用较差但因各种原因不能安装预付费电卡表的客户可执行分次电费结算。大工业电费结算应逐步采取每月分三次抄表、按抄见电量结算的办法，具体缴费方式、缴费期限由供用双方以合同或协议的方式约定。客户电费结清后，供电公司应出具正式电费发票，对一般纳税人应开具电费专用增值税发票。在计算电费时除功率因数调整电费按当月的应收电费在第三次结算时计算调整电费外，其他电费均三次抄表、三次结算，基本电费每次按用电容量的1/3计算。

二、分次划拨与预结算电费形成的历史背景

随着社会主义市场经济的快速发展和电力体制改革的不断深化，供电企业和客户之间已迅速由原来的行政管理关系向平等的市场主体关系转变，供电部门也由原先的行政部门转变为企业。《中华人民共和国电力法》第七条规定："电力建设企业、电力生产企业、电网经营企业依法实行自主经营、自负盈亏，并接受电力管理部门的监督。"表明供电部门的企业性质，既然是企业，就要追求经济效益，卖出去的电就要尽可能保证百分百的电费回收。

再者，电费回收是我们经营成果的最终体现，实现电费的足额回收不仅可以最大程度增加现金流量，提高资金周转率，改善财务状况，进而增强企业盈利能力和偿债能力，而且也可以最大程度地为我们建设坚强电网和优质服务工作提供资金保障。随着国家宏观调控影响日益显著，部分铁合金、钢铁等高耗能企业出现亏损或停产；电力供需矛盾即将逐步缓和，缺电形势下的电费催收外部环境优势逐渐减弱；尤其是目前社会信用体系尚不健全，客户先用电后缴费的结算观念根深蒂固，适应市场经济形势下的有序的电费回收秩序还未建立。电费回收面临着许多新的不利因素，新的形势对电费回收工作提出了更高的要求，在多种因素的共同作用下，电费预结算方式应运而生。

三、分次划拨与预结算电费的法律依据

1.《供电营业规则》第八十六条规定："对月用电电较大的用户，供电企业可按用户月电费确定每月分若干次收费，并于抄表后结清当月电费。收费次数由供电企业与用户协商确定，一般每月不少于三次。"

2.《电力供应与使用条例》第二十七条规定："供电企业应当按照国家核准的电价和用电计量装置的记录，向用户计收电费。用户应当按照国家批准的电价，并按照规定的期限、方式或者合同约定的办法，交付电费。"

3. 国经贸厅电力函〔2002〕478号《关于安装负控计量装置供用电有关问题的复函》中关于预存电费、后用电的解释。具体见附件。

4. 经济合同法第五十二条有下列情形之一的，合同无效：

（1）一方以欺诈、胁迫的手段订立合同，损害国家利益；

（2）恶意串通，损害国家、集体或者第三人利益；

（3）以合法形式掩盖非法目的；

（4）损害社会公共利益；

（5）违反法律、行政法规的强制性规定。

综上所述，分次划拨与预结算电费体现了资金相对互不占用、时差互补原则，是具有法律依据并完全可以操作的，电费预结算虽然没有明确的法律依据，但也没有明确的法律条文予以禁止，完全是两个平等市场主体之间友好协商的结果，因此，如何在协议中约定电费预结算至关重要。

四、电费预结算执行的范围

1. 对新增用电容量在 50kV·A（kW）以下的用电客户，原则上除居民客户外应安装卡式电能表，推广电卡表购电预结算方式；

2. 对用电容量在 50kV·A（kW）及以上的用电客户，办理新装、增容业务时，原则上采取购电预结算方式；

3. 重要客户和 315kV·A（kW）及以上容量的大工业用电客户也可每月按客户实际用电量实行分次预结算电费方式：每月 6 日按实预结算 1—5 日使用电量（或上月抄表日至本月 5 日电量），14 日按实预结算 6—13 日使用电量，22 日按实预结算 14—21 日使用电量，月末最后一天（次月 1 日）或正常抄表日结清当月电费。

对客户实施电费预结算前，必须与客户签订供用电合同或电费结算协议，明确电费预结算的具体方式，以及双方的权利和义务。同一日历年内，若出现两次及以上因客户原因造成未按时支付分次预结算电费，应通过其他购电方式实现预结算电费的收取。该条款应在与客户签订电费预结算协议中予以明确；实施分次预结算电费的客户，除电度电费进行预计算外，基本电费也按照实际使用天数进行分次预计算；功率因数考核标准不变，根据计算的客户功率因数按当月的应收电费在最后一次结算时计算功率因数调整电费；根据计算出的分次预结算电费，通过调整收取比例以及参考值的方式，实施预结算电费的催缴。预结算电费的催缴视同正常电费催收；对于购电预结算电费的客户应"先购电，后用电"，对购电单价设置偏低或购电装置故障等原因造成欠费的，应及时分析、查明原因，尽快处理，避免连续发生欠费。

五、电费结算协议的基本内容

1. 客户的（即付款单位）名称、用电地址、户号、开户行名称、账号；
2. 供电企业（即收款单位）名称、开户银行名称、账号；
3. 供电方的抄表时间；
4. 用电方缴纳电费期限；
5. 电费结算方式；
6. 电费滞纳违约责任；
7. 电费纠纷处理等。

六、电费结算协议样式

电费结算协议书

客户编号：

本协议由下列双方签署：

供电方（以下简称甲方）名称：

住所：

法定代表人或委托代理人：

开户名称：

开户银行 1：

账号 1：

开户银行 2：

账号 2：

开户银行 3：

账号 3：

开户银行 4：

账号 4：

用电方（以下简称乙方）名称：

住所：

法定代表人或负责人：

开户名称：

开户银行：

账号：

根据《中华人民共和国合同法》《中华人民共和国电力法》《电力供应及使用条例》《供电营业规则》等有关规定，为明确甲乙双方在电费结算中的权利和义务，遵照平等、自愿、诚实信用的原则，经双方协商一致，达成如下协议：

第一条　购电原则

甲方为乙方安装智能电能表及远程费控装置，采用远程费控方式结算电费。

第二条　购电方式

1. 新上远程费控用户，为防止发生接电后立即停电的情况，乙方用电前需进行账户充值缴纳购电费。

2. 甲方确认乙方资金转到甲方电费账户（或乙方电费专用账户）后，缴费金额计入乙方购电费。

3. 乙方使用电费测算方式：乙方选择__________。

（1）根据电能计量装置记录的乙方用电量，甲方按照国家电价政策及电费结算方式，按日计算乙方所用电费。

（2）根据电能计量装置记录的乙方用电量，甲方按照协议电价，按日计算乙方所用电费。约定电价为________元，约定电价发生变更时，需重新签订本协议。

甲方每日定时测算乙方剩余电费金额，当剩余电费达到预警限额及以下时，供电方向乙方发出报警提示，乙方应在接到供电方报警提示后，及时续缴电费。乙方应根据用电情况及时缴费，确保购电费余额充足，以免影响正常用电。当乙方购电费余额达到停电限额及以下，系统将自动跳闸断电，乙方在续缴电费后，甲方负责在 24 小时内恢复供电。

4. 预警限额：乙方购电费余额不足__________元时，甲方向乙方发送预警通知；停电限额：乙方购电费余额不足__________元时，系统将自动跳闸断电。

5. 为方便用电客户，甲方承诺向乙方免费提供余额不足预警及停复电通知服务，乙方承诺不以未接到通知为由拒绝缴费。

a. 乙方购电费余额低于预警限额时，甲方向乙方发送预警通知。b. 乙方购电费余额低于停电限额时，甲方向乙方发送停电通知；c. 乙方续缴电费成功且电费余额大于停电限额时，甲方向乙方发送复电通知。

6. 乙方联系方式：

手机号码____________________，联系人________________

备用号码____________________，联系人________________

固定电话____________________，联系人________________

乙方提供电话号码及联系人必须真实、准确，如有变化必须及时通知甲方。否则，由此出现甲方无法通知乙方，造成乙方未及时缴费或导致影响正常用电等情况，由乙方承担责任。

7. 乙方的每月电量电费以《供用电合同》规定的计费方式，按照计量表计记录的电量和乙方执行的电价结算电费，从乙方已交付的购电费中扣减。

第三条　交费方式（可多选，选中画“√”）

□特约委托银行电子托收：乙方与甲方、银行签订三方协议，乙方在指定的银行开立电费结算专用账户，将电费存入该账户后，将银行进账单传真到甲方指定的收费岗位，按用电金额由银行自动划转到甲方电费账户。

□同城支票倒挂：乙方按照甲方提供的开户银行、账号到自己的开户银行缴纳支票，然后将支票进账单回执（盖有银行清讫章或转讫章的回单）交甲方营业厅。

□网上银行划转：乙方采用网上银行方式，将电费划转到甲方相应的电费账户，然后持银行划转凭证交甲方营业厅。

□银行电汇：乙方采用银行电汇的方式，将电费汇划到甲方电费账户，然后将电汇回单传真到甲方指定的收费岗位。

□现金支付：乙方采用现金支付方式，直接到甲方营业厅或代收网点缴费。

□银行代扣：乙方与甲方、银行签订代扣电费协议，按购电金额由银行自动划转到甲方电费账户。

□其他（需注明）：____。

第四条　违约责任

1. 甲方安装在乙方的远程费控（负控）装置属供电企业用电计量装置的一部分，由乙方负责妥善保管，不得人为损坏。

2. 乙方不得擅自开启、操作远程费控（负控）装置及跳闸回路，否则根据《供电营业规则》第一百条第五款的规定，按违约用电处理。

3. 乙方应根据实际所需用电量，及时交付购电费。如果乙方不能及时缴费，在购电费余额低于停电限额时将自动停止供电。乙方因未及时购电而导致开关跳闸断电，以及由于其工作人员违章操作引起的开关跳闸造成损失的，均由乙方承担。

4. 当乙方交付购电费少于结算电费金额时，乙方应在缴费期限内补足，逾期将依据《电力供应与使用条例》第三十九条、《供电营业规则》第九十八条的规定，从逾期之日起甲方向乙方加收电费违约金。居民欠费每日按欠费总额的千分之一计算；非居民当年欠费部分，每日按欠费总额的千分之二计算，跨（日历）年度欠费部分，每日按欠费总额的千分之三计算。违约金起始时间为本协议第二条约定应付未付电费之日的次日起，终止时间为缴费日。乙方交付电费的日期以资金转到甲方银行账户之日为准。

第五条　其他事项

1. 乙方为一般纳税人的，交付购电费后甲方向其提供收费凭证，待每月抄表结算电费后由甲方按照乙方实际用电金额开具增值税发票。

2. 乙方交清电费后，甲方向其提供电费票据（含普通发票和增值税发票）。但由于乙方欠费，使得电费票据不能交付，造成票据失效或不能抵扣的，甲方不承担责任。

3. 本协议是甲、乙双方《供用电合同》的附件，与《供用电合同》具有同等法律效力。

本协议与《供用电合同》有抵触时，以本协议约定事项为准。

4. 本协议有效期与《供用电合同》一致。如双方需要对本协议内容进行修改时，另行签订新协议，届时本协议被自然替代。

5. 如遇国家电价政策调整或乙方用电量有较大变化时，有一方提出，应及时协商修订本协议。

6. 本协议壹式肆份，双方各执贰份。本协议经双方法定代表人或委托代理人签字并加盖公章后生效。

合同签署地：

甲方（盖章）	乙方（盖章）
法定代表人或负责人	法定代表人或负责人
或委托代理人	或委托代理人
年　　月　　日	年　　月　　日

七、签订电费结算协议的三个层次

我们与客户进行谈判，是希望能达成我们的目标。那我们的目标是什么呢？我们的目标有三个层次。第一个层次，也是最高层次，是希望与客户签订预结算电费协议，即客户能一次性先付次月电费，这种付费方式对用电量较小、电费较少，如50万元以下（当然这个金额不确定，不同的客户其承受能力不一样）的客户还可以接受，对月电费较大如100万元（同前理）以上的客户，要他一次性预结算全月电费，大多数客户可能不会愿意，对这样的客户，我们只能退而求其次，也就是达成第二个层次，我们暂且叫它为分次预结算电费。顾名思义，分次预结算电费就是将客户的月电费均分几次，先付一次的电费，每个月电费分几次支付。从本质上讲，分次预结算电费还是属于预结算电费的范畴，与一次性预结算电费的区别是前者将预结算电费的金额等比例降低，但付费的次数等比例增加，电费风险的实质是一样的，理论上属于无风险。如果有的客户确实资金周转困难，且月电费特别巨大，就采用分次先结算，客户也会认为极大地占用了他的资金，连分次预结算电费，他也不会愿意的，那我们就只有和他们谈分次预结算电费了，也就是第三个层次。从理论上讲，分次预结算是存在电费风险的，但与一次性后付费相比，可以降低电费流失的金额。所以在这种情况下，我们要求客户提供与最后那次电费等值的担保。

八、签订电费结算协议的核心逻辑

要想达成我们电费结算的最高层次，是需要讲究一定的方法和技巧的。与客户商谈的方法和技巧可谓浩若繁星，可以采用“欲擒故纵”法。核心的逻辑就是，大客户一般不会自愿选择分次划拨和分次预结算电费方式，那我们就从分次付费开始商谈，逐步引导客户自觉向预结算电费方式靠拢，最终达成预结算电费协议。

九、电费结算协议的签订方法与技巧

1. 在签订电费结算协议的过程中，一定要牢记我们和客户是两个平等的市场主体，且属于公用企业，不得利用自身的优势地位给人以居高临下的感觉。具体来讲，不能有诸如此类的句式："如果不实行预结算电费（分次付费），就不予供电""先把预结算电费交了，我们就给你们供电"等。

2. 签订电费结算协议时，一定要强调分次划拨或预结算电费是用来抵扣客户电费的，而不是放在供电公司不动的，要反复给客户灌输分次划拨或预结算电费是一个动态而不是静态的概念，它在不断地冲抵客户所使用的电费，这样可以一定程度上消除客户心目中"分次划拨或预结算电费就是电费保证金"的想法。必要时可以给客户具体说明分次划拨或预结算电费的运动轨迹。例如：客户甲预计于3月20日投产，15日前来与供电部门谈电费结算协议，商谈判结果是3月20日交首笔电费20万元（预计月电费20万元），抄表例日为每月20日，电费结清日为抄表例日后5日以内。4月20日抄表结算，次日即21日出账4月电费为23万元，则3月20日交的20万冲抵4月电费后，客户还应交3万元。从预收电费的本意来讲，客户应于4月20日预交5月电费20万元，但为了方便客户，我们一般是让客户在电费结清日前同时结清当月电费并预结算下月电费。

预结算电费的金额原则上以与客户月或次电费金额相当为宜，不宜超出月或次电费太高。

3. 分次划拨或预结算电费退还事宜时，要避免出现如下句式："分次划拨或预结算电费的退还必须以客户办完销户手续并结清当月电费以后才可以办理。"分次划拨或预结算电费的退还条件是分次划拨或预结算电费协议的终止，如客户需要，应给客户讲清楚分次划拨或预结算电费退还时的三种情况：一是分次划拨或预结算电费抵扣了协议终止月的电费后还有剩余，此时应按协议终止时电费发票余额退还给客户；二是分次划拨或预结算电费不够抵扣协议终止月的电费，此时不是退客户预存电费而应补收客户欠费余额；三是客户将协议终止月的电费另外交齐，此时电费发票余额就是预收的电费金额，应按电费发票余额即预收电费金额退还给客户。

十、协议签订的注意事项

1. 为了保证协议的规范性、严谨性，对大多数普通客户，就以下发的铅印协议进行签订，签订时不能用圆珠笔或铅笔，空白处划斜线，时间不能为空，签名盖章要齐全，尤其要注意的是，供电所不具备对外签订协议的资格，供电所对外签电费结算协议一律加盖有管辖权的客户服务中心的公章。

2. 善用其他约定事项：其他约定事项必须约定分次划拨电费或预结算电费不计收利息的条款，可以约定停电催收、协议有效期等主条款中没有约定且根据需要必须约定的条款。

【思考与练习】

1. 电费结算方式的种类有哪些？
2. 电费预结算执行的范围有哪些？
3. 电费结算协议包括哪些基本内容？
4. 电费结算协议的签订方法与技巧有哪些？
5. 签订电费结算协议的注意事项是什么？

第四篇

电费账务处理

第九章　日常电费账务处理

第一节　预收账款科目的会计处理

【概述】

本节介绍收取预收账款、退还预收账款、预收账款转实收、实收账款转预收账款的相关账务处理。通过账务处理介绍和案例分析，掌握预收账款科目的会计处理方法。

【课时】

0.5 课时。

【适用等级】

Ⅱ级。

【正文】

预收账款是指经过买卖双方协议商定，由购货方预先支付一部分货款给供应方而发生的一项负债。

预收账款科目的贷方反映预收的货款；借方反映应收的货款和退回多收的货款；期末贷方余额，反映尚未结清的预收款项，借方余额反映应收的款项。

供电企业按照规定向客户预收的电费通过“预收账款”进行核算，预收电费种类主要包括负控购电业务、费控购电业务、银行预划拨等业务。

一、预收电费的收取

企业收到向客户预收的电费时，借：其他货币资金，贷：预收账款。营销业务系统查询显示信息如图 4-9-1 所示。

预收款到账确认时，借：银行存款，贷：其他货币资金。营销业务系统查询显示信息如图 4-9-2 所示。

二、退还预收电费

如涉及多收的款项，退还时应按实际退还数。

退预收款时，贷：预收账款的负数，贷：其他货币资金。营销业务系统查询显示信息如图 4-9-3 所示。

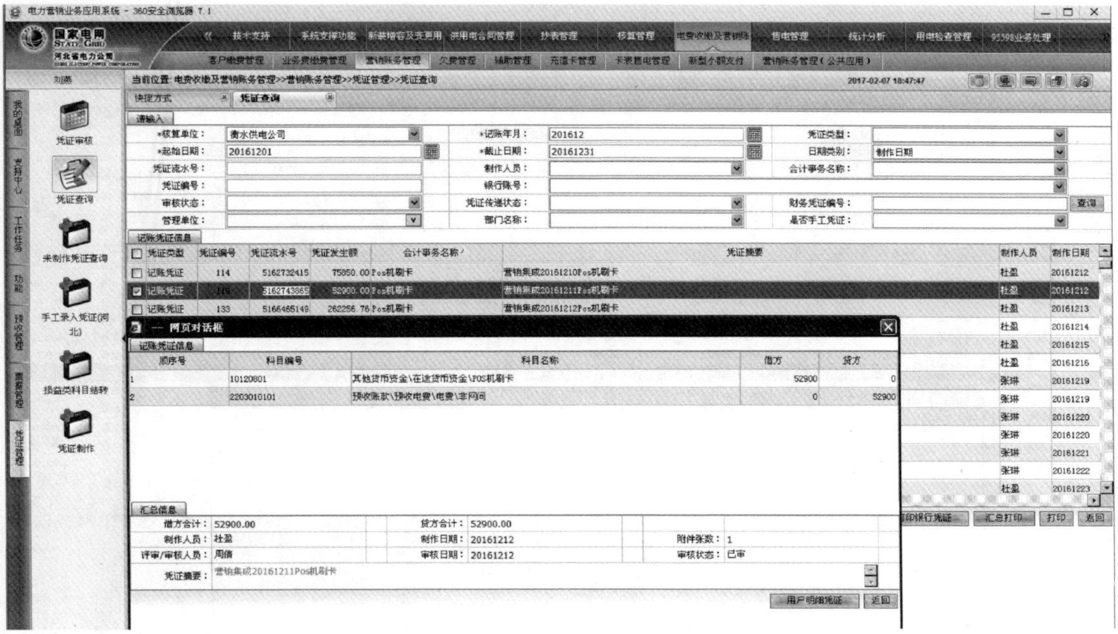

图 4-9-1　系统查询显示信息（一）

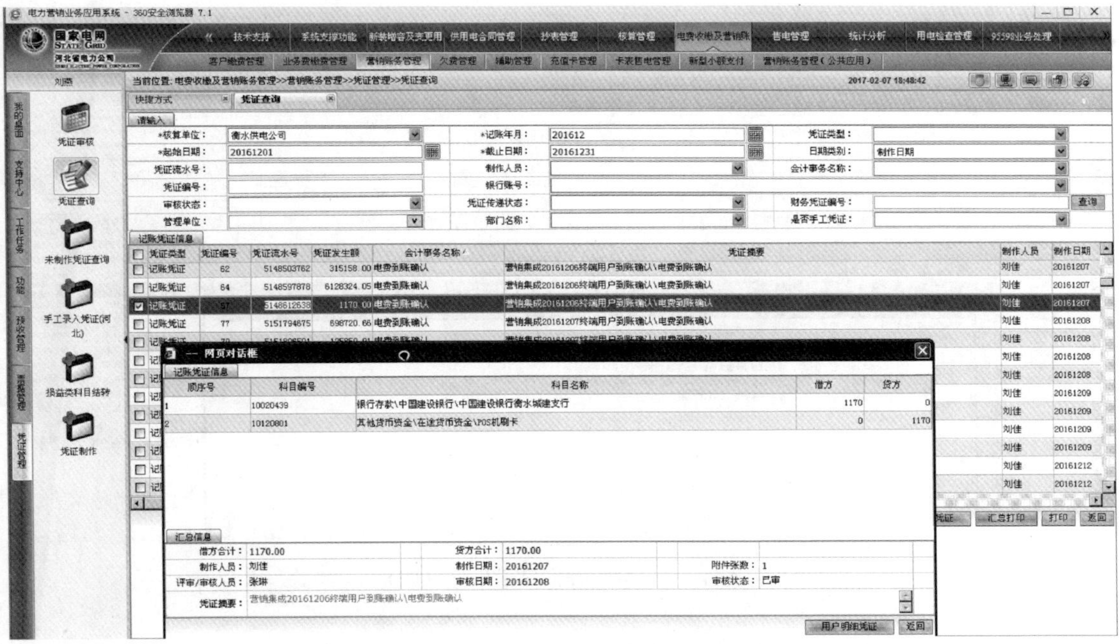

图 4-9-2　系统查询显示信息（二）

退预收款到账确认时，贷：其他货币资金负数，贷：银行存款。营销业务系统查询显示信息如图 4-9-4 所示。

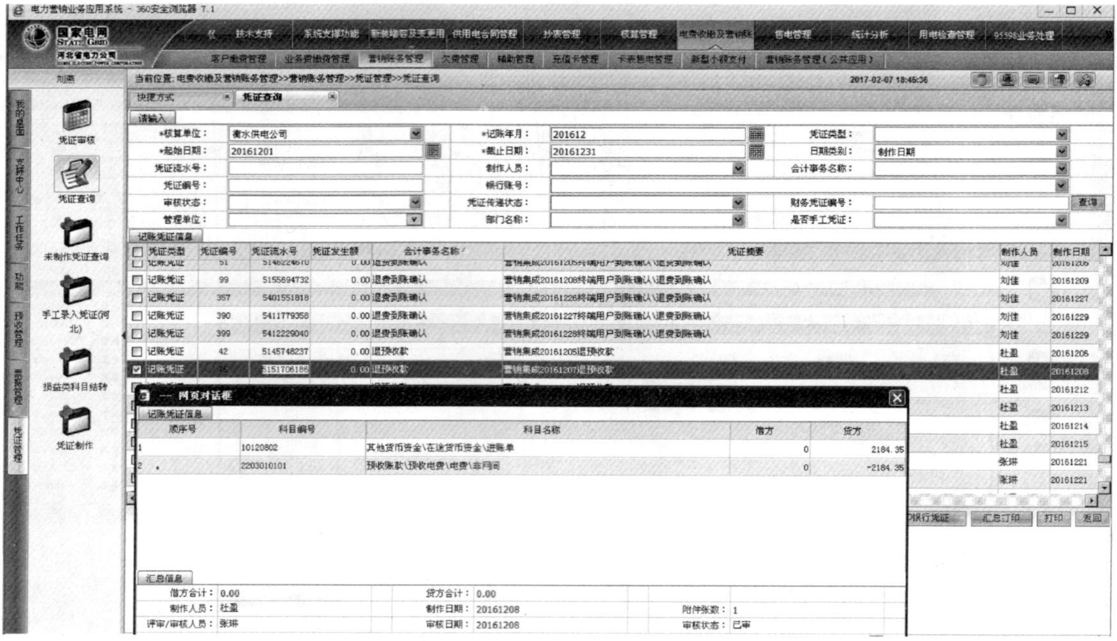

图 4-9-3　系统查询显示信息（三）

图 4-9-4　系统查询显示信息（四）

三、预收账款转实收账款（结转电费）

借：预收账款，贷：应收账款和营业外收入/其他/滞纳金。营销业务系统查询显示信息如图 4-9-5 所示。

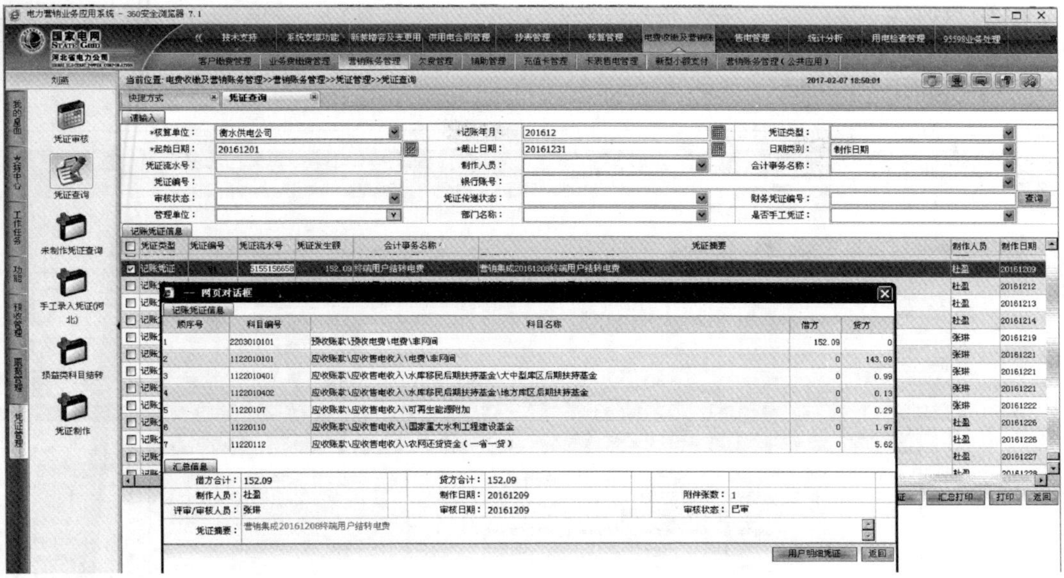

图 4-9-5　系统查询显示信息（五）

四、实收账款转预收账款（退补）

因表计差错、政策调整等原因，多计应收电费，冲减发行并将多结转的电费款项进行撤还（相当于转入暂存电费）。

1. 冲减发行

借：应收账款负数，贷：收入负数。营销业务系统查询显示信息如图 4-9-6 所示。

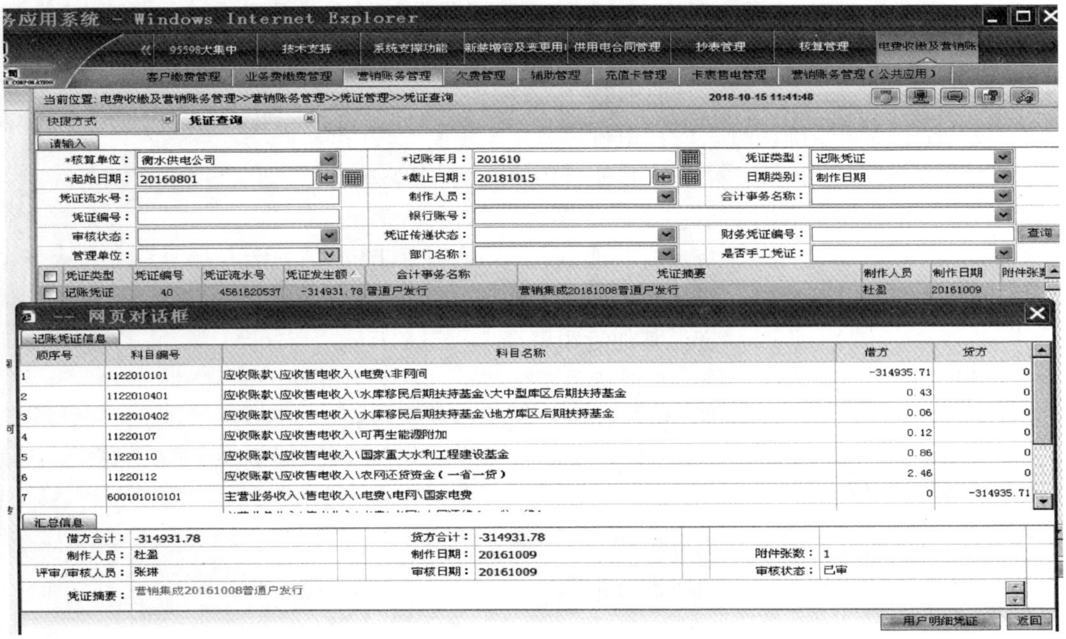

图 4-9-6　系统查询显示信息（六）

2. 结转撤还

借：预收账款负数（借方负数相当于贷方正数），贷：应收账款负数。营销业务系统查询显示信息如图 4-9-7 所示。

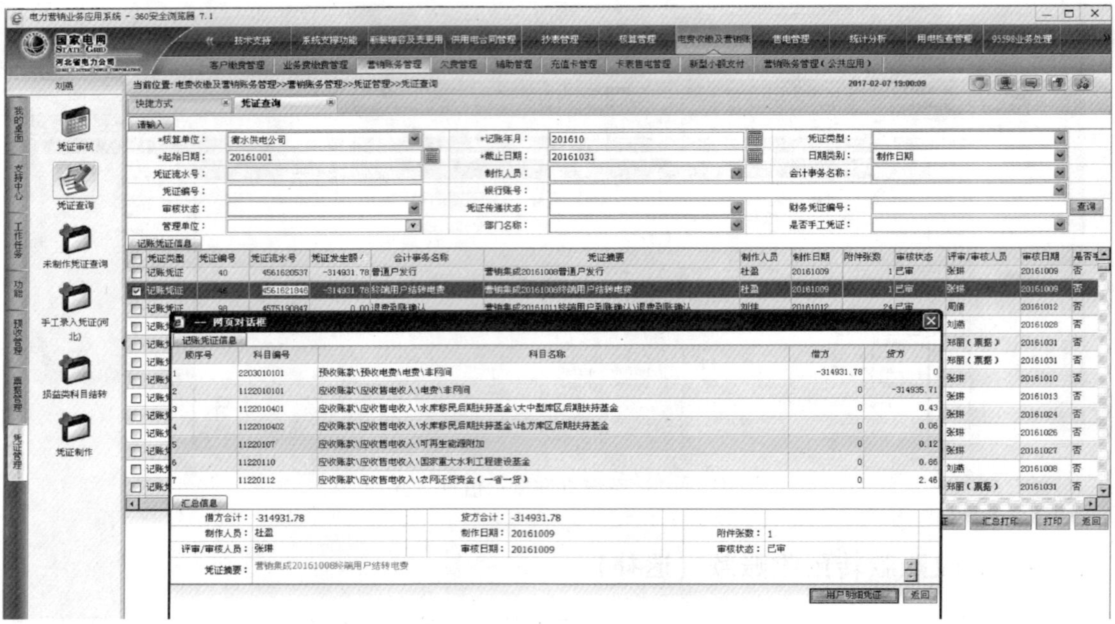

图 4-9-7　系统查询显示信息（七）

【例 4-9-1】 2016 年 11 月 6 日，供电公司收费日报表上反映预收市政工程管理处 10 万元电费，20 日发行电费时，市政工程管理处 11 月份电费为 8 万元，并且于 11 月 29 日停止用电，剩余款项于 12 月 2 日退还给用户。要求编制相关会计分录。

（1）收取预收电费时，借：其他货币资金　　10 万元

　　　　　　　　　　　贷：预收账款　　10 万元

　　预收电费到账确认时，借：银行存款　　10 万元

　　　　　　　　　　　　贷：其他货币资金　　10 万元

（2）20 日预收转实收时，借：预收账款　　8 万元

　　　　　　　　　　　　贷：应收账款　　8 万元

（3）12 月 2 日退预收时，贷：预收账款　　－2 万元

　　　　　　　　　　　　贷：其他货币资金　　2 万元

　　退预收款到账确认　贷：其他货币资金　　－2 万元

　　　　　　　　　　　贷：银行存款　　2 万元

【思考与练习】

1. 收取预收账款的记账方式有哪些？
2. 预收账款转实收账款是如何进行记账的？

第二节 电费收入及基金、附加的税务处理

【概述】

本节介绍电费核算中涉及的各项电费收入及价外基金的所涉及的税种、处理原则和处理方法。通过对增值税概念的讲解，熟悉电费收入及基金、附加的税种，掌握各税种的计算和账务处理方法。

【课时】

0.5课时。

【适用等级】

Ⅱ级。

【正文】

随电价征收的政府性基金和附加主要有重大水利工程建设基金、水库移民后期扶持基金（大中型库区后期扶持基金、地方库区扶持基金）、农网还贷资金、可再生能源电价附加、差别电价、农村电网维护费。

按照《电力产品增值税征收管理办法》（2004年12月）的规定，销售电力产品的单位和个人为电力产品增值税纳税人，并按该办法规定缴纳增值税。

根据《中华人民共和国增值税暂行条例》第五条规定，纳税人销售货物或者应税劳务，按照销售额和该条例第二条规定的税率计算并向购买方收取的增值税额，为销项税额，也就是应交税额。

根据财政部、税务总局《关于调整增值税税率的通知》（财税〔2018〕32号）自2018年5月1日起，纳税人发生增值税销售行为，原适用17％税率调整为16％。

销项税额（应交税额）＝不含税销售收入×税率（电费为16％）

价税合计/1.16＝不含税销售额

也就是说，一般纳税人在销售货物时要收两部分钱：一部分是不含税价款；另一部分是销项税额。但对于用户来说不再另外多交款项，因为税额是从总价中按照税率分出来的。如用户对自己承担税额有疑问，应注意做好解释。

按照现行规定。对于供电企业来说，除农村电网维护费外，电费及各项附加均征收16％的销项税，同时地市公司在地方上按一定的比例进行预交（收入占比分配税款或按收入百分比确定税款），省公司统一核算汇缴。

【例4-9-2】 甲供电公司（分公司）2017年10月营销部部门提供的电费电量报表包含的电费收入（含增值税）构成如下：

电费收入11600万元，农村电网维护费100万元，随征重大水利工程建设基金274.95万元，农网还贷资金425.88万元，大中型库区后期扶持基金176.67万元，地方库区扶持基金10.53万元，可再生能源电价附加21.06万元。增值税税率16％。

要求编制收入确认相关的会计分录（单位以万元表示）。

借：应收账款/应收售电收入/电费 11600（税费合计）
——重大水利工程建设基金 274.95（税费合计）
——农网还贷资金 425.88（税费合计）
——大中型库区后期扶持基金 176.67（税费合计）
——地方库区后期扶持基金 10.53（税费合计）
——可再生能源附加 21.06（税费合计）
——农村电网维护费 100
营销贷：主营业务收入/售电收入/电费/电网/国家电费 11600
——重大水利工程建设基金 274.95
——农网还贷资金 425.88
——大中型库区后期扶持基金 176.67
——地方库区后期扶持基金 10.53
——可再生能源附加 21.06
——农村电网维护费 100
财务贷：主营业务收入/售电收入/电费/电网/国家电费 10000
——重大水利工程建设基金 237
——农网还贷资金 367
——大中型库区后期扶持基金 152.3
——地方库区后期扶持基金 9.07
——可再生能源附加 18.15
——农村电网维护费 100
应交税费——应交增值税——销项税费为：
(11600＋274.95＋425.88＋176.67＋10.53＋21.06＋106.47)/1.16×16%＝1740.07

【思考与练习】

1. 供电企业随电价征收的各种价外基金包括哪些？
2. 供电企业电费收入应缴纳哪些税费？
3. 销项税额的计算公式是什么？

第三节　错收电费账务处理

【概述】

本节介绍错收电费的类别、审批流程和账务处理流程以及相关管理规定。通过流程讲解，掌握错收电费账务处理的方法及注意事项。

【课时】

0.5 课时。

【适用等级】

Ⅱ级。

【正文】

错收电费是指由于抄表电量错误、电价执行不正确或收费人员过失行为导致的多收电费、少收电费、电费串户等情况。

一、错收电费的类别

1. 多收电费：是指由于抄表错误或收费员疏忽的原因向客户多收取的电费。
2. 少收电费：是指由于抄表错误或收费员疏忽的原因向客户少收取的电费。
3. 电费串户包括两种情况：
(1) 用户将电费交存进了其他账户而不是专门用途的电费账户（专用账户）。
(2) 将A户电费误入B户用户。

为了尽可能避免电费的错收，过失应加强电费抄、核、收各个环节管理，特别是电费复核环节的收费前的复核，有助于减少抄表电量错误、电价执行不正确产生的错误电费，同时收费人员综合素质的提高和收费过程的强化管控，有助于降低错误电费的主观因素，减少正确电费的错收行为的发生。

二、差错类别的划分

1. 一般差错：低压、居民客户差错电量1000kW·h以下；其他客户差错电量10000kW·h以下的属一般差错。

2. 严重差错：低压、居民客户差错电量1000kW·h及以上；其他客户差错电量10000kW·h（含10000kW·h）至100000kW·h的属严重差错。

3. 重大差错：差错电量100000kW·h及以上的属重大差错。

三、错收电费的审批流程

错收电费必须由营销部门出具电费错收证明，确认无误后进行退款或调账处理。

1. 错收电费退款受理：

(1) 履行退款时，单位客户需加盖公章并提供单位账号，个人客户需提供身份证复印件及收款银行卡号。

(2) 当日解款前发现错收电费的，可由当日原收费人员进行全额冲正处理，并记录冲正原因，收回并作废原发票。当日解款后发现错收电费的，按退费流程处理，退费应准确、及时，避免产生纠纷。

2. 错收电费退款按金额大小实行分级审批：

(1) 退补金额在5万元以下的或电量在10万kW·h以下的，由营业及电费部主管主任审批；

(2) 金额在5万元及以上、10万元以下或电量在10万kW·h及以上、20万kW·h以下的，由营销部（客户服务中心）主管主任批准；

(3) 金额在10万元及以上或电量在20万kW·h及以上的，由公司主管经理批准，报省公司营销部备案。

3. 财务人员必须在确定客户付款到达相关银行电费账户后才能从退款账户办理退款。

四、错收电费的账务处理

1. 将A户电费误入B户的情况，可直接在营销系统处理，财务不需要做账务处理。未解款，对A户进行冲正，补收B户电费；已解款，对A户退费，对B户补收电费。

2. 客户将电费误存入供电公司其他非电费户，营销部门应及时通知财务部门，并提供相应支撑附件，由财务部门做账户资金调整。

五、注意事项

1. 当日解款前发现的错收电费可进行冲正处理，并记录冲正原因，如果发现票据已打印，应收回票据并作废。冲正只能全额冲正，不允许部分冲正。

2. 当日解款后发现的错收电费不允许进行冲正处理，应通过退费流程进行相应处理。

3. 错收电费时应严格审查退费数据，应认真复核客户电量电费，并及时汇总上报电量电费差错月报表。

【思考与练习】

1. 错收电费分为哪几种情况，产生的原因是什么?

2. 如何进行错收电费账务处理?

3. 错收电费的审批流程是什么?

第四节　账有银无、银有账无的处理

【概述】

本节介绍账有银无、银有账无的含义以及未达账项的清理要求和管理方法。通过以上内容讲解，掌握账有银无、银有账无的相关处理方法和要求。

【课时】

0.5 课时。

【适用等级】

Ⅱ级。

【正文】

账务员在进行对账时经常会出现企业账户余额与银行电费账户余额不符，发现该现象需进行相应的处理。

一、账有银无、银有账无的含义

产生账有银无、银有账无的原因在于未达账项，即账务员在做到账确认时发现客户电费已销账，但是电费未到账。这种情况多见于客户转账后未到营业厅收费。

账有银无是指企业账户账面有进账，但银行无相应的款项进账。

银有账无是指银行有相应的款项进账，但是企业账户账面无进账。

二、未达账项清理要求

1. 账有银无，对于营销业务应用系统已销账而资金未到账，按未达账进行跟踪处理。

（1）收费员应先检查销账处理是否有误，如有误，则应撤回销账处理。

（2）账务员通知收费员，收费员查看客户销账时的银行进账单，并联系客户及时查找原因，是否因为账号、户名写错导致电费未及时到账。

2. 银有账无，对于已到账未在营销业务应用系统销账的，及时登记到账金额和到账时间。账务员应想方设法在当月查询进账款项所属用户名称，并联系客户及时携带银行进账单到收费厅销账，做出销账处理，避免产生违约金。提醒用户转账后应在当月携带凭据前往营业厅收费，不要跨月；如不能查明进账款项所属用户名称，月底则应做不明款项处理。

3. 对于营销业务应用系统销账与银行到账资金不符的，查明原因，通知相关人员纠正错误。

对缴款方与用户名称不一致的手工核销账，必须取得缴款方书面确认或签订相关协议，经再次复核确认后，建立台账并交营销部门负责人签字确认。

属于第三方代收系统错误出现单边账的，及时沟通代收机构和营销系统处理。

三、银有账无的账务处理

1. 如能查明进账款项所属用户名称，客户由于是卡表客户，确实不能来写卡充值，月底则应做不明款项处理，待下月客户写卡销账后作不明款项到账确认。

确认不明款：

借：银行存款

贷：其他应付款/不明款项

下月不明款项到账确认：

借：其他应付款/不明款项

贷：在途科目

2. 如不能查明进账款项所属用户名称，月底则应做不明款项处理，结账之后要查找原因，找出来账客户名称根据不同情况进行调整。

借：银行存款

贷：其他应付款/不明款项

3. 如确属来账单位汇错账，应由汇款单位出具证明，营销部核实无误，提交财务部门，转入误划款科目，账务员进行误划款撤还，财务人员将错误来账汇回来账单位。

确认误划款：

借：银行存款

贷：其他应付款/误划款

确认误划款退回：

借：银行存款负数

贷：其他应付款/误划款负数

【思考与练习】

1. 未达账项的清理要求有哪些？
2. 银有账无的账务处理方法？

第五节　收费款项交接

【概述】

本节介绍柜台收费款项交接的流程以及审核。通过讲解，掌握电费款项交接的基本流程与注意事项，确保电费资金的安全和责任的划分。

【课时】

0.5 课时。

【适用等级】

Ⅱ级。

【正文】

款项交接是指供电所账务员（公司营业厅班长）和柜台收费之间进行的款项交接程序，主要包括相关单据的交接。

一、款项交接流程

1. 收费员以现金方式收取的电费必须当日交存供电公司指定的电费专户，不得私自截留、过夜，不得私自或挪作他用。
2. 供电所账务员（公司营业厅班长）负责每天收取电费的款项交接单和银行进账单；收费员每天统计生成的缴费明细汇总，并与款项交接单金额核对一致。
3. 交接前，收费员应对现金缴款单、票据存根、作废票据进行核对，按要求编制日实收电费交接表。
4. 供电所账务员（公司营业厅班长）应审核收费票据的张数与实收报表的一致性。
5. 供电所账务员（公司营业厅班长）应核对上交银行金额与销账金额的一致性。
6. 收费员将实收电费报表及现金缴款单转交电费出纳，履行签字手续，确保电费资金安全和明确责任。
7. 收费人员于次日将现金交款单、日解款报表、POS 机结算单、银行进账单、当日电费汇总表依次别在一起，交予公司营销部账务人员交电费账务人员。

二、款项交接单的审核

1. 账务员每天审核营销部账务员每日核对日解款报表与银行票据的数量、信息是否一一对应，核对内容包括：结算方式、缴费金额、解款银行、存款日期。账务人员应重点核对存款日期与解款日期是否一致，防止资金滞留收费场所，未按期交存银行。

2. 账务员每日应审查各类日报表，确保实收电费明细与银行进账单数据一致、实收电费与进账金额一致、实收电费与财务账目一致、各类发票及凭证与报表数据一致，不得将未收到或预计收到的电费计入电费实收。

【思考与练习】

账务员每天应审核交接单哪些内容？

第六节　各种缴费方式的账务处理

【概述】

本节介绍柜台收费、社会化代收、银行代收等各种缴费方式的账务处理。通过账务处理讲解，掌握各种缴费方式的账务处理方法。

【课时】

0.5 课时。

【适用等级】

Ⅱ级。

【正文】

一、柜台收费（坐收）

采用柜台收费（坐收）方式时，应在营销信息系统核对户号、户名、地址等信息，告知客户电费金额及收费明细，避免错收。客户同时采用现金、支票与汇票支付一笔应收电费的，应分别进行账务处理。结算方式一定要选择正确，否则影响科目核对。营销业务系统查询显示信息如图 4-9-8 所示。

图 4-9-8　系统查询显示信息

二、银行代收、代扣收费

1. 采用银行代收、代扣收费方式时，账务员必须每天对账，登记对账台账，要求代收、代扣单位应在下个工作日下班前将当日代收、代扣电费资金转至供电企业账户。客户可持代收、代扣单位打印的有效收款凭证或有效身份证明到供电企业营业网点打印发票，确认客户电费结清且未打印过发票后，给予出具发票。

账务员应每日核对代收、代扣数据发送和返回情况，做好对账工作。对代收、代扣方式失败的客户应及时处理，若是客户账户余额不足，则联系相关责任部门进行电费催收；如果属于信息错误原因则由相关催费责任部门核实后，完善代收、代扣信息并重新生成数据。营销业务系统查询显示信息如图 4-9-9 所示。

图 4-9-9　系统查询显示信息

2. 应按约定时间与银行进行发送、接收并处理缴费信息，及时做好对账和销账工作，发现异常情况及时按约定程序处理。因客户银行账户资金不足以实现电费扣款时，电费催收人员应及时通知客户。

账务员工作日核对联网批扣数据的发送和反馈接收情况，督促各联网银行及时取走批扣数据；对银行在次日未能及时反馈批扣信息的，需及时联系相关银行，确保数据及时返回。账务员检查银行返回的扣款结果文件对扣款成功的文件是否进行销账。对扣款不成功的客户恢复欠费，将批扣文件的电费进行解锁。

登录电力营销管理信息系统查询银行代收、代扣的电费实收金额，与委托代收费银行电话联系进行对账，核对银行实际代收费金额，如果一致，则对账完毕；不一致，应及时查明原因并妥善处理。

3. 电费发行后，账务员联系银行工作人员及时批扣电费，避免电费没有及时代扣，产生违约金，引起客户不满；如果批扣出现异常，账务员抓紧联系客户及时更改缴费方式按时上交电费；如果客户账户余额不足，联系催费员通知客户补足电费。

4. 月底账务员整理代收代扣对账台账。

三、采用特约委托收费方式注意事项

采用特约委托收费方式时，按时生成托收单数据，提供给相应特约委托银行。特约委托成功后，应及时将电费发票送达客户。允许以一个银行账号并账托收多个客户的电费。发生托收退票的，应重新托收或转为其他收费方式。电费发行后，电费账务班账务员登录 SG186 系统，查询委托电费金额是否正常发起。营销业务系统查询显示信息如图 4-9-10 所示，明细信息显示如图 4-9-11 所示。

图 4-9-10　系统查询显示信息

图 4-9-11　明细信息

四、采用购电收费方式注意事项

采用购电收费方式时，每日收费结束后，应进行收费整理，清点现金和票据，保证与购电数据核对一致。

五、采用自动终端收费方式注意事项

采用自助终端收费方式时，应每日对自助缴费终端收取的现金进行日终解款。每日对充值卡和银行卡在自助终端缴费的数据进行对账并及时处理单边账。客户在自助终端缴费成功后应向其提供缴费凭证。

六、超市、邮政代收对账

1. 账务员工作日每天登录即时缴费系统，根据超市代收费网点的保证金金额给超市代收费网点进行充值，核查电力营销管理信息系统是否按时发送数据，发现异常及时与稽查信息主管联系，确保系统传送数据准确、畅通，做好收费前的准备工作。

2. 账务员每天登录即时缴费系统查询每个超市的代收费笔数和代收费金额，向超市代收网点发送对账请求，确认其前一日收费金额，然后登录电力营销管理信息系统查询超市前一日卡表与非卡表的代收费金额和笔数，并与即时缴费系统进行核对，三者电费实收金额应保持一致，一致则对应相应的收款银行解款，不平衡时应及时查明原因，妥善处理完毕后解款，确保次日解款及时率为100%。

3. 账务核对清楚，账务员督促代收机构将代收电费汇入供电公司电费账户。月初整理代收费对账明细。

【思考与练习】

各种缴费方式账务处理时的注意事项是什么？

第七节　电费账务管理的流程及基本环节

【概述】

本节介绍电费账务管理内容和管理的基本环节。通过概念介绍、要点介绍，要求掌握电费账务管理流程及基本环节。

【课时】

0.5 课时。

【适用等级】

Ⅱ级。

【正文】

电费账务管理流程是指供电企业发生电力销售行为及与其相关业务之后财务管理的

过程。

一、电费账务管理包含的内容

电费账务管理包括电费资金账户管理、电费账务的审核管理、电费收入的核算、电费资金的回收等内容。具体环节有：电费收入与资金回收的确认、电费的对账管理、发票与印章的管理、监督与检查，以及涉及电费资金等业务报表、凭证和台账。通过加强电费账务管理，确保供电企业的收入实现与资金回收及时，并提供真实、准确、完整的财务信息。

二、电费账务管理基本环节

1. 电费资金账户管理

（1）电费资金账户的开设或变更，由电费管理部门根据实际工作需求提出，由财务部门按照账户管理开设审批流程进行报批。

（2）电费资金专户纳入财务部门统一管理。

2. 电费收入的确认核算

（1）月度电费（应收）关账之后，电费管理部门编制电力销售明细表或电力销售总传票，确认电费收入，并按时报送归口部门。

（2）对电费关账后出现的电费错账，电费管理部门应通过退补电量、电费的方式在次月电费账务中进行处理并体现。

（3）对经税务部门批复的电费坏账，电费管理部门在营销管理信息系统设立标志，并建立已核销电费的总账和明细台账。

3. 电费资金回收的核算

（1）电费资金回收的核算包括电费实收、预收、违约金和坏账核算。

（2）电费管理部门负责签收审核各收费单位的收费日报、现金缴款凭证及支票回单，并及时交单位财务部门作为编制收款凭证的依据。

（3）电费管理部门按照账销案存管理制度，对回收的核销电费单独纳入核销电费核算。

（4）电费退款业务应由相关责任部门提交退费申请，报营销部门审核批准。财务部门须在核实款项进账后，方可办理退费。

4. 电费对账管理

（1）账务管理人员按照电费结算时点及时统计电费，确认收入。

（2）账务人员按日审核各收费单位上报的收费日报、现金进账单及支票回单，确保实收电费明细与银行进账单数据的一致性、各类发票及凭证与报表数据的一致性。

（3）账务人员每日核对各代收电费单位的收费数据，监控代收电费单位将电费资金及时足额入账，确保银行对账单金额、营销管理信息系统实收金额、财务入账金额三者一致。

（4）月末终了，营销部门、财务部门严格执行电费应收、实收、未收、预收的内部对账制度，做到总账与明细账逐项核对相符，达到电费账证相符、账账相符、账实相符。

（5）电费账务管理人员每月统计未达账项及到账未销账项，并对电费在途资金进行统计、分析，将到账未销账项作为不明款项处理，并及时清理未达账项。

三、电费账务的监督与检查

1. 营销部门依据电费账务管理考核制度，定期对电费账务管理情况进行监督与检查。

2. 营销部门定期检查电费应收、实收、欠费数据。
3. 营销部门定期检查电费未达账项的处理情况。

【思考与练习】

1. 电费账务管理流程包括哪些?
2. 电费账务管理的基本环节有哪些?
3. 电费账务的监督与检查的内容包括哪些?

第八节　电费账务的清核重点

【概述】

本节介绍电费账务的清核重点。通过要点讲解，掌握应收和实收总账与明细账、电费实收与银行进账、预收总账与明细账、财务系统与营销系统数据核对一致的要求。

【课时】

0.5 课时。

【适用等级】

Ⅱ级。

【正文】

根据营销部门与财务部门对电费管理的职责划分，营销部门管理电费明细账，财务部门管理电费总账，每月月末营销部门的电费明细账与财务部门的电费总账核对，填报月末营财账务一致性核对表，余额不一致的需查明原因，并详细说明。

一、电费账务清核的含义

电费账务清核包括电费应收、实收（包括预收）、欠收的审核及管理，根据不同业务，编制相应的会计分录，记录明细账和总账，跟踪每笔资金的到账情况，确保电费业务会计处理的真实性、合理性和及时性，实现电费账证相符、账账相符、账实相符。

二、电费账务清核重点

电费账务的清核应不定期地开展，一般每季度不得少于一次。

1. 应收总账与明细账核对

核查应收总电费是否等于明细电费之和。

2. 实收总账与明细账核对

（1）核查实收电费与统计报表中的实收电费数据应一致，核查实收总账是否等于明细实收账之和，核查欠收总账是否等于明细欠费账之和，核查应收总账是否等于欠收总账与实收总账之和。

（2）核查长期未收回的电费回收情况，分析未收回的原因，防止形成呆账甚至坏账，减少供电企业的电费损失。

（3）核查未收电费数据与欠费户清单是否相同。

3. 电费实收与银行进账核对

（1）核查电费实收是否等于银行进账总和，核查电费实收与实收报表是否相符。

（2）核查电费是否存入电费专户，核查未按期到账的电费款，并查明原因，核查是否存在电费公款私存、挪用或贪污电费现象。

（3）核查实收电费及各项业务收入之和，与银行对账单（除上期结转金额外）及库存现金（除备用金外）相加的数据是否吻合。

4. 预收总账与明细账核对

（1）核查本期预收总额是否等于明细预收之和，核查预收期初余额、本期预收、预收期末余额是否相符。

（2）核查实收电费是否出现预收电费与实收电费不对应的客户，预收款转为实收电费是否有误，是否存在预收电费未结转实收电费情况存在。

5. 财务系统与营销系统核对

（1）核查应收总电费是否相同，核查分类基金、附加是否相同。

（2）核查应收电费余额是否相同，核查预收起初余额、本期预收、预收期末余额是否相同。

（3）核查银行存款余额是否相同。

【思考与练习】

1. 电费账务清核的内容包括哪些内容？
2. 电费账务清核的重点包括哪些？
3. 应收总账与明细账如何核对？

第九节　电费资金安全管理

【概述】

本节介绍电费资金安全管理。通过要点讲解，掌握电费资金安全管理的要求及注意事项。

【课时】

0.5 课时。

【适用等级】

Ⅱ级。

【正文】

电费是公司主营业务收入，电费资金安全对于企业经营意义重大。为进一步加强公司资金内部控制和管理，夯实管理基础，保证资金安全，防范资金风险，堵塞管理漏洞，确保电费资金安全，对资金安全管理要求如下：

一、收入安全管理

加强收入安全管理，各项收入必须统一纳入财务账内核算，严禁拖延入账、账外设账，严禁隐瞒收入，严禁截留、转移、挪用资金及私设小金库，不得坐支现金。

（1）严格执行电费收支两条线管理，充分利用银行自动划转、集团账户等方式，确保电费等各项收入及时、足额地归集至集团一级账户。

（2）加强对电费社会化代收机构的管理，严格审查代收机构营业执照、近三年决算报表、信用等级等资信情况，并与代收机构签订服务协议，明确双方权利与义务及代收资金担保措施，规范交接手续，及时足额将代收电费资金划转至县公司电费账户。县公司应建立代收电费资金以备查账，及时取得代收机构对账单并清理核对，确保资金安全。

（3）加强供电营业厅（所）收款管理。

①收费人员不得以任何借口挪用、借用电费资金。供电营业厅（所）当日收取的资金必须在当日与银行协商的时间前全额解交银行。每日营业厅（所）要对收取的现金进行登记并编成现金日记表（现金盘点表），日清日结，日终库存现金实际余额与表内结余相符，收费人员、监盘人员及审核人员每日核查签字。营业厅（所）负责人要定期抽检并签字确认。

②严禁将收取的现金存入公司职工（含农电工）个人银行卡内；严禁公司职工（含农电工）使用个人银行信用卡、借记卡替用户批量缴费，再向用户走收电费；严禁职工使用第三方软件批量代缴电费替代柜台收费。

（4）加强供电营业厅（所）电费资金收取、存放期间及解交银行过程中的安全管理，对当日解交银行后收取大额现金的情况制订风险预案，确保资金安全。原则上，电费资金“日清日结”，当日解存；解款后，对客户现金交费业务，不得以任何理由拒收。解款后收取的资金须盘点封包放入专用保险柜中保管，于次日解交银行。各供电营业厅（所）收费柜台须设置视频监控设备，并配备必要的保险柜，存放现金的房间必须安装防盗门、防盗窗网，加装安防监控报警系统，确保电费资金存放安全。

二、银行账户管理

加强银行账户管理，严格按照公司规定办理银行账户开立、变更和撤销审批备案手续，未按规定程序审批不得在金融机构开立银行账户。设立电费专项账户，并由财务部门进行统一集中管理。

（1）不得出租、出借银行账户，不得开立供电所账户，不得公款私存，电费账户只能用于收取用户缴纳的电费、赔表费、用电违约金及办理电费资金结算与划转、退还用户多交电费（根据网省公司收支两条线要求，电费账户于 2018 年 4 月起改为只收不支）、支付相关手续费（仅限于银行手续费）等电费相关业务，不得用于日常支出。各县公司应至少半年一次前往基本账户开户行打印开户信息并报市供电公司审核备案。

（2）按照“收支两条线”的原则加强电费账户管理，规范退费业务操作，严禁在电费账户坐支现金，严禁发生电费资金在职工个人账户沉淀滞留的情况。开展电费往来数据清查工作，理清陈欠电费，加强电费回收管控，确保电费资金颗粒归仓。

三、印鉴密钥安全管理

（1）电费专用章应由专人保管，个人名章必须由本人或授权人员保管，严禁一人保管、使用全部银行预留印鉴。因业务需要交接印鉴时，必须严格履行交接手续，由部门负责人监交签字。

（2）加强电子支付相关密钥的领取、使用、保管、变更、注销管理。至少每季度更换一次密码，严禁使用初始密码，严禁一人多钥处理业务。

四、规范岗位设置

按照不相容岗位要求，应分别设置电费收费与账务管理岗位，不得兼岗、混岗。工号不得混用。按照“营财一体化”工作规则，营销、财务部门每月核对收费情况，做到账实相符，明细账与总账一致。

五、加快自建收费系统清理

柜台收费、自助机具收费及社会化代收情况均应纳入公司统建的SG186系统及一体化缴费平台统一管控。对于因技术原因暂不能接入的自建收费系统及缴费终端，每笔收费业务必须在SG186系统同步进行收费处理，严禁发生收费游离于SG186系统的情况。

六、完善缴费渠道建设

逐步开通批量代扣、网上缴费、支付宝、微信、手机客户端等远程缴费方式，推广使用银行POS机，减少现金收费。原则上，不允许出现走收电费，对于孤寡老人、特困群体缴费存在切实困难的，应建立上门服务台账，逐户登记在册，收取电费应当日解款，严禁资金滞留过夜。

七、加强收费流程管理

收费时应同步为客户出具机打票据，严禁出现白条收费、搭车收费等情况。严格根据财务管控系统传递的银行到账信息进行到账确认，严禁手工录入进账单及虚假到账撤还，确保电费真实性。加强电费在途资金管理，对于在途时间超过10d的收费记录，逐户跟踪督办，力促电费资金尽早回笼。

【思考与练习】

电费资金管理的要求有哪些？

第十节　电费账务管理工作要求及规范

【概述】

本节介绍电费账务管理的有关工作要求和规范。通过要点讲解，掌握电费账务管理的有关工作要求和注意事项。

【课时】

0.5课时。

【适用等级】

Ⅱ级。

【正文】

电费账务管理是电费回收的重要环节，完善电费账务管理内控机制，为进一步规范电费账务管理。

一、工作要求

账务处理是电费管理的重要基础环节，其规范化水平对于企业经营发展意义重大，要进一步加强电费账务管理，完善电费回收内控机制，强化电费回收管控力度，现将有关工作要求通知如下：

1. 规范电费账务处理

全面实施营财一体化。严格遵循营财一体化运行规则，按照财务管控系统传递的银行到账信息进行到账确认，严格控制手工记账（手工录入进账单），原则上杜绝到账撤还。

到账撤还审批权限：

单笔解款记录金额在10万元以内的，由市、县公司营销部主要负责人审批；

单笔解款记录金额在10万元至100万元（不含）的，由市、县公司分管营销负责人审批，市公司备案；

单笔解款记录金额在100万元及以上的，由市、县公司主要负责人审批，省公司备案。

2. 完善营销、财务对账流程

每月核对科目汇总表中“银行存款”“应收电费”“预收电费”等关键科目，存在差异的要在两个工作日内查明原因并完成整改。

在营销系统实现银行对账单自动导入，根据解款编号等标识进行电力收费信息和银行到账信息的自动校对，缩短营销账务处理时间，提高账务处理效率。

3. 严控电费资金安全

加强收费管理。规范收费、解款业务操作，据实录入收费类型、交费金额、结算方式、解款银行等账务处理关键信息。

（1）规范购电费管理。电费发行后，购电费应自动结转，严禁发生电费冻结、以其他用户预收冲抵电费等违规操作行为。

（2）规范收费业务。收费业务“日清日结”，当日收费结束后，按规定进行资金清点并于日内解交银行，对于当日无法缴存银行的现金和票据，要存放于专用保险箱保管，并于下一个工作日缴存银行，不得以任何名义和方式截留，杜绝发生提前出票、解款长期在途等情况。

4. 规范退费业务

规范退费业务审批，营业厅现金退费采用备用金方式。退费审批要严格按照规定的审批程序及权限办理，完善内部审批程序，严禁退费业务申请、审核、审批环节由同一人代办多岗位审批工作。禁止电费账户对外支付（已于2018年4月全面禁止，退费转账改为中电财户或基本户对外支付）。

5. 加强代收机构管控

代收款应于“T+1”个工作日到账，对于经督促仍不能及时转款的，可通过扣减代收手续费等商定的违约条款进行考核，力促资金及时回笼。

6. 优化票据处置流程

各单位按照月计划收取承兑汇票，单张票据金额在100万元至1000万元之间的，每月10日前上交国网省电力财务部，由公司统一处置。收取的承兑汇票，原则上要同客户签订贴现协议并由客户承担贴现利息，1个月内完成票据处置，最长不超过3个月，避免因票据长期在途影响资金到账。加强对出票人及承兑行的资信评估，承兑行原则上应为规模较大、信誉良好的国有商业银行、全国性股份制商业银行，不得收取信用等级较低的地方性商业银行和农村信用社等金融机构承兑的汇票。

7. 加强坏账核销管理

明确核销审批程序。对于符合坏账核销条件的欠费，按照《电费坏账核销管理规定》办理核销手续。核销前应对追收不力造成欠费的责任人按照《国家电网公司员工奖惩规定》进行考核。经过外部会计师事务所鉴证及公司内部营销、财务、审计、法律和监察等部门审核后，通过总经理办公会集中决策，形成专项会议纪要。单笔金额在10万元以下的，由市公司审批；单笔金额在10万元至1000万元（不含）的，由省公司审批；单笔金额在1000万元及以上的，由国家电网公司审批。当年产生的坏账损失，要在年度所得税汇算清缴中按照国家税务总局《企业资产损失所得税税前扣除管理办法》（〔2011〕25号公告）要求逐笔提供相关证据，确保相关损失能够税前扣除。

8. 加强账销案存管理

应按照“账销案存”原则，建立专门档案，逐户明确追收责任人及追收计划。各单位主要负责人对账销案存资产的管理负领导责任，营销部门对账销案存资产的追索工作负管理责任，财务部门负监督责任。收回账销案存欠费的，按照欠费金额的3%～5%对相关人员给予奖励。

二、工作规范

1. 建立电费账务管理制度

电费账务管理要严格审核，稽查到位。

（1）按照《企业会计准则》的规定，完善电费账务管理体系，做到电费应收、实收、预收、未收电费台账及银行对账台账等电费账目完整清晰、准确无误；

（2）要建立定期与客户对账制度，对结算后在客户交费账户上存在余额的非居民客户，每年对双方结算电量和金额至少进行一次对账。

2. 电费账务应准确清晰

按财务制度建立电费明细账，编制实收电费日报表、日累计报表、月报表，严格审核，稽查到位。

（1）每日应审查各类日报表，确保实收电费明细与银行进账单数据一致、实收电费与进账金额一致、实收电费与财务账目一致、各类发票及凭证与报表数据一致，不得将未收到或预计收到的电费计入电费实收。

（2）当日解款前发现错收电费的，可由当日原收费人员进行全额冲正处理，并记录冲正原因，收回并作废原发票。当日解款后发现错收电费的，按退费流程处理。

营销部账务员每日核对日解款报表与银行票据的数量、信息是否一一对应，核对内包括：结算方式、缴费金额、解款银行、存款日期。账务人员应重点核对存款日期与解款日期是否一致，防止资金滞留收费场所，未按期交存银行。

3. 电费账务应及时进行到账确认

营销部账务员根据收费员的解款记录及财务管控系统推送的银行到账信息，进行到账确认，到账确认工作应在财务管控系统推单后2个工作日内完成，月末最后一天的到账确认及凭证传递工作应在次日00：30前完成，未能及时分解到户的款项暂时计入“其他应付款——不明款项”。电费账务人员应加强电费资金到账及当日未解款情况的监督管控，重点监控未及时解款、解款后超过10天未到账确认的收费记录，并跟踪督办、逐层上报。

4. 电费账务管理需及时核对账务

营销部账务员应每天登录SG186营销系统查询前一日第三方代收网点的收费记录，与第三方代收网点负责人核对前一日的账务，核对无误后进行解款操作，并督促其将电费资金及时拨付到公司电费账户。双方缴费记录不一致的，营销部账务员应协调代收机构及技术人员共同查明原因后，再行解款处理。

5. 电费收取应便捷、安全、高效

为客户提供方便快捷的电费交费方式，缩短电费资金在途时间，加强电费风险控制与管理，确保电费资金安全，提高收费工作效率。

电费收取应做到日清日结。收费人员每日将现金交款单、银行进账单、当日电费汇总表交电费财务人员。

（1）每日收取的现金及支票应当日解交银行。由专人负责每日解款工作并落实保安措施，确保解款安全。当日解款后收取的现金及支票按财务制度存入专用保险箱，于次日解交银行。

（2）收取现金时，应当面点清并验明真伪。收取支票时，应仔细检查票面金额、日期及印鉴等是否清晰正确。

（3）客户实缴电费金额大于客户应缴电费时，做预收电费处理。

【思考与练习】

1. 对电费账务管理的工作要求是什么？
2. 对电费账务管理的工作规范是什么？

第十章　电费票据管理

第一节　增值税专用发票的使用

【概述】

本节介绍增值税发票与普通发票的区别、增值税发票的开具及使用的有关规定。通过比较分析、要点讲解，掌握电费增值税发票使用的有关规定和注意事项。

【课时】

1课时。

【适用等级】

Ⅱ级。

【正文】

电费发票除了电费普通发票之外，还包括电费增值税专用发票。按照规定，具有增值税一般纳税人资格的企业可以到主管国税部门申请领购增值税专用发票，并通过防伪税控系统开具。具有增值税一般纳税人资格的企业可以凭增值税专用发票进行增值税的抵扣。增值税的小规模纳税人、非增值税的纳税人以及全部销售免税货物的纳税人，不得领购和使用增值税专用发票。

电费收缴过程中使用的各类票据（指对外开具的票据）均需建立登记备案制度，即实施领用登记、使用签字、存根核销备案的闭环管理流程。票据领用后应按照号码顺序对外开具；领用新票据时原则上应同步核销已领用的票据存根。票据管理人员应定期审核票据的使用管理情况。

一、增值税发票与普通发票的区别

增值税专用发票是我国为了推行新的增值税制度而使用的新型发票，与日常经营过程中所使用的普通发票相比，有如下特点：

1. 发票的印制要求不同

根据新的《税收征管法》第二十二条规定："增值税专用发票由国务院税务主管部门制定的企业印制；其他发票，按照国务院主管部门的规定，分别由省、自治区、直辖市国家税务局、地方税务局指定企业印刷。未经前款规定的税务机关，不得印制发票。"增值税专用发票是由国家税务总局监制设计印制的，只限于增值税一般纳税人领购使用的。

2. 发票使用的主体不同

增值税专用发票一般只能有增值税一般纳税人领购使用，小规模纳税人需要使用的，只能经税务机关批准后由当地的税务机关批准后由当地的税务机关代开；普通发票则可以由从事经营活动并办理了税务登记证的各种纳税人领购使用，未办理税务登记的纳税人也可以向税务机关申请领购使用普通发票。

对居民及其他非一般纳税人交付电费或付购电费时，出具普通发票。

对于一般纳税人既有居民照明又有动力业务，付购电费后先提供电费收据，结清当月电费时，对其居民照明电量出具电费普通发票，对其动力用电开具增值税专用发票。

3. 发票的内容不同

增值税专用发票除了具备购买单位、销售单位、商品或者服务的名称、商品或劳务的数量和计量单位、单价和价款、收款人、开票日期等普通发票所具备的内容外，还包括纳税人税务登记号、地址电话、开户行及账号等内容（2017 年 7 月 1 日起，普通发票也需要填写纳税人识别号、地址电话、开户银行及账号，除标题专普票名称不一致外，票面信息已无区别。但对于付款方来说，普票按照价税合计总额记成本，税额实际没有意义，而专票按照不含税金额记成本，税额计入进项税）。增值税普通发票信息如图 4-10-1 所示，增值税专用发票信息如图 4-10-2 所示。

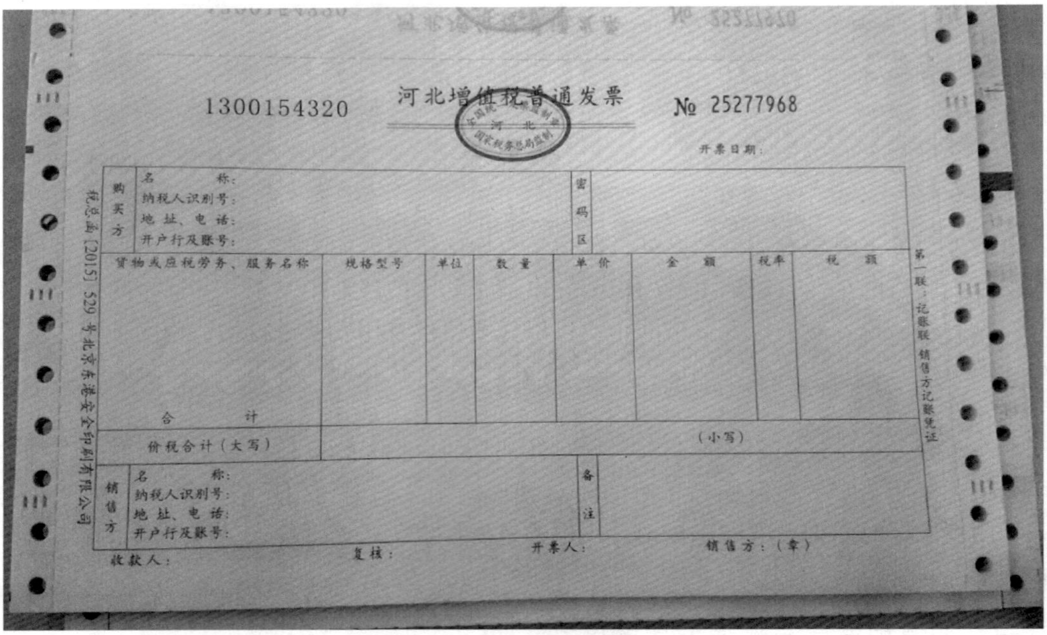
1300154320 河北增值税普通发票 № 25277968

开票日期：

购买方	名称： 纳税人识别号： 地址、电话： 开户行及账号：				密码区		
货物或应税劳务、服务名称	规格型号	单位	数量	单价	金额	税率	税额
合计							
价税合计（大写）					（小写）		
销售方	名称： 纳税人识别号： 地址、电话： 开户行及账号：				备注		

收款人： 复核： 开票人： 销售方：（章）

第一联：记账联 销售方记账凭证

税总函［2015］529 号北京东港安全印刷有限公司

图 4-10-1　增值税普通发票

4. 发票的联次不同

一般情况下，增值税专用发票发票一式三联，分别为：记账联、抵扣联和发票联。记账联由销货方记账，抵扣联和发票联由购货方保管，其中抵扣联是抵税凭证，抵扣后要装订成册单独保管，发票联为购货入账凭证；增值税普通发票分为两联：记账联和发票联。

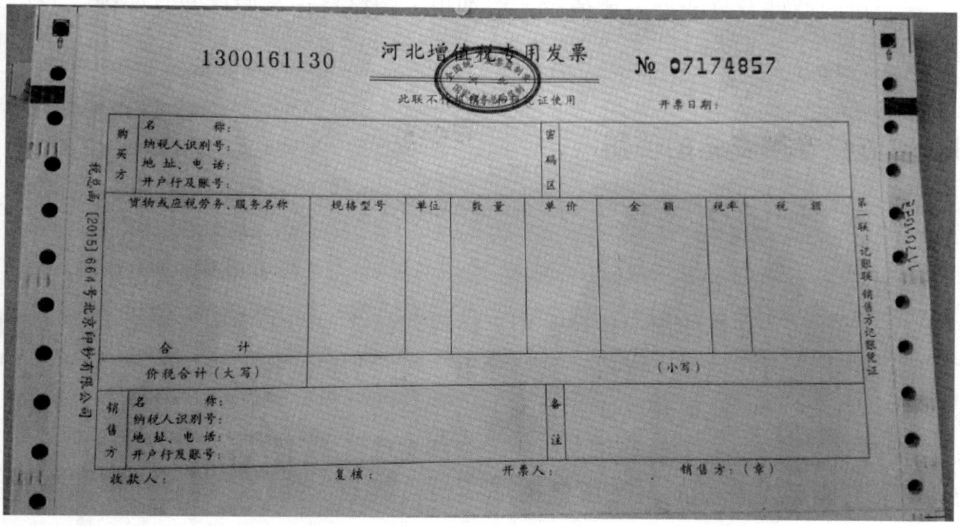

图 4-10-2 增值税专用发票

二、增值税专用发票的开具范围

一般纳税人销售货物必须向购买方开具增值税专用发票。发生下列情况不得开具专用发票：

（1）用于集体福利和个人消费的用电。

（2）根据《增值税专用发票使用规定》城镇居民生活用电的电费和电费违约金不得开具电费增值税专用发票。增值税电费发票大写金额只能是本期电费发生额（扣减居民生活用费）。预收电费、违约使用电费等非增值税应税收入的营业外收费项目，不得开具电费增值税发票。

（3）客户将房屋租赁给个人不能开具电费增值税专用发票，租赁给公司经营的事项可以开具电费增值税专用发票。一般由供电公司对客户开票，客户再自行对承租方开票。

（4）具备一般纳税人资格的农村电力客户，按《关于农村电网维护费核定及免征增值税有关问题的通知》，开具的增值税电费发票不包含农村电网低压维护费。

（5）差错退补电费应在当月及时进行冲减或补开。

三、开具电费增值税发票需提供的手续

客户办理新装、增容或变更用电等业务时，如需要开具增值税发票，还需提供下列资料：

1. 非三证合一的客户提供

（1）国税的税务登记证副本原件及复印件，需加盖一般纳税人长条章；如国税的税务登记证副本上未加盖一般纳税人长条章，需同时提供一般纳税人资格证原件及复印件。

（2）开户许可证原件（如无法提供开户许可证时，可提供开票信息，并加盖单位公章）。

2. 三证合一的客户提供

（1）开户许可证原件（如无法提供开户许可证时，可提供开票信息，并加盖单位公章）。

（2）原增值税户变三证合一新证的客户提供：营业执照原件及复印件。新三证合一的客

户提供：营业执照原件及复印件、增值税一般纳税人资格登记表原件及复印件。

注意："三证合一"是指税务机关将"营业执照""税务登记证""组织机构代码证"合为"营业执照"一个证件。

四、增值税专用发票的使用

增值税专用发票的使用应严格遵守国家税务总局下发的《增值税专用发票使用规定》的要求。

1. 增值税发票的打印规定

增值税专用发票的开具使用国税局专用系统操作，各单位需使用专用电脑安装防伪税控系统，数据必须由电力营销系统增值税接口导出，按照国税局相关管理制度执行。开票人员应经当地国税部门培训，取得开票证件方可上岗。目前营销系统已全面实现系统内专普票开具，为规避开票风险，应关闭手工开票功能，全部实现系统内打票。对特殊情况，如房屋出租、光伏发票只能手工开票的，保留营销部一台机器专门操作，电费发票主管做到登记审核。

开票时注意，系统开具的发票是顺号的，在打印发票之前必须将系统开具发票的号码与从税务机关购买的实际发票号码核对一致。打印税票需使用专门的打印机，确保存根联、抵扣联、发票联字迹清楚。开具后的存根联应当按照顺序装订成册。

2. 增值税发票各项目的填写要求

（1）项目齐全，与实际交易相符。

（2）字迹清楚，不得压线、错格。

（3）发票联和抵扣联加盖发票专用章。

（4）按照增值税义务的发生时间开具。

3. 作废增值税专用发票的管理

因开具错误等原因需作废增值税专用发票的，应将所有联次收集齐全，加盖作废章，与其他存根联一起存放。

4. 电费增值税专用发票开具的注意事项

（1）冀电营销〔2009〕28 号文规定：客户申请开具电费增值税发票的，必须为一般纳税人，经审核其提供的税务登记证副本及复印件、银行开户名称、开户银行和账号等资料无误后，从申请当月起给予开具电费增值税发票，申请以前月份的电费发票不予调换或补开增值税发票。税务登记证信息如图 4-10-3 所示。

（2）增值税专用发票由发票管理人员负责保管、开票，指定专人领取，各传递环节要有完备的登记和签收手续。本月发票可以作废，非本月发票绝对不可以作废，要用红票（负数票）冲回。

（3）由于客户未及时到营业厅办理税务信息变更手续、未妥善保管增值税专用发票丢失或损毁、未在法定时间抵扣、未按时交清电费不能及时拿到增值税专用发票等原因，造成增值税专用发票不能抵扣，原则上不予办理换票。

（4）开具增值税电费发票时检查所开票用户的地址，要求地址汉字与电话号码必须连续书写，不可间断或中间有空格。核实增值税税号，三证合一后的证书应为 18 位。

（5）对增值税专用发票持有用户必须每半年检查一次税务登记证副本，无税务登记证副本的用户免除开增值税专用发票资格。

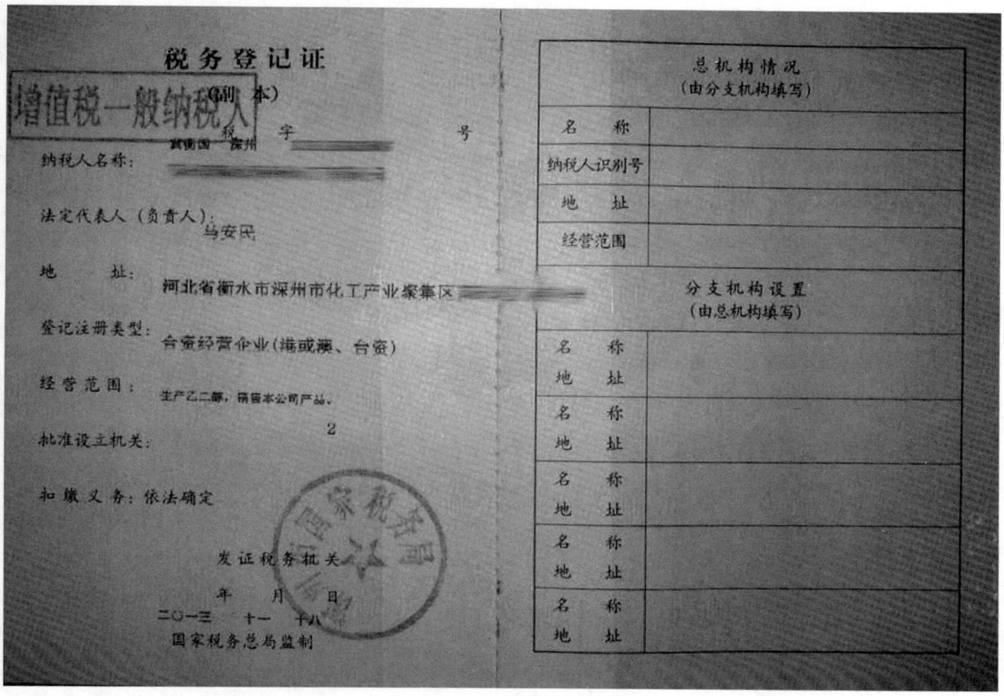

税务登记证

（副　本）

增值税一般纳税人

冀衡国　深州　税　字 [redacted] 号

纳税人名称：[redacted]

法定代表人（负责人）：马安民

地　　址：河北省衡水市深州市化工产业聚集区[redacted]

登记注册类型：合资经营企业（港或澳、台资）

经营范围：生产乙二醇，销售本公司产品。

批准设立机关：2

扣缴义务：依法确定

发证税务机关

年　月　日

二〇一三　十一　十八

国家税务总局监制

总机构情况（由分支机构填写）	
名　称	
纳税人识别号	
地　址	
经营范围	
分支机构设置（由总机构填写）	
名　称 地　址	
名　称 地　址	
名　称 地　址	
名　称 地　址	
名　称 地　址	

图 4-10-3　税务登记证

（6）账务员开具税票时注意每月 1 日抄税前不可再开票，抄税后方可开票；每月月初将抄税信息转财务（财务人员向区国税局申报纳税）；每月 15 日前必须到税务大厅抄税清卡；上次购买的发票全部用完后，方可购买新的发票。购回新发票应及时读入防伪开票系统，才能开票。

（7）价税合计/1.16＝不含税销售额，不含税销售额×16％＝应交税额。

（8）必须确认用户缴清电费后才能将增值税发票交给用户。

（9）客户申请增值税开票超三个月的处理，受理人员要重新审核客户增值税资质，资质合格方可开具电费增值税发票。

（10）物业非代收（自用）的电费，可以按销售货物、适用税率开具增值税专用发票，代收代交性质的电费开具普通发票。

（11）客户持电费普通发票换开电费增值税专用发票时，核查用户提交增值税专用发票申请时间，如提交申请早于开票时间才可开具。要求客户必须退回原开具的电费普通发票，供电公司不得同时向客户电费普通发票和地方增值税专用发票。

（12）按照最新规定，增值税企业发票的抵扣有效期为一年，对已开具的增值税电费发票应及时通知客户领取，并履行领取签字手续。

【思考与练习】

1. 简述电费增值税专用发票的开具范围。
2. 电费增值税发票的开具方法和规定包括哪些内容？

第二节 电费票据的保管与销毁

【概述】

本节介绍电费票据的保管与销毁的规章制度。通过规定和流程介绍，掌握电费票据的保管与销毁流程管理要求，使之符合营销会计基础资料管理的要求。

【课时】

0.5 课时。

【适用等级】

Ⅱ级。

【正文】

电费票据的保管与销毁必须严格按照规定进行。

一、电费票据的保管

（1）各使用部门均应设专人保管电费票据，建立发票使用登记制度，设置发票登记簿，即“电费票据使用情况”，其内容包括：已用票据的本数、起迄号码，作废票据、空白未用票据的份数、起迄号码。对作废的发票不得随意丢弃，应在废票上写明作废后，并将废票的所有联次收回，按发票码顺序存放。

（2）票据的领用与分发：

①入库：电费票据管理员应按电费票据类别、电费票据版本、电费票据号码范围整批登记入库。缺联少页、重号少号、字迹不清等票据不得入库，应做作废处理。

②电费票据的分发

a. 营业员领用票据时应对电费票据进行检查，去除缺联少页、重号少号、字迹不清等票据。

b. 营业员向电费票据管理人员领取电费票据，必须用票据存根换取，领取人员将领取日期、票据起止号码、使用单位、份数在电费收票据领用情况登记簿上进行登记签字，以确保纸质资料登记和电力营销管理信息系统流程同步进行。电费电费票据管理人员提醒营业员在收费时务必将存根保存好。电费收票据领用情况登记簿如图 4-10-4 所示。

c. 营业员要定期将票据存根和作废发票返还票据管理部门，并做好交接手续，未用完的票据走票据返还流程，逐级返还。返还票据应完整，并按票据序号整理。账务员将返回的票据装订后，连同各联次一并保存；对作废发票，须各联齐全，每联均应加“作废”印章，并与发票存根一起保存完好，不得丢失或私自销毁。

d. 票据使用完毕，营业员返回票据存根，送回票据管理部门，票据管理部门对返回票据存根进行清点核对，并核对是否与上次领出的票据号码相符，回收的票据存根票号按顺序排好装订，在记录“电费票据领用情况登记簿”上履行签字手续。

e. 使用人变更时，应办理票据交接手续。

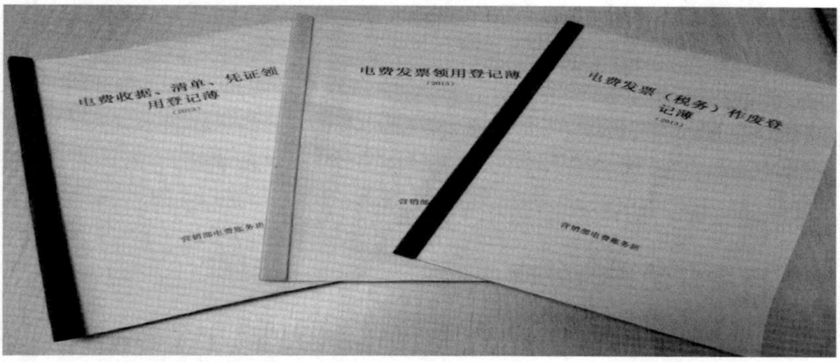

图 4-10-4　电费票据领用情况登记簿

（3）未使用的空白电费票据、票据登记簿和电费票据专用章应有专人单独保管。已使用的电费票据存根联按照电费票据号码顺序装订成册，单独保管。票据管理和使用人变更时，应办理票据交接手续。

空白发票及收回的发票存根不得丢失、毁损。任何人外出不得携带空白电费发票。发票存放的库房应具备防火、防盗和防潮条件，保管空白增值税专用发票要求有三铁（铁门、铁窗、保险柜）。

二、电费票据的销毁

（1）空白、作废的电费发票不得丢失或私自销毁。根据《会计档案管理办法》的规定，各类已使用的电费发票存根联和记账联的保管期限为 30 年，期满后由财务部门按照规定进行审批，由相关部门进行监销。

（2）电费发票存根及空白发票需销毁时，要进行分类整理、登记造册、填制“发票清理销毁申请表”，经主管税务机关查验批准后，送到指定地点销毁，销毁现场必须有两名以上发票管理人员进行监督销毁。

（3）对于保管期满但未结清的债权债务原始凭证和涉及其他未了事项的原始凭证，不得销毁，而应当单独抽出立卷，保管到未了事项完结时为止。

【思考与练习】

1. 简述电费票据保管的要求。
2. 简述电费票据销毁的规定。

第三节　电费发票遗失的处理

【概述】

本节介绍发票遗失的处理方法。通过对方法和流程介绍，掌握电费发票的遗失时的正确处理程序和方法。

【课时】

0.5 课时。

【适用等级】

Ⅱ级。

【正文】

发生电费发票遗失时，应严格按照相关规定进行处理。

一、电费空白发票遗失的处理

根据《中华人民共和国发票管理办法》的规定，空白发票必须妥善保管，不得遗失，如果使用部门一旦发现票据丢失，应于当日立即报告营销部门，财务部门和保卫部门，并于丢失当日书面报告主管税务机关，并在报刊和电视等传播媒介上公告声明作废。整理好遗失的票据清单，责成责任人写出遗失经过，等待处理。

二、供电企业用电客户电费发票遗失的处理

供电企业用电客户电费发票遗失后，根据遗失票据的不同分别按以下情况处理：

1. 供电企业用电客户遗失电费普通发票

（1）用电客户若为单位，需提供一份以单位名义出具的电费发票遗失情况书面说明，加盖单位公章，到供电公司的收费营业厅，查询已缴费并已打印票据的缴费信息后，由收费员打印一份与原票据格式相同的电费使用清单或将原电费发票存根联复印件，注明“因客户票据遗失，提供遗失票据上的用电信息。不做报销发票，仅作缴费证明之用”字样，同时加盖供电企业“电费专用章”后，提交用电客户做遗失证明。

（2）用电客户若为个人，需提供一份以个人名义出具的电费发票遗失情况说明，并由申请人自己签名（不能签字可以手印代替）后，带上个人身份证原件，到供电企业收费厅，查询已缴费并已打印票据的缴费信息后，由收费员打印一份与原票据格式相同的电费使用清单或将原电费发票存根联复印件，注明“因客户票据遗失，提供遗失票据上的用电信息。不做报销发票，仅作缴费证明之用”字样，同时加盖供电企业“电费专用章”后，提交用电客户做遗失证明。

2. 供电企业用电客户遗失电费增值税专用发票

根据国家税务总局关于增值税专用发票的遗失管理规定，供电企业用电客户（增值税一般纳税人）丢失已开具增值税专用发票“发票联和抵扣联”的，该用电客户需提供一份丢失增值税专用发票的“一般纳税人企业”名义出具的电费增值税专用发票遗失情况书面说明，并加盖单位公章，提交至供电企业的收费营业厅（非代收点）增值税专用票据开具处，由增值税专用票据开具人员查验确定情况属实后，提供给用电客户与丢失增值税专用发票相对应的增值税专用发票“记账联”复印件，客户到供电企业所在地主管税务机关办理增值税票据认证相关手续。

【思考与练习】

1. 简述电费空白发票遗失的处理方法。
2. 简述供电企业用电客户电费普通发票遗失的处理方法。
3. 简述供电企业用电客户电费增值税专用发票遗失的处理方法。

第五篇

电量电费计算与审核（Ⅲ级）

第十一章　复杂电量电费计算

【概述】

本章包含变线损分摊及有转供与被转供关系的用户电量计算等内容。通过概念描述、术语说明、公式解释、要点归纳、计算示例，掌握该复杂类型用户电量计算。

【课时】

4 课时。

【适用等级】

Ⅱ级。

【正文】

一、变压器损耗电量计算及分摊

此章对应的培训对象是抄核收技师，主要介绍复杂变压器损耗电量分摊（不同费率时段及转供与被转供户间的分摊）的计算。

1. 被转供户和转供户的变损电量分摊。

若转供户与被转供户有分摊协议，则按协议值进行分摊；若没有协议，则按被转供户的抄见电量进行分摊，分摊给被转供户的变损电量不参与转供户的电费结算。转供户和被转供户抄见电量均为零时，变损电量按各自容量比执行分摊。

2. 不同费率时段的分摊。

变损电量按各时段抄见电量比例进行分摊，即损耗 i＝总损耗×抄见电量比例 i，其中：i 代表各时段。

按抄见电量比例分摊的变损电量之和与总变损电量不等时，差异变损电量由平段包底。

【例 5-11-1】 某复费率表抄见电量为 1600kW·h，其中峰电量为 800kW·h，谷电量为 400kW·h，损耗为 1000kW·h。该复费率表各时段分摊多少的损耗?

解：复费率表各时段分摊变损：

峰分摊变损＝800/1600×1000＝500（kW·h）；

谷分摊变损＝400/1600×1000＝250（kW·h）；

平分摊变损＝1000－500－250＝250（kW·h）。

二、线路损耗电量计算及分摊

1. 线损电量计算方法

有功线损电量＝(有功总抄见电量＋总有功变损)×有功线损系数

无功线损电量＝(无功总抄见电量＋总无功变损)×无功线损系数

若用户的计量方式是高供高计，则总有功变损、总无功变损为零。

2. 线损电量分摊

线损电量的分摊方法与变损电量的分摊方法相同。

一条专线下面存在多个用户的，线损电量分摊方法为：

（1）若与用户有协议的，按照协议值来分摊线损。

（2）若与用户没有协议的，按照各户用电量与总用电量的比例进行分摊线损。

（3）若与用户没有协议且总用电量为零，则按照用户容量比例进行分摊线损。

3. 业务规则

居民用电量按照上述原则参与线损分摊计算，但不加收线损电量电费。

三、转供户与被转供户间电费计算

（1）若用户是转供户，则其被转供户统一视为分表参与电量计算。转供户转供出去的电量不参与其自身的电费结算，应从转供户中扣除。

（2）被转供户和转供户的变损电量分摊。若转供户与被转供户有分摊协议，则按协议值进行分摊；若没有协议，则按被转供户的抄见电量进行分摊，分摊给被转供户的变损电量不参与转供户的电费结算。

（3）在计算转供户用电量、最大需量及功率因数调整电费时，应扣除被转供户、公用线路与变压器消耗的有功、无功电量。

如转供户为按最大需量计算基本电费，需将被转供户电量折算成最大需量扣除。

最大需量按下列规定折算：

（1）照明及一班制：每月用电量 180kW·h，折合为 1kW；

（2）二班制：每月用电量 360kW·h，折合为 1kW；

（3）三班制：每月用电量 540kW·h，折合为 1kW；

（4）农业用电：每月用电量 270kW·h，折合为 1kW。

【例 5-11-2】 某大工业区用户 10kV 供电，受电变压器容量为 1000kV·A，受供电部门委托对一居民点进行转供电，居民点安装有功电能表 1 只。某月大工业用户抄见有功电量为 418000kW·h，无功电量为 300000kvar·h，最大需量为 800kW·h，居民点总表有功电量为 18000kW·h，不考虑分时电费，试求该大工业用户当月电费为多少？

解：大工业用户有功电量：

418000－18000＝400000（kW·h）

根据《供电营业规则》规定，得：

居民点电量折算最大需量＝18000÷180＝100（kW）

大工业用户需量为 800－100＝700kW，大于变压器容量的 40%，则大工业用户基本电费＝700×35＝24500（元）

目录电度电费＝(0.5629－0.026)×400000＝214760（元）

各项代征单价之和：0.39＋0.26＋0.05＋1.9＝2.6 分＝0.026（元）

代征电费＝0.026×400000＝10400（元）

大工业用户的功率因数为 0.81，应执行功率因数标准为 0.9，查表得功率因数调整电费率为 4.5%，则功率因数调整电费＝(24500＋214760)×4.5%＝10766.7（元）

总电费＝24500＋214760＋10400＋10766.7＝260426.7（元）

答：该大工业用户当月电费为 260426.7 元。

四、复杂用户电费计算

【例 5-11-3】 某化工厂，10kV 供电，2018 年 6 月 20 日新装投运一台 800kV·A 变压器，低压侧计量，*CT* 变比为 1200/5，三班制生产，受市场影响 2016 年 8 月 15 日办理暂停手续。2018 年 7 月各时段及无功表计起码为 0，抄表例日为每月 26 日，2018 年 8 月份抄见示数为：尖峰为 50，峰段为 100，谷段为 200，总有功示数为 500，无功正向示数为 120，无功反向示数为 40。办公照明用电比率为 8%。(基本电费按自然月计算)

要求：

(1) 计算费用时按题中所给示数及当前电价标准计算。

(2) 正确列式计算该户应收电费总额、平均电价及各项代征基金。平均电价计算口径包含各项代征基金。

收费：若该客户应在 2018 年 9 月 5 日前交费，实际于 2018 年 11 月 6 日交费。计算电费违约金。

解：(一) 电量

倍率＝*CT*＝1200/5＝240

总表电量　有功总电量＝(500－0)×240＝120000（kW·h）

　　　　　无功总电量＝(120＋40－0)×240＝38400（kvar·h）

高压供电，低压侧计量，有变压器损耗电量，由用户承担

查变损表，三班制生产，800kV·A 供电，有功总电量 120000kW·h，

可得：有功变损＝1109＋1140＝2249（kW·h）

　　　无功变损＝18547（kvar·h）

　　　总有功电量＝120000＋2249＝122249（kW·h）

　　　总无功电量＝38400＋18547＝56947（kvar·h）

1. 大工业用电　有功总电量＝122249×(1－8%)＝112469.08（kW·h）

　尖峰电量＝112469.08×50/500＝11246.908≈11247（kW·h）

　峰电量＝112469.08×100/500＝22493.816≈22494（kW·h）

　谷电量＝112469.08×200/500＝44987.632≈44988（kW·h）

　平电量＝112469.08－11246.908－22493.816－44987.632＝33740.724≈33741（kW·h）

2. 办公照明用电　有功总电量＝122249×8%＝9779.92（kW·h）

　尖峰电量＝9779.92×50/500＝977.992≈978（kW·h）

　峰电量＝9779.92×100/500＝1955.984≈1956（kW·h）

　谷电量＝9779.92×200/500＝3911.968≈3912（kW·h）

　平电量＝9779.92－977.992－1955.984－3911.968＝2933.976≈2934（kW·h）

（二）目录电度电价（含农网还贷）

1. 大工业用电执行两部制 1～10kV 用电

平段目录电度电价＝0.5629－0.026＝0.5369［元/(kW·h)］

尖峰段目录电度电价＝0.8850－0.026＝0.8590［元/(kW·h)］

峰段目录电度电价＝0.7777－0.026＝0.7517［元/(kW·h)］

谷段目录电度电价＝0.3481－0.026＝0.3221［元/(kW·h)］

2. 办公照明执行单一制 1～10kV 用电

平段目录电度电价＝0.5952－0.026＝0.5692［元/(kW·h)］

峰段目录电度电价＝0.8229－0.026＝0.7969［元/(kW·h)］

谷段目录电度电价＝0.3675－0.026＝0.3415［元/(kW·h)］

（三）电费

基本电费＝800×23.3×14/30＝8698.67 元

目录电度电费：

大工业用电电费＝11247×0.8590＋22494×0.7517＋44988×0.3221＋33741×0.5369
＝9661.09＋16908.60＋14490.52＋18115.39
＝59175.61（元）

办公照明用电电费＝(978＋1956)×0.7969＋3912×0.3415＋2934×0.5692
＝2338.10＋1335.95＋1670.03
＝5344.09（元）

功率因数调整电费

$$\cos\varphi = \frac{122249}{\sqrt{122249^2 + 56947^2}} = 0.91$$

大工业用电查 0.9 的功率因数调整电费表，得增减百分数为－0.15％

大工业力调电费＝(8698.67＋59175.61)×(－0.15％)
＝67874.28×(－0.15％)
＝－101.81（元）

代征基金及附加费

大工业用电部分＝120000×(1－8％)×0.026＝2870.4（元）

办公照明部分＝120000×8％×0.026＝249.6（元）

总电费＝8698.67＋59175.61＋5344.09＋2870.4＋249.6－101.81＝76236.56（元）

平均电价＝总电费/总用电量＝76236.56/122249＝0.6236［元/(kW·h)］

（四）违约金

当年违约天数＝25＋31＋6＝62（d）

违约金＝76236.56×62×0.002＝9453.33（元）

计算所得违约金额小于当前电费的百分之三十，则该用户违约金为 9453.33 元。

【例 5-11-4】 某工业客户 10kV 供电，变压器容量 5000kV·A，高压计量，供电一次总表计量核定最大负荷 3000kW，本月抄表读数 2800 千瓦，CT 变比为 300/5 委托转供电容量 500kV·A。转供总表上月表底全部为 0，2018 年 10 月示数分别为：总有功示数 400，其中谷段示数 120，峰段示数 130，无功示数 90，反向无功示数 30。被转供户为非工业用电，三班制用电，低压计量，2018 年 10 月份有功电量 88000kW·h，无功电量 34000kvar·h。

要求：

（1）算费时按题中所给示数计算。

（2）正确列式计算该户应收电费总额、平均电价及各项代征基金。平均电价计算口径包含各项代征基金。

解：（一）电量

倍率＝$CT \times PT$＝(300/5)×(10×1000/100)＝60×100＝6000

总有功电量＝(400－0)×6000＝240×10^4（kW·h）

总无功电量＝(90＋30－0)×6000＝72×10^4（kvar·h）

被转供户　高压供电，低压侧计量，有变压器损耗电量，由用户承担。

查变损表，三班制生产，500kV·A供电，有功总电量88000kW·h，

可得：有功变损＝778＋795＝1573（kW·h）

无功变损＝18324（kvar·h）

总有功电量＝88000＋1573＝89573（kW·h）

总无功电量＝34000＋13824＝47824（kvar·h）

转供户　有功总电量＝240×10^4－89573＝2310427（kW·h）

无功总电量＝72×10^4－47824＝672176（kvar·h）

峰电量＝2310427×130/400＝750889（kW·h）

谷电量＝2310427×120/400＝693128（kW·h）

平电量＝2310427－750888.775－693128.1＝866410（kW·h）

（二）转供户目录电度电价（含农网还贷）

大工业用电执行两部制1～10千伏用电

平段目录电度电价＝0.5629－0.026＝0.5369［元/(kW·h)］

峰段目录电度电价＝0.7777－0.026＝0.7517［元/(kW·h)］

谷段目录电度电价＝0.3481－0.026＝0.3221［元/(kW·h)］

（三）电费

1. 基本电费

被转供户电量折合为需量（88000＋1573）/540＝165.876（kW）

转供户实际最大需量2800－165.876＝2634.124（kW）

核定值大于实际值，则基本电费＝3000×35＝105000（元）

2. 目录电度电费

转供户（大工业用电）电费＝750889×0.7517＋693128×0.3221＋866410×0.5369

＝564443.26＋223256.53＋465175.53

＝1252875.32（元）

3. 功率因数调整电费

$$\cos\varphi = \frac{2310427}{\sqrt{2310427^2 + 672176^2}} = 0.96$$

大工业用电查0.9的功率因数调整电费表，得增减百分数为－0.75%。

大工业力调电费＝(105000＋1252875.32)×(－0.75%)

＝－10184.06（元）

4. 基金及附加费

转供户用电部分＝2310427×0.026＝60071.10（元）

5. 总电费＝105000＋1252875.32＋60071.10－10184.06＝1407762.36（元）

6. 平均电价＝总电费/总用电量＝1407762.36/2310427

＝0.6093［元/(kW·h)］

【例 5-11-5】 某工业客户 10kV 供电，2017 年 1 月新装两台 500kV·A 变压器，高压计量，CT 变比为 50/5，2018 年受市场影响产量减少，2018 年 10 月 15 日暂停一台 500kV·A 变压器。上月表底全部为 0，2018 年 10 月示数分别为：总有功示数 270，其中谷段示数 80，峰段示数 90，尖峰段示数 10，无功示数 90。办公照明用电比率为 10%，商业照明用电比率为 5%。(基本费按自然月收取)

要求：

(1) 算费时按题中所给示数计算。

(2) 正确列式计算该户应收电费总额、平均电价及各项代征基金。平均电价计算口径包含各项代征基金。

收费：该客户应在 2018 年 11 月 5 日前交费，实际于 2019 年 1 月 22 日交费。计算电费违约金。

解：(一) 电量

倍率＝CT×PT＝(50/5)×(10×1000/100) ＝10×100＝1000

总有功电量＝(270－0)×1000＝27×10^4 (kW·h)

总无功电量＝(90－0)×1000＝9×10^4 (kvar·h)

1. 大工业用电　有功总电量＝27×10^4×(1－10%－5%) ＝229500 (kW·h)

无功总电量＝9×10^4×(1－10%－5%) ＝76500 (kvar·h)

尖峰电量＝229500×10/270＝8500 (kW·h)

峰电量＝229500×90/270＝76500 (kW·h)

谷电量＝229500×80/270＝68000 (kW·h)

平电量＝229500－8500－76500－68000＝76500 (kW·h)

2. 办公照明用电　有功总电量＝27×10^4×10%＝27000 (kW·h)

尖峰电量＝27000×10/270＝1000 (kW·h)

峰电量＝27000×90/270＝9000 (kW·h)

谷电量＝27000×80/270＝8000 (kW·h)

平电量＝27000－1000－9000－8000＝9000 (kW·h)

3. 商业照明用电　有功总电量＝27×10^4×50%＝13500 (kW·h)

尖峰电量＝13500×10/270＝500 (kW·h)

峰电量＝13500×90/270＝4500 (kW·h)

谷电量＝13500×80/270＝4000 (kW·h)

平电量＝13500－500－4500－4000＝4500 (kW·h)

(二) 目录电度电价（含农网还贷）

1. 大工业用电执行两部制 1～10kV 用电

平段目录电度电价＝0.5629－0.026＝0.5369［元/(kW·h)］

峰段目录电度电价＝0.7777－0.026＝0.7517［元/(kW·h)］

谷段目录电度电价＝0.3481－0.026＝0.3221 [元/(kW·h)]

2. 办公及商业照明执行单一制 1～10kV 用电

平段目录电度电价＝0.5952－0.026＝0.5692 [元/(kW·h)]

峰段目录电度电价＝0.8229－0.026＝0.7969 [元/(kW·h)]

谷段目录电度电价＝0.3675－0.026＝0.3415 [元/(kW·h)]

（三）电费

1. 基本电费＝500×23.3＋500×23.3×14/30＝11650＋5436.67＝17086.67（元）

2. 目录电度电费

（1）大工业用电电费

＝(8500＋76500)×0.7517＋68000×0.3221＋76500×0.5369

＝63894.5＋21902.8＋41072.85

＝126870.15（元）

（2）办公照明用电电费

＝(1000＋9000)×0.7969＋8000×0.3415＋9000×0.5692

＝7969＋2732＋5122.8

＝15823.8（元）

（3）商业照明用电电费

＝(500＋4500)×0.7969＋4000×0.3415＋4500×0.5692

＝3984.5＋1366＋2561.4

＝7911.9（元）

3. 功率因数调整电费

$$\cos\varphi = \frac{27 \times 10^4}{\sqrt{(27 \times 10^4)^2 + (9 \times 10^4)^2}} = 0.95$$

大工业用电查 0.9 的功率因数调整电费表，得增减百分数为－0.75%。

大工业力调电费＝(17086.67＋126870.15)×(－0.75%)

＝－1079.68（元）

商业照明用电用电查 0.85 的功率因数调整电费表，得增减百分数为－1.1%。

商业照明力调电费＝7911.9×(－1.1%) ＝－87.03（元）

4. 代征基金及附加费

大工业用电部分＝229500×0.026＝5967（元）

办公及商业照明部分＝(27000＋13500)×0.026＝1053（元）

总电费＝17086.67＋126870.15＋15823.8＋7911.9＋5967＋1053－1079.68－87.03

＝156459.14（元）

5. 平均电价＝总电费/总用电量＝156459.14/27×10^4

＝0.5795 [元/(kW·h)]

（四）违约金

当年违约天数＝25＋30＝55（d），跨年违约天数＝22（d）

违约金＝156459.14×(55×0.002＋22×0.003) ＝27536.81（元）

计算所得违约金额小于当前电费的百分之三十，则该用户违约金为 27536.81 元。

附件 1：

河北省南部电网销售电价表
（2018 年 9 月 1 日起执行）

用电分类		电压等级		电度电价［元/（kW·h）］					每月基本电价	
				平段	尖峰	高峰	低谷	双蓄	最大需量（元/kW）	变压器容量［元/（kV·A）］
一、居民生活用电	一户一表	不满 1kV	第一档	0.5200		0.5500	0.3000			
			第二档	0.5700		0.6000	0.3500			
			第三档	0.8200		0.8500	0.6000			
		1～10kV 及以上	第一档	0.4700		0.5000	0.2700			
			第二档	0.5200		0.5500	0.3200			
			第三档	0.7700		0.8000	0.5700			
	合表	不满 1kV		0.5362		0.5700	0.3100			
		1～10kV 及以上		0.4862		0.5200	0.2800			
二、工商业及其他用电	单一制	不满 1kV		0.6102	0.9607	0.8439	0.3765	0.3181		
		1～10kV		0.5952	0.9367	0.8229	0.3675	0.3106		
		35kV 及以上		0.5852	0.9207	0.8089	0.3615	0.3056		
	两部制	1～10kV		0.5629	0.8850	0.7777	0.3481	0.2945	35	23.3
		35～110kV		0.5479	0.8610	0.7567	0.3391	0.2870	35	23.3
		110kV		0.5329	0.8370	0.7357	0.3301	0.2795	35	23.3
		220kV 及以上		0.5279	0.8290	0.7287	0.3271	0.2770	35	23.3
三、农业生产用电		不满 1kV		0.5215						
		1～10kV		0.5115						
		35kV 及以上		0.5015						
其中：贫困县农业生产用电		不满 1kV		0.3095						
		1～10kV		0.3045						
		35kV 及以上		0.2995						

注：1. 上表所列价格，除贫困县农业生产用电外，均含国家重大水利工程建设基金 0.39 分钱。

2. 上表所列价格，除农业生产用电外，均含大中型水库移民后期扶持基金 0.26 分钱，地方水库移民后期扶持资金 0.05 分钱。

3. 上表所列价格，除农业生产用电外，均含可再生能源电价附加，其中：居民生活用电 0.1 分钱。其他用电 1.9 分钱。

附件 2：

功率因数调整电费表

一、以 0.90 为标准值的功功率因数调整电费表

减收电费	实际功率因数	0.90	0.91	0.92	0.93	0.94	0.95～1.00											
	月电费减少（%）	0.0	0.15	0.30	0.45	0.60	0.75											
增收电费	实际功率因数	0.89	0.88	0.87	0.86	0.85	0.84	0.83	0.82	0.81	0.80	0.79	0.78	0.77	0.76	0.75	0.74	0.73
	月电费增加（%）	0.5	1.0	1.5	2.0	2.5	3.0	3.5	4.0	4.5	5.0	5.5	6.0	6.5	7.0	7.5	8.0	8.5
减收电费	实际功率因数																	
	月电费减少（%）																	
增收电费	实际功率因数	0.72	0.71	0.70	0.69	0.68	0.67	0.66	0.65	功率因数自 0.64 以下，每降低 0.01 电费增加 2%								
	月电费增加（%）	9.0	9.5	10.0	11.0	12.0	13.0	14.0	15.0									

二、以 0.85 为标准值的功功率因数调整电费表

减收电费	实际功率因数	0.85	0.86	0.87	0.88	0.89	0.90	0.91	0.92	0.93	0.9～1.00							
	月电费减少（%）	0.0	0.1	0.2	0.3	0.4	0.5	0.65	0.80	0.95	1.10							
增收电费	实际功率因数	0.84	0.83	0.82	0.81	0.80	0.79	0.78	0.77	0.76	0.75	0.74	0.73	0.72	0.71	0.70	0.69	0.68
	月电费增加（%）	0.5	1.0	1.5	2.0	2.5	3.0	3.5	4.0	4.5	5.0	5.5	6.0	6.5	7.0	7.5	8.0	8.5
减收电费	实际功率因数																	
	月电费减少（%）																	
增收电费	实际功率因数	0.67	0.66	0.65	0.64	0.63	0.62	0.61	0.60	功率因数自 0.59 以下，每降低 0.01 电费增加 2%								
	月电费增加（%）	9.0	9.5	10.0	11.0	12.0	13.0	14.0	15.0									

三、以 0.80 为标准值的功功率因数调整电费表

减收电费	实际功率因数	0.8	0.81	0.82	0.83	0.84	0.85	0.86	0.87	0.88	0.89	0.90	0.91	0.9～1.00				
	月电费减少（%）	0.0	0.1	0.2	0.3	0.4	0.5	0.6	0.7	0.8	0.9	1.0	1.15	1.30				
增收电费	实际功率因数	0.79	0.78	0.77	0.76	0.75	0.74	0.73	0.72	0.71	0.70	0.69	0.68	0.67	0.66	0.65	0.64	0.63
	月电费增加（%）	0.5	1.0	1.5	2.0	2.5	3.0	3.5	4.0	4.5	5.0	5.5	6.0	6.5	7.0	7.5	8.0	8.5
减收电费	实际功率因数																	
	月电费减少（%）																	
减收电费	实际功率因数	0.62	0.61	0.60	0.59	0.58	0.57	0.56	0.55	功率因数自 0.54 以下，每降低 0.01 电费增加 2%								
	月电费增加（%）	9.0	9.5	10.0	11.0	12.0	13.0	14.0	15.0									

附件3：

新表损（二班次）

容量	用电量	铁损	铜损	无功损失	班次	容量	用电量	铁损	铜损	无功损失	班次
30	2000	108	15	1535	2	200	16000	389	65	5194	2
30	5000	108	61	1604	2	200	33000	389	261	5654	2
30	7000	108	138	1719	2	200	49000	389	588	6422	2
30	10000	108	246	1881	2	200	65000	389	1044	7498	2
30	12000	108	384	2088	2	200	82000	389	1632	8880	2
50	4000	137	22	2198	2	250	20000	461	77	5952	2
50	8000	137	88	2314	2	250	41000	461	307	6528	2
50	12000	137	199	2506	2	250	61000	461	691	7488	2
50	16000	137	353	2774	2	250	82000	461	1229	8832	2
50	20000	137	552	3120	2	250	102000	461	1920	10560	2
63	5000	158	27	2316	2	315	26000	547	92	7500	2
63	10000	158	108	2462	2	315	51000	547	369	8226	2
63	15000	158	242	2703	2	315	77000	547	829	9435	2
63	21000	158	430	3042	2	315	103000	547	1475	11129	2
63	26000	158	672	3478	2	315	129000	547	2304	13306	2
80	7000	194	32	2768	2	400	33000	662	111	9523	2
80	13000	194	127	2953	2	400	65000	662	445	10445	2
80	20000	194	285	3260	2	400	98000	662	1002	11981	2
80	26000	194	507	3690	2	400	131000	662	1782	14131	2
80	33000	194	792	4243	2	400	163000	662	2784	16896	2
100	8000	230	38	3101	2	500	41000	778	132	11904	2
100	16000	230	154	3331	2	500	82000	778	530	13056	2
100	24000	230	346	3715	2	500	122000	778	1192	14976	2
100	33000	230	614	4253	2	500	163000	778	2120	17664	2
100	41000	230	960	4944	2	500	204000	778	3312	21120	2
125	10000	266	47	3696	2	630	51000	936	156	14152	2
125	20000	266	188	3884	2	630	103000	936	662	15785	2
125	31000	266	423	4464	2	630	154000	936	1400	18507	2
125	41000	266	753	5136	2	630	200000	936	2488	22317	2
125	51000	266	1176	6000	2	630	257000	936	3888	27216	2
160	13000	331	55	4155	2	800	65000	1109	190	15091	2
160	26000	331	219	4524	2	800	131000	1109	760	17165	2
160	39000	331	492	5138	2	800	196000	1109	1711	20621	2
160	52000	331	876	5998	2	800	261000	1109	3041	25459	2
160	65000	331	1368	7104	2	800	326000	1109	4752	31680	2

续表

容量	用电量	铁损	铜损	无功损失	班次	容量	用电量	铁损	铜损	无功损失	班次
1000	82000	1296	223	18864	2	2500	816000	2628	7066	81840	2
1000	163000	1296	891	21456	2	2500	1020000	2628	11040	105600	2
1000	245000	1296	2004	25776	2	3150	257000	3168	518	53222	2
1000	326000	1296	3564	31824	2	3150	514000	3168	2074	63202	2
1000	408000	1296	5568	39600	2	3150	771000	3168	4666	79834	2
1250	102000	1584	256	23580	2	3150	1028000	3168	8294	103118	2
1250	204000	1584	1060	26820	2	3150	1285000	3168	12960	133056	2
1250	306000	1584	2385	32220	2	4000	326000	3816	614	67584	2
1250	408000	1584	4239	39780	2	4000	653000	3816	2458	80256	2
1250	510000	1584	6624	49500	2	4000	979000	3816	5530	101376	2
1600	131000	1908	317	30182	2	4000	1306000	3816	9830	130944	2
1600	261000	1908	1267	34330	2	4000	1632000	3816	15360	168960	2
1600	392000	1908	2851	41242	2	5000	408000	4608	705	77280	2
1600	522000	1908	5069	50918	2	5000	816000	4608	2819	93120	2
1600	653000	1908	7920	63360	2	5000	1224000	4608	6342	119520	2
2000	163000	2232	380	38112	2	5000	1632000	4608	11274	156480	2
2000	326000	2232	1521	44448	2	5000	2040000	4608	17616	204000	2
2000	490000	2232	3421	55008	2	6300	514000	5400	787	97373	2
2000	653000	2232	6083	69792	2	6300	1028000	5400	3149	117331	2
2000	816000	2232	9504	88800	2	6300	1542000	5400	7085	150595	2
2500	204000	2628	442	42240	2	6300	2056000	5400	12595	197165	2
2500	408000	2628	1766	50160	2	6300	2570000	5400	19680	257040	2
2500	612000	2628	3974	63360	2						

新表损（三班次）

容量	用电量	铁损	铜损	无功损失	班次	容量	用电量	铁损	铜损	无功损失	班次
30	4000	108	23	1547	3	63	15000	158	161	2558	3
30	7000	108	92	1650	3	63	23000	158	363	2921	3
30	11000	108	207	1823	3	63	31000	158	645	3429	3
30	15000	108	369	2065	3	63	39000	158	1008	4082	3
30	18000	108	576	2376	3	80	10000	194	48	2799	3
50	8000	137	33	2218	3	80	20000	194	190	3076	3
50	12000	137	132	2390	3	80	29000	194	428	3536	3
50	18000	137	298	2678	3	80	39000	194	760	4182	3
50	24000	137	530	3082	3	80	49000	194	1188	5011	3
50	31000	137	828	3600	3	100	12000	230	58	3139	3
63	8000	158	40	2341	3	100	24000	230	230	3485	3

续表

容量	用电量	铁损	铜损	无功损失	班次	容量	用电量	铁损	铜损	无功损失	班次
100	37000	230	518	4061	3	500	306000	778	4968	25920	3
100	49000	230	922	4867	3	630	77000	936	233	14424	3
100	61000	230	1440	5904	3	630	154000	936	933	16874	3
125	15000	266	71	3744	3	630	231000	936	2100	20956	3
125	31000	266	282	4176	3	630	308000	936	3732	26672	3
125	46000	266	635	4896	3	630	386000	936	5832	34020	3
125	61000	266	1129	5904	3	800	98000	1109	285	15437	3
125	77000	266	1764	7200	3	800	196000	1109	1140	18547	3
160	20000	331	82	4216	3	800	294000	1109	2566	23731	3
160	39000	331	328	4769	3	800	392000	1109	4562	30989	3
160	59000	331	739	5691	3	800	490000	1109	7128	40320	3
160	78000	331	1313	6981	3	1000	122000	1296	334	19296	3
160	98000	331	2052	8640	3	1000	245000	1296	1336	23184	3
200	24000	389	98	5270	3	1000	367000	1296	3007	29664	3
200	49000	389	392	5962	3	1000	490000	1296	5345	38736	3
200	73000	389	881	7114	3	1000	612000	1296	8352	50400	3
200	98000	389	1567	8726	3	1250	153000	1584	397	24120	3
200	122000	389	2448	10800	3	1250	306000	1584	1590	28980	3
250	31000	461	115	6048	3	1250	459000	1584	3577	37080	3
250	61000	461	461	6912	3	1250	612000	1584	6359	48420	3
250	92000	461	1037	8352	3	1250	765000	1584	9936	63000	3
250	122000	461	1843	10368	3	1600	196000	1908	475	30874	3
250	153000	461	2880	12960	3	1600	392000	1908	1901	37094	3
315	39000	547	138	7621	3	1600	588000	1908	4277	47462	3
315	77000	547	553	8710	3	1600	783000	1908	7603	61978	3
315	116000	547	1244	10524	3	1600	979000	1908	11880	80640	3
315	154000	547	2212	13064	3	2000	245000	2232	570	39168	3
315	193000	547	3456	16330	3	2000	490000	2232	2281	48672	3
400	49000	662	167	9677	3	2000	734000	2232	5132	64512	3
400	98000	662	668	11059	3	2000	979000	2232	9124	86688	3
400	147000	662	1503	13363	3	2000	1224000	2232	14256	115200	3
400	196000	662	2673	16589	3	2500	306000	2628	662	43560	3
400	245000	662	4176	20736	3	2500	612000	2628	2650	55440	3
500	61000	778	199	12096	3	2500	918000	2628	5962	75240	3
500	122000	778	795	13824	3	2500	1224000	2628	10598	102960	3
500	184000	778	1788	16704	3	2500	1530000	2628	16560	138600	3
500	245000	778	3180	20736	3	3150	386000	3168	778	54886	3

续表

容量	用电量	铁损	铜损	无功损失	班次	容量	用电量	铁损	铜损	无功损失	班次
3150	771000	3168	3110	69854	3	5000	1224000	4608	4228	103680	3
3150	1157000	3168	6998	94802	3	5000	1836000	4608	9513	143280	3
3150	1542000	3168	12442	129730	3	5000	2448000	4608	16900	198720	3
3150	1928000	3168	19440	174636	3	5000	3060000	4608	26424	270000	3
4000	490000	3816	922	69696	3	6300	771000	5400	1181	100699	3
4000	979000	3816	3686	88704	3	6300	1542000	5400	4723	130637	3
4000	1469000	3816	8294	120384	3	6300	2313000	5400	10627	180533	3
4000	1958000	3816	14746	164736	3	6300	3084000	5400	18893	250387	3
4000	2448000	3816	23040	221760	3	6300	3856000	5400	29520	340200	3
5000	612000	4608	1057	79920	3						

【思考与练习】

1. 变损及线损电量分摊原则有哪些？
2. 复杂电费计算时应注意哪些问题？

第十二章　高压客户电费复核

第一节　高压客户计费档案审核

【概述】

本节重点介绍高压客户计费档案的审核及政策依据等内容。

【课时】

5课时。

【适用等级】

Ⅲ级。

【正文】

一、审核规则

（1）审核电费结算方式，只能为抄表结算。

（2）审核客户分类，应为高压。

（3）审核供电电压，为交流6kV、交流10kV、交流35kV、交流110kV、交流220kV，与PT一次侧电压一致。

（4）审核临时用电标志，属于临时用电的对应计量点电价应全部是非工业电价。

（5）审核转供标志，分为无转供户、转供户、被转供户。存在转供关系的客户，转供标志相应为转供户、被转供户时，计算转供户基本电费时相应扣减被转供户容量或按被转供电量/生产班次扣减需量。

（6）审核生产班次，分为单班、两班、三班，空默认为“单班”。存在转供关系时，转供户最大需量按被转供户当月电量/生产班次扣减；按标准表查变损时，变损编号根据生产班次和变压器容量生成。

（7）审核电源方案的运行方式。在基本电费计算方式为按需量时，当运行方式为“常用互为备用”个数不大于1时，最大需量取所有电源中的最大值；当运行方式为常用，互为备用个数大于1时，最大需量取所有电源的需量值之和。

（8）审核定价策略类型，与目录电价相对应。电价策略为两部制，对应的计量点电价应包含除公用电厂电价外的大工业电价；电价策略为单一制，计量点电价应不包含除公用电厂电价外的大工业电价。

（9）审核基本电费计算方式，应与定价策略类型相对应。定价策略为两部制，基本电费计算方式应为按容量或合约需量或按容需对比（需量）；定价策略为单一制，基本电费计算方式应为不计算。

二、基本费计收的相关政策

两部制电力用户可自愿选择按变压器容量或合约最大需量缴纳电费，也可选择按实际最大需量缴纳电费。电力用户因包括政府行为在内的不可抗力因素造成停产时，在停产期间免收基本电费。

变压器容量在315kV·A及以上的单一制工商业及其他用户可选择执行两部制电价，并执行两部分制电价的相关政策。

（一）按变压器容量计算基本电费

（1）凡不通过受电变压器接用的高压电动机（千瓦视同千伏安）也应计算基本电费。

（2）电力客户申请暂停用电必须是整台或整组变压器停止运行，每一日历年内累计不超过6个月，超过6个月的可由客户申请办理减容。超过6个月且未申请办理暂停恢复或减容的，超过天数需缴纳基本电费。

（3）在暂停期限内，客户申请恢复暂停用电容量用电时，须在预定恢复日前5d向供电企业提出申请。申请暂停时间每次应不少于15d。

（4）对备用的变压器（含高压电动机），属于冷备状态并经供电企业加封的，不收基本电费；属于热备状态或未经加封的，无论使用与否都计收基本电费。客户专为调整用电功率因数的设备，如电容器、调相机等，不计收基本电费。

（5）在受电装置一次侧装有联锁装置互为备用的变压器（含高压电动机），按可能同时使用的变压器（含高压电动机）容量之和的最大值计算其基本电费。

（6）备用变压器已经供电部门封停或装有闭锁装置，不可能发生变压器同时投运的，则基本电费按可能同时使用的变压器容量之和的最大值计算其基本电费。

（7）基本电费以自然月计算，但新装、增容、变更与终止用电当月的基本电费，按实用天数计算，每日为全月基本电费的1/30；事故停电、检修停电、计划限电不扣减基本电费。

一般情况下，基本电费＝变压器容量×基本电价。

用电变更后容量发生改变时，基本电费＝[原容量×变更前变压器实际运行天数]/30×基本电价＋[变更后剩余容量×变更后变压器实际运行天数]/30×基本电价。

其中：①变更时基本电费按每台变压器分别进行计算。②变压器停止运行当天不计收基本电费，变压器恢复运行当天计收基本电费，即“启算停不算”。③按变压器实际运行天数进行容量计算时，如有小数，计算基本电费时将变压器容量保留两位小数。

（8）如转供户按容量计算基本电费，需按合同约定的方式进行扣减。

（二）按最大需量计算基本电费

（1）对有两路及以上进线的客户，各路进线应分别计算最大需量。在分别计算需量时，如因电业部门有计划的检修或其他原因而造成客户倒用线路而增加的最大需量，其增大部分可在计算客户当月最大需量时合理扣除。

（2）按最大需量计算基本电费的客户，凡有不通过专用变压器接用的高压电动机，其最大需量应包括该高压电动机的容量。客户申请最大需量，包括不通过变压器接用的高压电动机容量，低于按变压器容量（千伏安视同千瓦）和高压电动机容量总和的40%时，则按容量总和（不含已办理减容、暂停业务的容量）的40%核定最大需量。由于电网负荷紧张，电网企业限制客户的最大需量低于容量的40%时，按实际比例核定最大需量。对2017年6月1日后新并网且采取需量方式计收基本电费的电气化铁路牵引用电，在新开线路联调联试期间，允许最大需量核定值由铁路企业根据实际需求申报，不受变压器与高压电动机容量总和40%的最低限制。新开线路联调联试期由双方协商并在供用电合同或补充协议中明确，最长不超过5个月。

(3) 基本电价按合约最大需量计费的客户应和电网企业签订合同，按合同确定值计收基本电费，如果客户实际最大需量超过核定值5%，超过5%部分的基本电费加一倍收取。

实际抄见最大需量小于等于核定值1.05倍的：基本电费＝核定值×基本电价；

实际抄见最大需量大于核定值1.05倍的：基本电费＝核定值×基本电价＋(抄见最大需量－核定值×1.05)×基本电价×2。

(4) 选择实际最大需量方式的，抄见最大需量值低于变压器容量和不通过变压器接入的高压电动机容量总和的40%时，按容量总和的40%计收；抄见最大需量值超过容量总和40%的，按实际抄见最大需量值计收。

(5) 双路电源供电的客户按需量计算基本电费时，如果是双路常供，基本电费需要按照两个需量表分别计算，各路按照单路供电需量计算基本电费的原则进行计算，客户上报两路各自的核准值。如果是一路常用、一路备用，基本电费按照需量值最大的计算。

(6) 在计算转供户用电量、最大需量及功率因数调整电费时，应扣除被转供户、公用线路与变压器消耗的有功、无功电量。

最大需量按下列规定折算：

①照明及一班制：每月用电量180kW·h，折合为1kW；

②二班制：每月用电量360kW·h，折合为1kW；

③三班制：每月用电量540kW·h，折合为1kW；

④农业用电：每月用电量270kW·h，折合为1kW。

如转供户为按最大需量计算基本电费，需将被转供户电量折算成最大需量扣除。

(三) 业务规则

(1) 对于影响基本电费计算的业务变更（如增容、减容、减容恢复、暂停、暂停恢复、改类等），如基本电费计算方式发生变化（如容量变需量、需量变容量、单一制变两部制、两部制变单一制、合约最大需量变实际最大需量、实际最大需量变合约最大需量），变更前后分别按各自计算方式以实际使用天数进行计算。

(2) 对于分次结算的客户，每月最后一次结算时，计算其全月基本电费。

(3) 对同一客户下存在两种及以上基本电价的，按照不同用电量比例分摊计费容量(需量)。

(4) 基本电价按变压器容量、合约最大需量或实际最大需量计费，由电力客户自行选择。基本电价计费方式变更周期为不少于90d变更，电力客户可在电网企业下一月抄表之日前15个工作日，向当地电网企业申请变更基本电价计费方式。

(5) 电力客户选择按合约最大需量方式计收基本电费的，应与电网企业签订合同，并按合同最大需量计收基本电费。合同最大需量核定值按月变更，电力客户可提前5个工作日向电网企业申请变更下一个月（抄表周期）的合同最大需量核定值。

（6）电力客户（含新装和增容客户）可根据用电需求变化情况，提前5个工作日向当地电网企业申请办理减容、暂停、减容恢复、暂停恢复用电，自客户申请的起始日期对设备进行加（启）封。

（7）电力客户申请减容必须是整台或整组变压器的停止或更换小容量变压器用电，减容期限不受时间限制。电力客户减容两年内恢复或部分恢复的，按减容恢复办理。减容超过两年如需再增加用电容量按新装或增容办理。

（8）电网企业对电力客户减容（暂停）设备，自设备加封之日起，减容（暂停）部分免收基本电费。减容（暂停）后容量达不到实施两部制电价规定容量标准的，应改按相应用电类别单一制电价计费，并执行相应的分类电价标准。减容（暂停）恢复用电后，其用电容量达到实施两部制电价规定容量标准的，应改按两部制电价标准和政策执行。

（9）执行合约最大需量计费方式的电力客户减容（暂停）后，合同最大需量按照减容（暂停）后的总容量申报。因电网企业有计划的检修或其他原因造成客户倒用线路而增大的最大需量在计算客户当月最大需量时扣除。

（10）电力客户因不可抗力因素造成停产，在停产期间免收基本电费，客户应及时告知供电企业。

（11）客户暂换（因受电变压器故障而无相同容量变压器替代，需要临时更换大容量变压器）必须在原受电地点内整台暂换受电变压器；暂换变压器增加的容量，对两部制电价客户须自暂换之日起，按替换后的变压器容量计收基本电费。

（12）客户变压器正常运行负荷超过变压器铭牌额定负荷5%及以上者，超过部分按增容计算并办理增容手续。不办理手续者，按私增容量处理。

（13）审核需量核定值。基本电费计算方式为按合约最大需量时，核定需量不得为空，不得小于客户变压器容量和高压电动机容量总和的40%。

（14）审核功率因数考核方式。功率因数考核方式为标准考核，则客户电价至少有一个执行考核；合同容量小于100kV·A，功率因数考核方式应为不考核；根据电网的具体情况，对不需增设补偿设备，用电功率因数就能达到规定的客户，或离电源点较近、电压质量较好、无须进一步提高用电功率因数的客户，经省、市、自治区电力局批准，并报电网管理局备案，降低功率因数标准值或不实行功率因数调整电费办法，对应的功率因数考核方式为只罚不奖或不考核。

（15）审核功率因数考核标准。审核合同容量小于100kV·A的客户为不考核对象，审核居民、非居民电价、地方小火电电价为不考核，100kW及以上客户依据《功率因数调电费办法》审核。

①功率因数标准0.90，适用于160kV·A以上的高压供电工业用客户，装有带负荷调整电压装置的高压供电电力用客户和3200kV·A及以上的高压供电电力排灌站。

②功率因数标准0.85，适用于100kV·A（kW）及以上的其他工业用客户（包括社队工业客户）、100kV·A（kW）及以上的非工业用客户（包括社队工业用客户）和100kV·A（kW）及以上的电力排灌站。

③功率因数标准0.80，适用于100kV·A（kW）及以上的农业用客户。

④根据电网的具体情况，对不需增设补偿设备，用电功率因数就能达到规定的客户，或离电源点较近、电压质量较好、无须进一步提高用电功率因数的客户，可以降低功率因数标准值或不实行功率因数调整电费办法，但须经省、市、自治区电力局批准，并报电网管理局

备案。

(16) 审核执行电价。与用电类别、供电电压、电价行业类别、合同容量相对应。审核不满100kV·A非普工业客户，应选相应电压等级的非普（不执行尖峰）电价；审核临时用电客户计量点电价应全部是非工业电价。

相关政策：

①尖峰电价实行范围：大工业客客户和受电变压器容量在100kV·A及以上的非普工业客客户。

②“双蓄”低谷电价实行范围：“双蓄”客户是指利用电网的低谷时段，实施电蓄热采暖及电蓄冰制冷的客户。

(17) 审核是否执行峰谷标志。审核农业电价应为不执行峰谷电价；审核其他电价是否符合峰谷电价的相关政策。

峰谷电价的相关政策：

①暂不实行峰谷电价的客户范围：

a. 铁路、行政机关、学校（不含校办工商企业）、部队（含武警）、监狱（含劳教所、看守所，不含生产经营企业）、医院、城乡供水（供热、供气）、城乡路灯和农业生产用电（自愿选择实行峰谷分时电价的单一制工商业及其他户、直接抄表到户的居民客户以及城乡居民住宅小区公用附属设施用电除外）。

其中，城乡供气用电，指煤气、天然气的输送、供应等用电。

b. 广播电视站无线发射台（站）、转播台（站）、差转台（站）、监测台（站）（自愿选择实行峰谷分时电价的单一制工商业及其他户除外）。

c. 商场（含商业综合体）、超市、餐饮店（馆）和宾馆客户（自愿选择实行峰谷分时电价的客户除外）。

d. 发电企业机组启动、调试阶段的购电价格按照大工业平段电度电价标准执行。

e. 农产品批发市场、农贸市场、农产品冷链物流的冷库用电（自愿选择实行峰谷分时电价的客户除外）。

②居民峰谷分时电价的执行由客户自愿选择，执行时间以年度为周期，且不得少于一年。居民峰谷分时电价执行范围为直接抄表到户的居民客户（含执行居民电价的非居民客户、不含多户居民客户合用一块电表的），以及城乡居民住宅小区公用附属设施用电（不包括从事生产、经营活动用电）。

③未执行峰谷分时电价的单一制工商业及其他用户，可选择执行峰谷分时电价，选择后执行时间不得少于一年。

(18) 审核计量方式。计量装置含电压互感器，应为高供高计；计量装置不含电压互感器，应为高供低计。

(19) 审核变损算法标志。计量方式为“高供高计”时，变损算法标志应为“不计算”；计量方式为“高供低计”时，变损算法标志应为“按标准表”。

(20) 审核变损分摊标志。变损算法标志为“不计算”时，变损分摊标志应为“否”；变损算法标志为“按标准表”时，变损分摊标志应为“是”。

(21) 审核变损计费标志。变损算法标志为“不计算”时，变损计费标志应为“否”；变损算法标志为“按标准表”时，主表及下级计量点的居民（合表）电价选“否”，高供低计农村一般工商业及其他类的专用变压器客户执行“农村非居民（商业、非普）＋供电电压等级”电价且不计变压器损失电量，变损计费标志应为“否”，其他电价应选“是”。

（22）审核线损计算方式。专线客户计量装置未安装在产权分界处的，线损计算方式一般为“按定比”，按电量×线损计算值计算线损电量；其他选“不计算”。

（23）审核线损分摊标志。专线客户计量装置未安装在产权分界处的，线损计算方式为“按定比”时，主表及下级计量点的居民（合表）电价选“否”，其他电价选“是”。

（24）审核线损计费标志。城网高低压客户均为“否”；专线客户线损计费标志为“是”时，主表及下级计量点的居民（合表）电价选“否”，其他电价选“是”。

（25）审核计量点性质，应为结算。

（26）审核电量计算方式。计算方式分为实抄（装表计量）、定比、定量。

（27）审核计量点级数。电量计算方式为定比时，计量点级数不得为1级且必须有上级计量点。定比或定量计量点，不允许再出现下一级定比、定量计量点。

（28）审核定量定比值。电量计算方式为定量时，定量定比值为大于0的整数值，可作为主表的分表抄见电量，也可作为无表客户的约定抄见电量；电量计算方式为定比时，定量定比值为大于0且小于1。

（29）审核定比扣减标志。客户同一主计费表下存在实分表、定比和定量三种计量点。对于同时存在定量和定比的客户，如果定量计量点的定比扣减标志为“是”，计算时先扣减定量再定比；如果定量计量点的定比扣减标志为“否”，定比不扣减定量值。

（30）审核电能表信息是否参考表，应为否。

（31）审核综合倍率＝互感器电流变比×互感器电压变比，电流变比为空时，倍率为1。

（32）审核互感器电压变比。如安装电压互感器，则互感器电压变比为供电电压/100。

（33）审核示数类型。所有客户的示数类型应包括有功（总）；考核功率因数客户，示数类型应包括无功（总）；居民执行峰谷分时电价客户，示数类型应包括有功（谷）；其他执行峰谷分时电价客户，示数类型应包括有功（峰）、有功（谷）；按最大需量计收基本电费的客户的示数类型应包括最大需量。

（34）审核电能表装拆示数。审核本次示数应大于等于上次示数，抄见电量与上次抄见电量相比不为超大电量。

（35）审核铭牌容量、首次运行日期、主备性质、运行状态、启用日期、停用日期、计划恢复日期。按容量收基本费的用户，当月无变更的情况下，计费容量为运行状态为“运行”、主备性质为“主用”的变压器铭牌容量；当月有新装、增容、暂停、减容、销户时，计费容量依据铭牌容量、运行状态、主备性质、首次运行日期、实际启用日期（实际停用日期）计算。暂停超过6个月且未申请办理暂停恢复或减容的，自计划恢复日期起计收基本电费。

（36）审核变损算法标志。计量方式为“高供高计”时，变损算法标志应为“不计算”；计量方式为“高供低计”时，变损算法标志应为“按标准表”。

（37）审核变损编号。与生产班次、设备型号、铭牌容量对应，前三位对应生产班次、设备型号（001单班S1，002两班S2，003三班S3，999老型号变压器其他），后三位为铭牌容量，变损电量从变损编号查表得出。

（38）基本电费计算方式变更。变更当月以变更工单中客户工程页面的送（停）电时间为节点计收基本费。

【思考与练习】

1. 结合工作实际举例分析高压新装两部制客户应审核哪些计费信息？

2. 结合工作实际举例分析减容、暂停、减容恢复、暂停恢复客户应审核哪些计费信息？

第二节　高压客户电量电费审核

【概述】

本节重点介绍高压客户电量电费的审核条件。

【课时】

2 课时。

【适用等级】

Ⅲ级。

【正文】

审核规则

（1）电量环比波动绝对值超过 500 千瓦时；

（2）电量同比波动超过±15%，且电量环比波动超过±15%；

（3）本月抄见电量为零的专变客户；

（4）有抄见电量、变压器全部停用的客户；

（5）需量计算基本费的客户，需量为 0，有功总需量不为 0；

（6）农业排灌大电量异常筛查（用电类别是农业排灌/贫困县农业排灌用电的客户，在 12、1、2、3 月结算电量大于 30000kW·h）；

（7）存在档案校验异常客户；

（8）抄表段抄表方式为远采集抄，但实际抄表方式不是远采集抄的客户；

（9）实际功率因数值与上月差值的绝对值超过 0.05 的客户；

（10）无功特别大调整系数为 0 的客户；

（11）0＜实际功率因数≤0.65 的客户；

（12）当月用电变更客户；

（13）无流程容量基本费有变化：基本电费与上月比有变化，但当月无相应新装、增容、暂停、减容、恢复等影响基本费变化的工单；

（14）需量客户超容校验：有功（总）电量＞抄见最大需量×倍率×24h×运行天数；

（15）总电量超容：有功总电量＞受电设备运行容量×24h×运行天数；

（16）谷段超容：谷段电量＞受电设备运行容量×8h×运行天数；

（17）没有抄见电量、只有基本电费的客户；

（18）有抄见电量无基本费的客户。

【思考与练习】

高压客户电费审核要点有哪些?

第三节　各类异常计算信息修改及处理

【概述】

本节重点介绍各类异常计算信息的修改及处理。

【课时】

1课时。

【适用等级】

Ⅲ级。

【正文】

根据要求，电费核算人员应对涉及电费计算的电价、功率因数、峰谷、基本电费等计费信息的正确性进行检查，并对新装用电客户、用电变更客户、电价政策调整客户、退补电量电费客户等进行重点复核，发现电费计算中存在的问题，找出原因并进行相应的处理。

一、错误计算信息的判断

1. 基本电费错误

计算起止日与实际不符、变压器客户计算容量与档案容量不一致、与电价政策不符等。

2. 计量类的错误计算信息

综合倍率错误、换表电量异常、计量故障造成电量异常、表计失窃、接线错误等。

3. 电价类的错误计算信息

电价政策执行错误、行业分类错误、电价与行业分类不对应、功率因数标准错误、执行峰谷电价错误等。

4. 其他原因

档案信息与现场信息不一致、营销业务应用系统中信息错误、抄表错误等。

二、错误计算信息的处理

更正错误信息，并根据不同的错误情况采用对应的方法进行处理：

1. 基本电费错误的处理

当客户的基本电费计算发生错误时，主要影响客户的基本电费、功率因数调整电费。结合实际情况计算需要退补的基本电费、功率因数调整电费，在电力营销业务应用系统中发起电量电费退补流程，经审核、审批后完成电量电费的退补工作。

2. 计量错误的处理

计量错误主要影响客户的的电度电费、功率因数调整电费。根据不同的计量错误类型，按照《供电营业规则》相关条款的规定，确定需要退补的电量、电度电费、功率因数调整电费，经审核、审批确认后在营销业务应用系统中完成电量电费的退补工作。

3. 电价错误的处理

电价错误会影响客户的基本电费、电度电费、功率因数调整电费。针对不同的错误类型，经调查、审批、确认后更正错误信息，计算需量退补的电费，在营销业务应用系统中完成电量电费的退补工作。

4. 其他错误的处理

对档案信息错误的情况可以经调查、审批、确认后更正信息，并在营销业务应用系统中进行电量电费的退补。对抄表错误的情况可以在营销业务应用系统中进行工单拆分，按要求进行数据更正的工作。其他的情况经审核、审批确认后计算需要退补的电量电费，在营销业务应用系统中进行电量电费的退补。

【思考与练习】

1. 基本电费错误的可能原因有哪些？
2. 如何处理电价错误？

第四节　高压客户退补电费审核

【概述】

本节重点介绍各高压客户退补电费审核。

【课时】

2 课时。

【适用等级】

Ⅲ级。

【正文】

一、相关名词解释

“退补差错分类”造成退补电量电费的原因类别包括：“无差错”“档案管理差错”“客户服务处理差错”“业扩报装差错”“抄表差错”“计费差错”“收费差错”“计量差错”“现场检查处理差错”“综合差错”等。

“差错原因”导致计算电量电费错误的原因包括：“止码错误”“表计异常”“表计倍率错误”“用电类别错误”“旧表止码错误”等。

“差错发生日期”是发生差错的具体日期。

“差错说明”是本次造成退补申请的差错说明，内容是造成本次差错的原因、差错时间、退补依据、发生经过、具体退补内容（电量、电价、电费、退补止度）等。

二、流程说明

（1）退补流程分为电费退补与计量退补，主要区别在于退补审批部门不同。电费退补由电费核算员制订退补方案，经过电费审批环节；计量退补由计量专业相关人员制订退补方案，经过计量审批环节。两种退补的退补发行环节都由电费核算员完成。

（2）退补申请中差错原因的选择决定流程是电费退补或计量退补。由于表示数抄错、计费信息、工单跨核算周期、功率因数异常、基本费异常等引起的电费差错发起电费退补，在申请时差错原因根据具体情况选：止码错误、旧表止码错误、用电类别错误的任何一种，进行电费退补。由于表计量异常，例如表丢、表烧坏等，计量环节未正确录入拆表（虚拆）示数；失压、断相、表计倍率错误引起的电量差错发起计量退补，在申请时差错原因根据具体情况选：表计异常、表计倍率错误、计量故障的任何一种，走计量退补，退补申请原因如图 5-12-1所示。

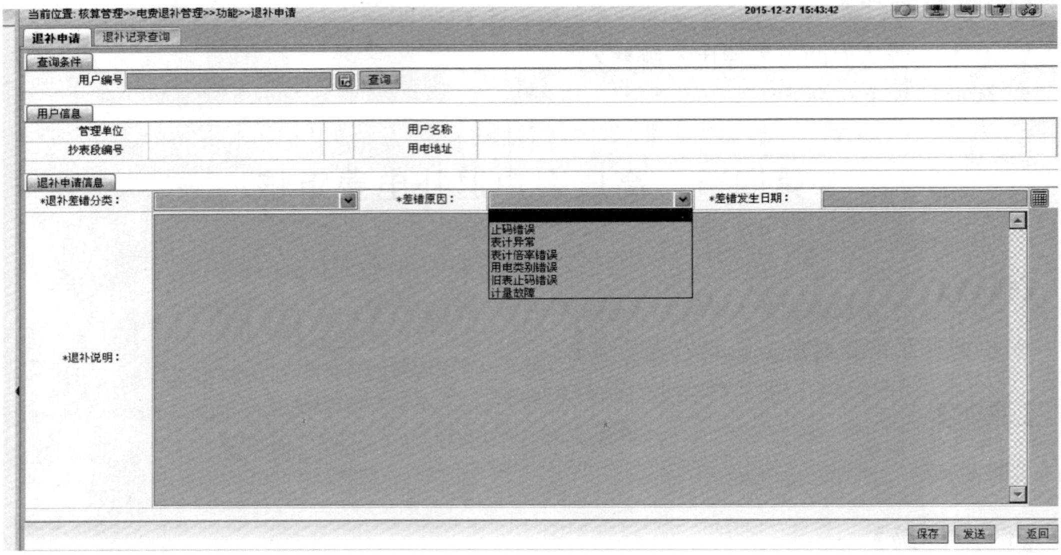

图 5-12-1　退补申请原因

（3）退补流程不允许通过工单终止的形式来结束工单。只能通过“不处理”来进行“间接”终止，而且只有退补发行环节配置了回退环节。此环节如果想终止，则通过回退，然后“不处理”来解决。

三、退补处理分类标志

退补处理分类标志分为全减另发、退补电量、退补电费（合并出账）、退补电费（立即出账）。

1. 全减另发

当月电费发行后未关账的情况下可以走全减另发，全减另发是把最后一笔已发行的电费全部冲掉，需要注意全减的电费是否已经发行出去，即在已发行台账中是否可以查询得到，要等发行后才可以全减另发，否则有可能会将上月的电费全减。对于隔月全减另发的操作，应该慎用。

全减另发操作可看成两个操作部分：全减和另发。全减和另发无论电量、电费多少，直到二级审批结束。退补发行完毕后，即表示全减结束。然后即会触发一个抄表算费的流程，即为另发工单，触发至抄表数据复核环节，抄表员更正示数后传到电费计算环节，电费核算员根据抄表员更正的示数或更正的电价重新计算电费发行。

对于具有转供关系的客户不允许全减另发。对于分次抄表的客户不允许全减另发，在退补发行环节会有限制。在账务有在途锁定、票据锁定等一系列锁定操作时，不允许进行全减另发。

2. 退补电量

退补电量要随正常抄表算费流程中的电费计算环节一起计算才能退补，退补的各时段电量都要小于当月抄见电量，否则下月再退，直到退清为止。需要注意在非尖峰电价执行月份时尖峰电量要合到峰段电量里。如果退补电量是在点“计算”按钮之后发行的，就需要回退到电费计算环节重新计算。如果电费已经发行，就需要全减另发才可以将退补电量参与到当月计算中，否则将合并到下个月一起计算。

3. 退补电费

退补电费分为合并出账、立即出账。合并出账是将此笔电费经过下次正常抄表算费流程中的电费计算环节，与下次电费一起发行。例：如 2016 年 8 月抄表算费流程已发起但未发行，可经过电费计算环节计算后，退补电费合并到 2016 年 8 月发行；如 2016 年 8 月正常电费已发行，退补流程才走完，则合到下月即 2016 年 9 月的电费。立即出账与正常电费发行没有任何关系，退补发行操作就相当于电费发行操作，退补流程走完，立即产生应收。

注意事项：

（1）有转供关系的客户在退补电费时要选择立即出账。

（2）抄表员可根据实际情况选择出账方式，在申请时注明。

（3）追退在选择退补电费时，对于不执行尖峰电价月份时退补的尖峰电量要合并在峰段电量上，对于执行尖峰电价月份时退补的尖峰电量要放在尖峰时段上。

（4）电费退补时，核算员在退补核算审核环节应根据退补申请内容制订退补方案，正确选择电价版本及电价信息，根据需要修改退补止度，电价选择方式分为当前档案、电费台账、电价表，根据实际情况进行选择。计量退补时，核算员在退补发行环节，应注意审核发行电费、电量要与申请内容一致，电价版本、电价信息、退补止度正确。

四、电费退补流程审批权限

（1）市公司客户电费退补流程如表 5-12-1 所示。

表 5-12-1　市公司客户电费退补流程

流程环节	处理部门	审批权限	
		电量	电费
退补申请	市公司电费抄收班		
退补审批［一级］	市公司抄收专责		
退补核算审核	市公司营业电费室电费核算班		
退补核算主管审核	市公司核算专责		

续表

流程环节	处理部门	审批权限	
		电量	电费
退补审批［二级］	市公司营业电费室主管主任	大于等于 5000kW·h	大于等于 3000 元
退补审批［三级］	市公司营业电费室主任	大于等于 20000kW·h	大于等于 10000 元
退补审批［四级］	市公司营销部主管主任	大于等于 100000kW·h	大于等于 50000 元
退补审批［五级］	市公司营销主管局长	大于等于 200000kW·h	大于等于 100000 元
退补发行	市公司营业电费室电费核算班		

（2）县公司客户电费退补流程如表 5-12-2 所示。

表 5-12-2　县公司客户电费退补流程

流程名称	活动名称	县公司			
非政策性退补	申请	县公司相关专业人员（供电所、抄表、电费、用检等）			
	用电退补审批［一级］	县公司所长或电费主管			
	用电退补核算审核	市公司营业电费室电费核算班			
		判断：退补金额小于等于 3000 元或小于等于 5000kW·h	判断：退补金额大于 3000 元或大于 5000kW·h		
	用电退补核算主管审核	县公司电费主管	市公司电费主管		
	用电退补审批［二级］	县公司营销部主管主任	县公司营销部主管主任	小于等于 10000 元	小于等于 20000kW·h
	用电退补审批［三级］		县公司营销主管局长	小于等于 50000 元	小于等于 100000kW·h
	用电退补审批［四级］		市公司营销主管主任	小于等于 100000 元	小于等于 200000kW·h
	用电退补审批［五级］		市公司营销主管局长	100000 元以上	200000kW·h 以上
	退补发行	市公司营业电费室电费核算班	市公司营业电费室电费核算班		

（3）市公司客户计量退补流程如表 5-12-3 所示。

图 5-12-3　市公司客户计量退补流程

流程环节	处理部门	审批权限	
		电量	电费
退补申请	市公司相关专业人员		
用电退补计量审核	市公司计量室专责		
用电退补计量审批［一级］	市公司计量室专责		
用电退补计量审批［二级］	市公司计量室主管主任	大于等于 5000kW·h	大于等于 3000 元
用电退补计量审批［三级］	市公司营销部计量专责	大于等于 20000kW·h	大于等于 10000 元
用电退补计量审批［四级］	市公司营销部主管主任	大于等于 100000kW·h	大于等于 50000 元
用电退补计量审批［五级］	市公司营销主管局长	大于等于 200000kW·h	大于等于 100000 元
退补发行	市公司营业电费室电费核算班		

（4）县公司客户计量退补流程如表 5-12-4 所示。

图 5-12-4　县公司客户计量退补流程

流程环节	处理部门	审批权限	
		电量	电费
退补申请	县公司相关专业人员		
用电退补计量审核	县公司计量专责		
用电退补计量审批［一级］	县公司营销部主管主任		
用电退补计量审批［二级］	县公司营销部主任	大于等于 5000kW·h	大于等于 3000 元
用电退补计量审批［三级］	县公司营销主管局长	大于等于 20000kW·h	大于等于 10000 元
用电退补计量审批［四级］	市公司计量室主任	大于等于 100000kW·h	大于等于 50000 元
用电退补计量审批［五级］	市公司营销主管局长	大于等于 200000kW·h	大于等于 100000 元
退补发行	市公司营业电费室电费核算班		

（5）全减另发流程如表 5-12-5 所示。

表 5-12-5　全减另发流程

流程名称	活动名称	县公司	市公司
非政策性退补	申请	县公司相关专业人员	市公司相关专业人员
	用电退补审批［一级］	县公司所长或电费主管	市公司抄收专责
	用电退补核算审核	市公司营业电费室电费核算班	
	用电退补核算主管审核	县公司电费主管	市公司核算专责
	用电退补审批［二级］	县公司营销主管主任	市公司营销主管主任
	退补发行	市公司营业电费室电费核算班	

【思考与练习】

1. 退补申请差错原因有哪些？
2. 电费退补时，核算员应注意哪些问题？

第五节　高压客户电费复核示例

【概述】

本节重点通过示例介绍高压客户电费复核。

【课时】

8课时。

【适用等级】

Ⅲ级。

【正文】

一、高压客户复核手册

（1）电价类复核内容如表5-12-6所示。

表5-12-6　电价类复核内容

分类	计费字段	复核内容
电价	计费信息—用户电价—执行电价	依据供电电压、临时用电标志、行业类别、申请内容和合同容量判断执行电价是否正确，不满100千伏安执行非普电价时应选相应电压等级的“非普（不执行尖峰）”电价。“装表临时用电 ”，对应电价应为与供电电压等级对应的非工业电价
		特殊情况：依据冀价管字〔2007〕3号文，农村一般工商业及其他类的专用变压器用户，按照表计电量和对应的电压等级的电价执行。高供低计农村一般工商业及其他类的专用变压器用户执行“农村非居民（商业、非普）＋供电电压等级”电价且不计变压器损失电量
	供电方案—计费方案—是否执行峰谷标志	依据峰谷分时电价相关政策进行审核

（2）计量装置类复核内容如表5-12-7所示。

表5-12-7　计量装置类复核内容

分类	计费字段	复核内容
计量装置	供电方案—互感器方案—电压变比	高供高计用户，供电电压/10伏
	供电方案—电能表方案—综合倍率	对应计量点编号下的电压变比×电流变比
	计量装置—电能表—示数类型	所有用户应包含有功（总），执行功率因数考核用户应加选无功（总），执行峰谷分时电价用户应加选有功（尖峰）、有功（峰）、有功（谷），按最大需量计收基本费用户应加选最大需量

（3）基本电费类复核内容如表 5-12-8 所示。

表 5-12-8　基本电费类复核内容

分类	计费字段	复核内容
基本电费	申请信息—申请详细信息—转供标志	转供户。在计算主供户的基本费时要扣减被转供户的容量或按被转供户的电量及生产班次扣减需量
		被转供户。有一个或多个计费点被其他用户转供计费，通过主供户的变压器，在计算主供户的基本费时要扣减被转供户的容量或按被转供户的电量及生产班次扣减需量
	供电电源—电源方案—运行方式	按最大需量计收基本费，且两路及以上进线均应分别计收基本费时应选“常用互为备用”。　注：当电源中常用互为备用个数≤1 时，取所有电源中最大值；当电源中常用互为备用个数>1 时，取所有电源需量和
	计费信息—用户定价策略—定价策略类型	除公用电厂电价、集中式充电设施电价外的大工业电价选两部制，其他用户选单一制
	计费信息—用户定价策略—基本电费计算方式	两部制电价用户选择按容量或合约最大需量或按容需对比（需量），单一制电价选不计算
	计费信息—用户定价策略—需量核定值	按合约最大需量计收基本费用户，需量核定值不得为空且核定需量不得小于用户变压器和高压电机容量之和的 40%
	计量装置—计量点信息—查看—台区	两个受电点用户需注意，台区应与同一受电点的台区一致。系统按受电点计算基本费。每个受电点计算一次基本费。挂错台区将导致基本费重复计算
	受电设备—铭牌容量—首次运行日期—主备性质—运行状态—实际启用日期—实际停用日期	按容量收基本费用户，当月无变更的情况下，计费容量为运行状态为“运行”、主备性质为“主用”的变压器铭牌容量；当月有新装、增容、暂停、减容、销户时，计费容量依据铭牌容量、运行状态、主备性质、首次运行日期、实际启用日期（实际停用日期）计算。暂停超过 6 个月且未申请办理暂停恢复或减容的，以计划恢复日期起计收基本电费
	客户工程—送(停）电管理—送(停)电时间	基本电费计算方式变更，变更当月以送（停）电时间为节点计基本费

（4）变损类复核内容如表 5-12-9 所示。

表 5-12-9　变损类复核内容

分类	计费字段	复核内容
变损	计量装置—查看—计量方式	高压用户计量装置含 PT，为“高供高计”；不含 PT，为“高供低计”
	计量装置—查看—变损分摊标志、变损计算标志	计量方式为“高供高计”时，变损分摊标志应为“否”；计量方式为“高供低计”时，变损分摊标志应为“是”
		计量方式为“高供高计”时，变损计费标志应为“否”；计量方式为“高供低计”时，主表及下级计量点的居民（合表）电价选“否”，其他电价应选“是”
		特殊情况：依据冀价管字〔2007〕3 号文，农村一般工商业及其他类的专用变压器用户，按照表计电量和对应的电压等级的电价执行。高供低计农村一般工商业及其他类的专用变压器用户执行“农村非居民（商业、非普）＋供电电压等级”电价且不计变压器损失电量，变损分摊标志应为“是”。变损计费标志应为“否”

续表

分类	计费字段	复核内容
变损	受电设备—设备信息—查看—变损算法标志	计量方式为“高供高计”时，变损算法标志应为“不计算”；计量方式为“高供低计”时，变损算法标志应为“按标准表”
	受电设备—设备信息—查看—变损编号	应与生产班次、设备型号、铭牌容量对应，前三位对应生产班次、设备型号（001 单班 S1，002 两班 S2，003 三班 S3，999 老型号变压器，其他），后三位为铭牌容量；不对应的原因可能是直接修改档案造成变损编号未更新；变损电量以变损编号查表得出

（5）线损类复核内容如表 5-12-10 所示。

表 5-12-10 线损类复核内容

分类	计费字段	复核内容
线损	计量装置—查看—线损计算方式	用户计量装置安装在产权分界处的，线损计算方式为“不计算”；用户计量装置未安装在产权分界处的，线路损失电量需要用户承担时计算方式根据实际情况选择
	计量装置—查看—线损计费标志	用户计量装置未安装在产权分界处的，需要计收线损时，主表及下级计量点的居民（合表）电价选“否”，其他电价选“是”
	计量装置—查看—线损分摊标志	用户计量装置未安装在产权分界处的，需要计收线损时，主表及下级计量点选“是”

二、高压客户复核示例

【例 5-12-1】 某高压钢铁厂客户，主要为生产用电，其中办公用电占 0.5%，2016 年 10 月 1 日新装，供电容量 20000×2kV·A，供电电压等级为 110kV，专线供电，按合约最大需量计收基本电费，供电电源两路为双路常供。有关计费字段如表 5-12-11 所示，请根据给定条件复核该户主要计费信息是否有错。若有错，请指出更正并说明理由。

供电电压：110kV。

两路供电电源运行方式为：其他。

定价策略类型：两部制。

基本电费计算方式：合约最大需量。

需量核定值：15000。

功率因数考核方式：标准考核。

表 5-12-11 某高压钢铁厂客户计费字段

计费字段	主计量点	定比计量点
执行电价	工商业两部制非优待 35～110kV	工商业单一制（非居民）35kV 及以上
是否执行峰谷	是	否
功率因数标准	考核标准 0.90	考核标准 0.90
电量计算方式	实抄（装表计量）	定比
定量定比值	0.95	0.05
综合倍率	14000	—

续表

计费字段	主计量点	定比计量点
示数类型	有功（总）、有功（峰）、有功（谷）、无功（总）	
电压变比	35000/100	
电流变比	200/5	

复核结果：

供电电源运行方式错误，因供电电源两路为双路常供，基本电费需要按照两个需量表分别计算，所以两路供电电源运行方式应均为常用，且互为备用。

需量核定值错误，客户申请最大需量，低于按变压器容量总和的40%时，应按容量总和的40%核定最大需量，该户需量核定值不得少于16000。

主计量点执行电价错误，该户供电电压为110kV，执行电价应为对应电压等级的电价，应执行：工商业两部制非优待110kV。

非居民定比计量点是否执行峰谷错误，若钢铁厂办公用电不在暂不执行峰谷电价的范围内，则应改为“是”。

非居民定比计量点功率因数标准错误，非居民电费不参与力调电费的计算，应改为“不考核”。

定量定比值错误，题目中给定办公用电占0.5%，非居民电价的定量定比值应为0.005，大工业电价的定量定比值应为0.995。

电压变比错误，PT一次侧电压应与供电电压一致，应改为“110000/100”。

综合倍率错误，电压变比更正后，综合倍率应为44000。

示数类型错误，缺少有功（尖峰）类型，将会少计尖峰或峰段电量，多计平段电量，造成电费损失；缺少最大需量类型，在抄见需量大于核定需量的1.05倍时可能造成少计基本电费。应在此基础上加上有功（尖峰）和最大需量的示数类型。

【例5-12-2】 某高压工业客户，受电设备为315千伏安变压器一台，减容恢复不满两年，于2016年4月1日办理暂停，暂停后2016年4月至2016年8月每月收取停用变压器容量50%的基本电费。现要求依据冀价管〔2016〕180号文件《河北省物价局关于完善两部制电价客户基本电价执行方式的通知》，对其进行退补电费。根据给定条件做退补申请，并做退补方案。

退补申请：根据河北省物价局冀价管〔2016〕180号文，该户从7月1日起不应再收停用变压器容量50%的基本费。应退7－8月基本费：315×50%×23.30×2＝7339.50（元），差退补相应的力调电费。申请退补电费，立即出账。

差错原因：用电类别错误。

差错年月：20160701。

退补处理分类标志：退补电费。

是否合并出账：立即出账。

调整电费：选择“工商业两部制非优待1～10kV”电价。

退补基本电费，按容量，计费量值－315，基本电费－7339.50元。

退补相应力调电费。

【例 5-12-3】 某高压工业客户，受电设备容量为 1000kV·A，抄表例日为 20 日。11 月电量电费计算结果为电量为 0，基本电费为 23300 元。该户当月抄表算费后申请销户，受电设备拆除日期为 2016 年 11 月 28 日，拆表示数与上次抄表示数一致，12 月 1 日信息归档后触发销户电费计算流程，计算结果：电量为 0，基本电费为 0。请审核该客户销户电费计算结果是否正确，如有错误，请计算出正确结果。

复核结果：

该户 1000kV·A 变压器在 11 月份实际运行 27d，因在抄表例日后办理销户，11 月当月按全月收取基本费，销户计算后应退其（30－27）＝3（d）的基本电费，销户流程触发的电费计算结果错误，销户基本电费应为－1000×(30－27)/30×23.30＝－2330.00（元）。

【例 5-12-4】 某新装客户，10kV 供电，2016 年 5 月 18 日送电，供电容量为 630kV·A，电价行业分类为“自来水的生产和供应”，执行电价为工商业单一制（非工业）1～10 千伏，不执行分时电价，功率因数标准为 0.85。抄表例日为每月的 20 日。2016 年 6 月 20 日完成第一次抄表。相关信息如表 5-12-12 所示。

表 5-12-12　某新装客户计费信息

抄表日期	结算有功电量	结算无功电量	计费容量	基本电费	实际功率因数	调整系数
2016.6	16100	5200	0	0	0.95	－0.011

请根据给定条件复核相关信息。若有错，请分析原因并说明处理情况。

复核结果：

从表中可以看出，该客户 2016 年 6 月的计费容量为零，这是因为该客户的执行电价为非工业，是不需要计算基本电费的。

但是根据题目给定的信息，该客户是从事“自来水的生产和供应”的工作，供电容量是 630kV·A，按规定应执行“工商业两部制非优待 1～10kV”电价，不应该执行“工商业单一制（非工业）1～10kV”电价，执行电价错误，对应的基本电费及功率因数标准执行也是错误的。

处理情况：

经调查、确认、审批后将错误信息改正，改电价为“工商业两部制非优待 1～10kV”，改定价策略类型为“两部制”，改基本电费计算方式为“按容量”或“合约最大需量”或“按容需对比（需量）”，改功率因数标准为“考核标准 0.90”。

因为电价执行错误，导致电度电费、功率因数调整电费计算错误，基本电费未计算。如在电费发行前发现错误并更正，可退回电费计算环节，同步档案后再次进行计算；如在电费发行后当月关账前发现错误并更正，可全减另发处理；如在当月关账后发现错误并更正，需要按规定走退补流程退补相应的电度电费差价电费、基本电费、功率因数调整电费。

【例 5-12-5】 请根据示例 5-2-4 给定的条件计算退补电费，并做当月关账后的退补申请。

退补电费计算：

退基本电费＝(630×14/30＋630)×23.30＝21529.20（元）

退大工业与非工业的电度电价差价电费 16100×(0.6861－0.586)＝1611.61（元）

6 月实际功率因数＝cos［arctan（5200/16100）］＝0.95

查表得，功率因数标准为 0.85 时，调整电费系数为－0.011；功率因数标准为 0.90 时，调整电费系数为－0.0075。

非工业电价功率因数调整电费－16100×0.6451×(－0.011)＝114.25（元）

大工业电价功率因数调整电费（21529.20＋16100×0.546)×(－0.0075)＝－227.40（元）。

退补申请：该户为自来水用电，2016 年 6 月因电价执行错误造成电费差错，应执行工商业两部制非优待 1～10kV，错误执行工商业单一制（非工业）1～10kV 电价，现已更正电价及相对应的基本电费收取及功率因数标准，申请对其 6 月份差错电费进行退补，退基本电费（630×14/30＋630)×23.3＝21529.20（元），大工业与非工业的电度电价差价电费 16100×(0.6861－0.586)＝1611.61（元），退功率因数调整电费（227－4－114.25)＝108.75（元）。申请退补电费，立即出账。

差错原因：用电类别错误。

差错年月：201606。

【例 5-12-6】 某工业客户，抄表例日为 20 日，受电设备容量为一台 160kV・A 和一台 315kV・A 的变压器，不执行峰谷分时电价。因生产能力不足，于 2016 年 10 月 25 日暂停一台 315kV・A 变压器，2016 年 11 月电费计算相关信息如表 5-12-13 所示。

表 5-12-13　某工业客户计费信息

抄表日期	大工业电量	计费容量	功率因数标准	实际功率因数	调整系数
2016.11	20000	97	0.90	0.97	－0.0075

请根据给定条件复核相关信息。若有错误，请分析原因并说明处理情况。

复核结果：

从表中可以看出，该客户 2016 年 11 月仍按大工业电价计费，但根据题目中给定的信息，该客户暂停 315kV・A 变压器后，受电设备容量达不到实施两部制电价规定容量标准，应自 2016 年 10 月 25 日起改按工商业单一制（普通工业）电价计费，不再计收基本电费，功率因数标准也应按实际运行容量 160kV・A 改为考核标准 0.85。

处理情况：经调查、确认、审批后将错误信息改正。

因为电价执行错误，导致电度电费、基本电费、功率因数调整电费计算错误。如在电费发行前发现错误并更正，可退回电费计算环节同步档案后再次进行计算；如在电费发行后当月关账前发现错误并更正，可全减另发处理；如在当月关账后发现错误并更正，需要按规定走退补流程退补相应的电度电费差价电费、基本电费、功率因数调整电费。

【例 5-12-7】 某高压造纸厂客户，10kV 供电，低压侧计量，受电设备容量为 100kV・A，生产用电占 70%，办公照明用电占 10%，家属院用电占 20%，生产班次为单班。2016 年 11 月抄见电量有功（总）3000，有功（尖）500，有功（峰）800，有功（谷）300，无功（总）1000，查变损表得有功损耗为 249，无功损耗为 3062，电费计算相关信息如表 5-12-14 所示。

表 5-12-14　某高压造纸客户计费信息

电价类别	时段	有功结算电量	实际功率因数	功率因数调整电费
工商业单一制（普通工业）1～10kV	平	2100	0.95	0
工商业单一制（非居民）1～10kV	平	300	0.95	0
城镇居民 1～10kV（合表）	平	600	0.95	0

请根据给定条件复核相关信息。若有错误，请分析原因并说明处理情况。

复核结果：

1. 根据题目中给定的信息，该客户为生产用电，受电设备100kV·A，应执行工商业单一制（普通工业）1～10kV电价，按非民比率0.1，居民（合表）比率0.2。该户生产用电和办公用电不在暂不执行峰谷分时电价范围内，应执行峰谷，可判断档案信息中是否执行峰谷标志错误，更改普通工业和非居民电价的是否执行峰谷标志应为“是”。

2. 该户为高供低计，应计收变压器损失电量。结算电量中未含变损电量，需核查档案中与计收变损相关的计费信息字段，核查变损算法标志为“按标准表”，变损编号为“001100”，普通工业和非居民电价计量点的变损分摊标志和变损计费标志为“是”，居民（合表）电价计量点的变损分摊标志为“是”，变损计费标志为“否”。

3. 该户为100kV·A的普通工业客户，应执行功率因数考核标准0.85，实际功率因数为0.95而功率因数调整电费未计算，需核查档案中与功率因数调整电费相关的计费信息字段。核查功率因数考核方式为“标准考核”，核查普通工业电价的功率因数标准为“考核标准0.85”，非居民和居民（合表）电价的功率因数标准为“不考核”。

处理情况：

（1）经调查、确认、审批后将错误信息改正。

（2）因为计费信息错误，导致电量、峰谷电费、功率因数调整电费计算错误。如在电费发行前发现错误并更正，可退回电费计算环节同步档案后再次进行计算；如在电费发行后当月关账前发现错误并更正，可全减另发处理；如在当月关账后发现错误并更正，需要按规定走退补流程退补相应的电量、电度电费、峰谷电费、功率因数调整电费。

【思考与练习】

1. 结合实际工作举例分析容量类错误计算信息产生的原因及处理方法。
2. 结合实际工作举例分析计量类错误计算信息产生的原因及处理方法。
3. 结合实际工作举例分析电价类错误计算信息产生的原因及处理方法。

第六篇

重要客户和高危企业电费催缴

第十三章　重要客户和高危企业催缴电费、欠费停（限）电通知书内容和要求

【概述】

本章包含重要客户催缴电费、欠费停（限）电通知书的内容和要求等内容。通过概念描述、术语说明、流程图解示意、要点归纳、示例介绍，熟悉催缴电费、欠费停（限）电通知书的内容，掌握填写要求和发送程序。

本模块重点介绍重要客户和高危企业催缴电费通知书和欠费停（限）电通知书的填写内容及要求、催缴电费通知书的发送和业务流程、欠费停（限）电通知书的申振、审批和发送。

【课时】

2课时。

【适用等级】

Ⅲ级。

【正文】

一、重要客户和高危企业催缴电费通知书

1. 填写内容及要求

对重要客户和高危企业欠费进行催费时填写重要客户和高危企业催缴电费通知书，填写内容如下：

（1）年月：填写催缴电费的年份和月份。

（2）抄表段：客户所在供电部门抄表区段。

（3）户号：营销技术支持系统中客户编号。

（4）户名：欠费客户的名称。

（5）截止日期：客户欠费截止日期。

（6）通知日期：通知客户日期。

（7）欠费金额（元）：客户欠费金额。

（8）签收人：接受催缴电费通知书人姓名。

（9）催款电话：供电企业负责催缴电费部门电话。

（10）陈欠电费（元）：客户本月之前欠费金额。

（11）本月电费（元）：客户本月欠费金额。

（12）合计欠费（元）：陈欠电费和本月欠费合计数。

（13）通知人：送达催缴电费通知书人姓名。

（14）供电单位：供电单位名称。

在填写重要客户和高危企业催缴电费通知书时应注意，签收人项必须手工填写本人姓名，其他项由系统打印。

2．催缴电费通知书的发送

重要客户和高危企业催缴电费通知书必须按填写要求填齐项目内容，由催费人员到现场送交给客户。催缴电费通知书必须由客户法定代表人、组织的主要负责人或者是该法人、组织负责收件的人签收。催缴电费通知书必须按规定时间填写、发放。

3．业务流程

重要客户和高危企业催缴电费流程如图 6-13-1 所示。

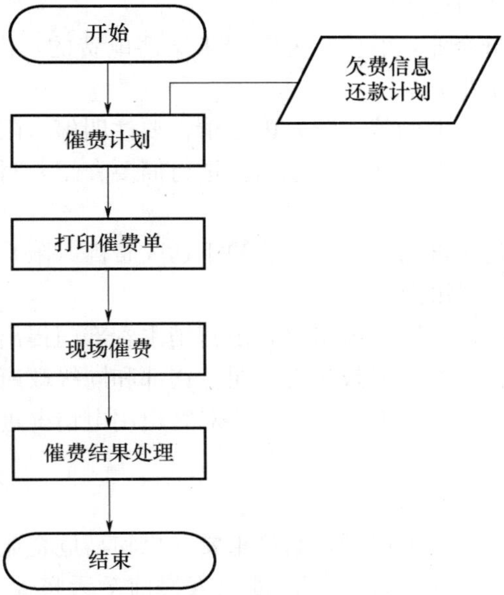

图 6-13-1　重要客户和高危企业催缴电费流程图

催费后，要记录催费结果。对于确有困难无法一次还清欠费的重要客户和高危企业，应向主管汇报，经批准后可以同客户签订还款计划，对还款计划进行记录和归档，并监督是否按计划执行。

二、重要客户和高危企业欠费停（限）电通知书

1．填写内容及要求

（1）客户名称：欠费客户名称。

（2）停（限）电类别：停（限）电原因，本例为欠费。

（3）填写时间：填写欠费停（限）电通知时间。

（4）处理单号：停（限）电处理单编号。

（5）通知书编号：通知书顺序号。

（6）欠费起始时间：客户欠费开始月份和截止月份。

（7）停（限）电时间：计划对客户进行停（限）电的时间。

（8）欠费金额：当年欠费和陈欠电费合计数。

（9）当年欠费：当年欠费金额。

（10）旧欠电费：上年年底以前欠费金额。

（11）客户签收人：签收停（限）电通知书人姓名。

（12）承办送达人：送达停（限）电通知书人姓名。

（13）留置送达见证人：见证停（限）电通知书留置送达人姓名。

（14）送签收地点：停（限）电通知书送达签收地点。

（15）送达签收时间：停（限）电通知书送达签收时间。

在填写重要客户和高危企业欠费停（限）电通知书时应注意，客户签收人、承办送达人、留置送达见证人、送签收地点、送达签收时间等，必须手工填写，其他项由信息系统打印。

2. 欠费停（限）电通知书的申报

（1）对重要客户和高危企业，经多次催缴仍未结清电费的，由催收人提出欠费停（限）电申请，向上级部门进行申报。

（2）对重要客户和高危企业的停（限）电申请，要注明停（限）电的原因、时间及欠费客户停（限）电的范围，同时要对客户用电情况进行简要介绍，对停电后对客户的影响程度进行分析。

（3）在停（限）电申请批准后，方可向客户下达欠费停（限）电通知书。

3. 欠费停（限）电通知书的审批

重要客户和高危企业的停（限）电申请，由营销主管部门提出申请，主管营销负责人进行审核，供电企业负责人批准，同时报送省公司营销部和同级政府电力主管部门备案。在审批重要客户和高危企业的停（限）电申请时，要对客户用电情况进行认真了解，充分估计停（限）电对客户的影响。

4. 欠费停（限）电通知书的发送

（1）根据批准后的停（限）电申请，制订重要客户和高危企业欠费停（限）电计划，打印欠费停（限）电通知书，加盖公章后，由催收人提前 7 天将停（限）电通知书送达给客户，同时要将停（限）电通知书抄送其主管部门、同级电力管理部门等。

（2）在送达重要客户和高危企业停（限）电通知书时，一般采取直接送达的方式，将停（限）电通知书送达客户和相关部门负责人手中。如果客户拒不签收，供电部门亦采取公证送达的方式发送停（限）电通知书，为供电企业的合法行为保留合法的凭证和依据。

（3）在客户签收停（限）电通知书时，必须要对签收人的身份进行审核。签收人应当是客户法人的法定代表人、组织的主要负责人或者是该法人、组织负责收件的人，签收人在通知书上所签的姓名要与其本人身份证姓名相符。

【思考与练习】

1. 重要客户和高危企业催缴电费通知书有哪些内容？
2. 重要客户和高危企业欠费停（限）电通知书有哪些内容？
3. 在审批重要客户和高危企业的停（限）电申请时，应注意哪些问题？
4. 在发送重要客户和高危企业的停（限）电通知书时，还应向哪些部门进行抄报？
5. 为什么要对停（限）电通知书的签收人身份进行审核？

第十四章　重要客户和高危企业停（限）电操作程序和注意事项

【概述】

本章包含重要客户和高危企业停（限）电操作程序和注意事项等内容。通过概念描述、术语说明、条文解释、要点归纳、示例介绍，掌握停（限）电操作程序和注意事项。

本章重点介绍重要客户和高危企业停（限）电操作程序及注意事项。

【课时】

2 课时。

【适用等级】

Ⅲ级。

【正文】

一、重要客户和高危企业停（限）电操作程序及注意事项

以下内容着重介绍重要客户和高危企业欠费时所采取的停（限）电操作程序及注意事项和危险点控制，欠费结清或符合复电要求进行复电程序。

1. 相关规定及操作程序

规范重要客户和高危企业停（限）电操作程序，把握对重要客户和高危企业停（限）电的注意事项，是供电企业防范经营风险，减少或避免法律纠纷的重要环节。对重要客户和高危企业停（限）电，必须严格按照相关法律法规的规定执行。

（1）按《电力供应与使用条例》第三十九条规定："逾期未缴付电费的，供电企业可以从逾期之日起，每日按照电费总额的千分之一至千分之三加收违约金，具体比例由供用电双方在供用电合同中约定；自逾期之日起计算超过 30 日，经催交仍未缴付电费的，供电企业可以按照国家规定的程序停止供电。"

（2）《供电营业规则》第六十七条规定：

除因故中止供电外，供电企业需对用户停止供电时，应按下列程序办理停电手续：

①应将停电的用户原因、时间报本单位负责人批准。批准权限和程序由省电网经营企业制定。

②在停电前三至七天内，将停电通知书送达用户，对重要用户的停电，应将停电通知书报送同级电力管理部门。

③在停电前 30 分钟，将停电时间再通知用户一次，方可在通知规定时间实施停电。

(3)《供电营业规则》第六十九条规定:“引起停电或限电的原因消除后，供电企业应在三日内恢复供电。不能在三日内恢复供电的，供电企业应向用户说明原因。”

(4) 对重要客户和高危企业停（限）电，在严格执行上述法律法规条款基础之上，还要注意以下事项：

①停（限）电前，认真核对停（限）电计划和停（限）电通知书发送记录，确认客户在计划停（限）电时间前 7 天已收到停（限）电通知书。

②停（限）电前对客户用电情况要认真了解，充分估计停（限）电对客户的影响，督促客户及时调整用电负荷，做好停电准备。对企业的生产用电情况要进行现场检查，掌握现场是否具备停（限）电条件。

③严格按照停（限）电通知书上确定的时间实施停（限）电工作。

④在实施停（限）电操作 30min 前将停（限）电时间再次通知客户，详细记录通知信息，并做好电话录音。

⑤停（限）电前再次查询客户是否已缴清电费，已缴清电费的应及时终止停电流程。

⑥停（限）电前，停电客户仍未缴清电费的但申请恢复送电，按停电审批级别申报审批。审批同意后方实施复电。

⑦停（限）电计划、停（限）电通知书的送达及签收、停电实施信息和复送电信息必须及时记录。

2. 业务流程

重要客户和高危企业停（限）电操作流程如图 6-14-1 所示，复电流程如图 6-14-2 所示。

3. 注意事项及危险点控制

(1) 对需要采用停（限）电的欠费客户首先要制订停（限）电计划，并按分级审批的原则报相关部门审批；将需要由生产部门、用电检查、负荷管理系统实施停电的客户清单发送给本单位生产系统、用电检查、电能量采集系统。

(2)“停（限）电通知书”在送达客户时要履行签收手续，客户拒绝签收的应采用“公证”等措施，防范法律风险；在实施停（限）电操作前再次通知客户时要做好电话录音，记录通知信息，包括通知人、通知时间、接收通知人员、通知方式等。

(3) 停电前检查现场。现场检查人员向相关职能部门人员发出是否能够实施停电操作的通知。现场不具备停（限）电条件的要暂时终止停电操作。防范停（限）电造成人身伤亡和环境污染等安全事故的风险。

(4) 实施停（限）电要严格依法执行，严谨操作，对有重要负荷的客户不能停（限）保安电源，同时上报有关部门备案，对实施停（限）电后的事态给予关注。法律是维护企业权利的根本保证，一定要做到缜密严谨，不留后患。

(5) 有重要负荷性质、停电后可能引起人身伤亡、发生重大设备事故和政治影响的重要客户，在停（限）电前，应对客户的用电安全进行检查，在通知书规定的时间前 15min 发出警告，停（限）电时间到达时，发出正式停电指令，正式指令发出 15min 后执行具体操作，以便客户做好准备。

(6) 停电前应确认客户是否已缴清电费，已缴清电费的应及时终止停电。防范擅自停电行为和停电可能带来的不良后果。停电客户缴清电费后，要按规定及时复电。

(7) 对停电客户仍未缴清电费申请恢复送电的，审批同意后复电。

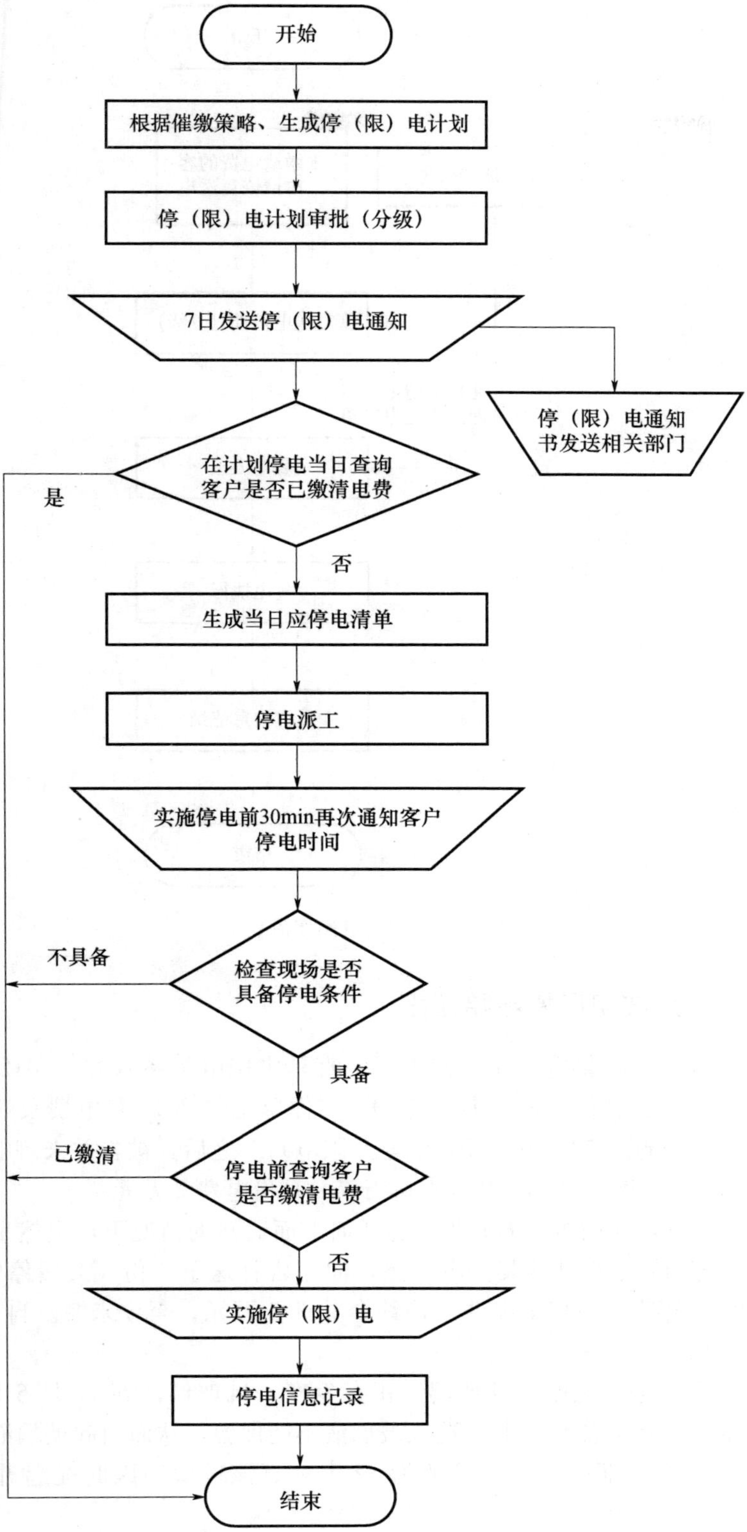

图 6-14-1　欠费停（限）电操作流程

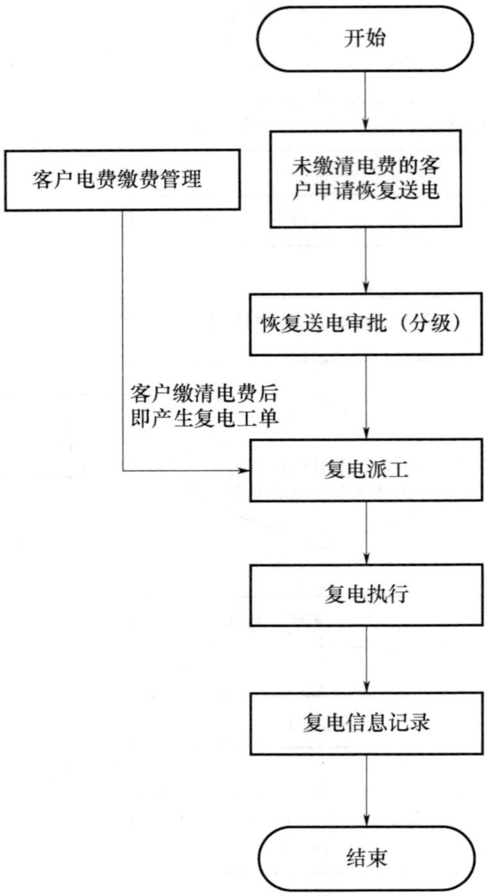

图 6-14-2　复电操作流程

二、案例——某玻璃厂停电赔偿案

某玻璃厂（原告）与某供电公司（被告）一直是供用电关系双方。2012 年 6 月 20 日，被告向原告下达一份《欠费停电通知书》，言明：“你单位欠 2012 年电费及违约金 3000 元，至今未缴。自 7 月 1 日起，对你单位停止供电（限电）。”之后，被告并未停电，仍旧连续向原告供电。原告在 2012 年 10 月 27 日已支付当年 9 月份电费 2 万元。

2012 年 11 月 4 日，在被告未向原告下达任何书面通知的情况下，突然采取措施，停止向原告供电。事后于 11 月 6 日就其停电一事，向原告补送了一份《欠费停电通知书》，言明：“你单位欠 2012 年当年及以前电费及违约金共计 3 万元，至今未缴。自 11 月 4 日起对你单位停止供电（限电）。”

当某供电公司实施停电之时，某玻璃厂正在生产一批玻璃，到 11 月 6 日恢复通电时，由于停电致使玻璃制造工艺流程中断，造成玻璃液不能保温，从而引起玻璃液凝固，使生产线上的产品报废，经物价部门核实总价值为 32 万元。该玻璃厂因此提起诉讼，要求赔偿损失。

某市中级人民法院认为原告与被告之间是事实上的供用电关系双方，应遵守《电力法》及相关的《电力供应与使用条例》和《供电营业规则》规定。被告在未能确定原告是否拖欠电费的情况下，又不按照法定程序，擅自先行停电，再补送《欠费停电通知书》是违反法定停电程序的行为。被告随意中断供电，而非电力事故，给原告造成的经济损失，应承担责任。赔偿由此给原告造成的直接经济损失。故此，依照《电力法》第四条、第五十九条，《电力供应与使用条例》第四十二条和《供电营业规则》第六十七条之规定，判决：被告（某供电局）赔偿原告（某玻璃厂）经济损失32万元并承担案件受理费。

案例分析：

后该供电公司通过上诉而减少了赔偿数额，但其未按法定程序停电行为的性质是难以改变的。此案是一起典型的颠倒停电程序操作案例。对欠费客户停（限）电是法律赋予供电企业的权力，但必须树立严格按照法定程序停电的意识。只有停电程序合法，自觉养成程序意识，才能最有效地保障供电企业的电费实体权益。

【思考与练习】

1. 对欠费客户实施（停）限电有哪些法律依据？
2. 重要客户、高危企业停（限）电注意事项及危险点控制有哪些？
3. 停电客户未缴清电费申请恢复送电应如何处理？
4. 实施停电前，是否应该电话查询客户是否已缴清电费？已缴清电费的应如何处理？

第七篇

运用法律手段做好电费风险预警和防范

第十五章　代位权、抵销权、支付令、公证送达、依法起诉及申请仲裁的应用

【概述】

本章包含代位权、抵销权、支付令、公证送达、依法起诉及申请仲裁的含义，代位权的发生条件，抵销权、公证送达的应用，申请支付令条件，起诉及仲裁注意的问题等内容。通过概念描述、术语说明、条文解释、要点归纳、案例分析，能利用法律规定的权力对债务人进行清欠。

本章重点介绍代位权、抵销权、支付令、公证送达、依法起诉及申请仲裁的含义以及如何进行依法起诉及申请仲裁。

【课时】

4 课时。

【适用等级】

Ⅲ级。

【正文】

一、代位权

1. 含义

因债务人怠于行使其到期债权，对债权人造成损害的，债权人可以向人民法院请求以自己的名义代位行使债务人的债权，但该债权专属于债务人自身的情况除外。

2. 代位权在电费债权中发生的条件

（1）根据供用电合同的约定，用电人已迟延给付电费。

（2）用电人对第三人享有债权，倘若用电人没有对外债权，也就无所谓供电人的代位权。需注意用电人对第三人享有的债权不得专属于债务人自身，例如财产继承权、抚养费请求权、离婚时的财产请求权、人身伤害的损害赔偿请求权等。

（3）用电人有怠于行使其债权的行为，包括作为和不作为。例如债务人应当收取第三人对其的债务，且能够收取，而不去收取。如果用电人行使了其权利，即使不尽如人意，供电人也不能行使代位权，但这种情况下有行使撤销权的可能。

（4）用电人怠于行使自己债权的行为，已经对电费的给付造成损害。损害指用电人因怠于行使自己对第三人的权利，致使无力清偿电费，因而使电费的给付有不能实现的风险。

代位权是一种法定权能，无论供电人和用电人是否有约定，只要构成以上四个要件，供电人均可行使该权利。

3. 行使代位权应注意的问题

供电人行使代位权，应以自己的名义行使，并不须征得用电人的同意。代位权的行使也可以使供电人的债权得到一定程度的保护。需注意的是供电人在行使代位权时，必须向人民法院提出请求，而不能直接向第三人行使。代位权的行使范围以用电人所欠电费为限。

4. 案例

某玻璃厂欠某市供电公司电费 150 万元，属陈欠电费；某玻璃经销公司拖欠该玻璃厂货款 300 万元，已逾期达 1 年半，玻璃厂多次催讨未果。现供电公司得知玻璃经销公司刚刚收取一笔 200 万元的货款，而玻璃厂催讨仍旧没有结果，就打算转而向玻璃经销公司讨债。是否可行？供电公司应该如何具体操作？

案例分析：

这就是《合同法》规定的代位权制度。根据有关司法解释，只要债务人不以诉讼方式或仲裁方式向次债务人主张其债权而影响其偿还债权人的债权，都视为“怠于行使其债权”。供电公司可以根据代位权的规定，以自己的名义起诉玻璃经销公司行使玻璃厂货款债权，取得债权后再向玻璃厂行使电费债权。

二、抵销权

1. 含义

抵销权包括法定抵销权和约定抵销权。所谓法定抵销权，根据《合同法》第九十九条规定：“当事人互负到期债务，该债务的标的物种类、品质相同的，任何一方可以将自己的债务与对方的债务抵销，但依照法律规定或者合同性质不得抵销的除外”。所谓约定抵销权，根据《合同法》第一百条规定：“当事人互负债务，标的物种类、品质不同的，经双方协商一致，也可以抵销。”

两种抵销权的区别体现在以下方面：

（1）当事人互负债务是否到期。法定抵销权要求债务均已到期，而约定抵销权则不加限制。

（2）债的标的物的种类、性质是否相同。法定抵销权要求相同，而约定抵销权则不要求。

（3）抵押权是基于法律规定而享有，还是基于双方协商一致而享有。法定抵销权基于法律规定而享有，无须经过双方协商；而约定抵销权是基于双方的协商一致而享有。

2. 抵销权在电费清欠中的应用

（1）法定抵销权的应用

当供电企业对客户负有到期债务的，如果客户不按时缴付电费，两种债的标的物的种类、品质相同，则供电企业可以不与客户协商，而直接通知客户抵销相当的债务。

（2）约定抵销权的应用

当供电企业对客户所负债务的标的物的种类、品质与电费欠债不同时，经双方协商一致，也可抵销。实践中常常采取的“煤电互抵”“物电互抵”等，就是约定抵销权的运用。

在通常情况下，供电人不只从事一种营业活动，同时还可能通过其他经济活动与用电人发生往来，这就为抵销提供了前提条件。另一方面，作为供电人，也应积极地创造抵销条件。

3. 运用抵销权应注意的问题

供电企业在清欠难度较大时，要多渠道、全方位创造条件，使用法定抵销权或约定抵销权。对于法定抵销权，供电企业只须通知欠费客户即可；自通知到达该客户时起，双方债务即告抵销；法定抵销不得附条件或附期限，否则，不产生抵销债务的效力。对于约定抵销，应注意科学地选择标的物，尽量选择那些价值较稳定、易于变现、不易毁损或可为我所用的标的物，并科学地评估其价值。

还应注意，依照法律规定或按照合同性质不得抵销的，不得行使法定抵销权。

4. 案例

某电缆厂拖欠电费一年共 230 万元，因其亏损严重，催讨困难；而供电公司物资经销公司拖欠该电缆厂电缆款 300 万元，且到期未支付。供电公司将这 230 万元电费债权以 225.4 万元的现金价值转让给物资经销公司，并通知了该电缆厂。物资经销公司随后便通知电缆厂抵销双方各自债务 230 万元。这样，供电公司的电费债权基本上得到了实现。

案例分析：

这就是《合同法》规定的抵销权制度的应用，案例说明不仅债务的标的物种类、品质相同的可以抵销，而且客户所负债务的标的物的种类、品质与电费欠债不同的也可抵销，使难度较大的电费债权通过抵销方式实现。

三、支付令

1. 含义

支付令是根据《民事诉讼法》第 189 条规定的民事诉讼中的督促程序。所谓督促程序，是指法院根据债权人的给付金钱和有价证券的申请，以支付令的形式催促债务人限期履行义务的程序。督促程序依债权人申请支付令的提出而开始。

2. 在电费债权中申请支付令的条件

债权人向法院申请支付令，必须符合下列条件：

（1）必须是请求给付金钱或汇票、支票以及股票、债券、可转让的存单等有价证券的。

（2）请求给付的金钱或有价证券已到期且数额确定，并写明了请求所根据的事实、证据的。

（3）债权人与债务人没有其他债务纠纷的，即债权人没有对待给付的义务。

（4）支付令能够送达债务人的。

由此可见，如果用电人对欠费的事实无异议，并且有固定住所，可以送达支付令的，供电人可以采取这种措施保护自己的债权。支付令是一种诉前程序，简便易行，在时间上、费用上具有很大的优越性。目前，在电费清欠中，已为供电企业大量采用，欠费客户在收到支付令后，基本上主动偿还欠费。

3. 申请支付令应注意的问题

供电企业清偿电费支付令的申请，应向欠费客户住所地基层法院提出。法院在受理供电企业的申请后，15 日内向欠费客户发出支付令；欠费客户应在收到支付令后 15 日内清偿债务或向法院提出书面异议。如果其对债权债务关系没有异议，但对清偿能力、清偿期限、清偿方式等提出不同意见的或未在法定期间提出书面异议而向其他法院起诉的，不影响支付令的效力。

欠费客户在法定期间内既不提出书面异议，又不清偿债务的，供电企业应及时向法院申请强制执行。其中，欠费客户是法人或其他组织的，申请执行的期限为六个月；除此以外，申请执行的期限为一年。

对于数额较大的欠费，法院可能会出于经济原因而不愿发出支付令，需要供电人与法院进行充分的沟通和协商。

4. 案例

某制糖厂，2012 年 3 月至 5 月共拖欠市供电公司电费 130 万元；经多次催缴，反复做工作，收效甚微。由于双方没有其他债务纠纷，市供电公司于 2013 年 6 月向有管辖权的人民法院申请支付令，支付令下达后，制糖厂先缴了 50 万元，尚欠 80 万元，对剩余部分制订了还款协议，计划到 2013 年 8 月底缴清。到期后，该厂还清了全部所欠电费。

案例分析：

本案如果走普通的诉讼程序不仅时间长，而且诉讼费按争议的价额或金额的比率缴纳。而采取支付令的形式只缴纳 100 元，二者的区别是显而易见的。由此可见，通过督促程序催收客户陈欠电费是一个简便易行的办法。

四、公证送达

1. 含义

所谓公证送达，即行政相对人拒收行政执法文书时，现场由公证机构的公证人员记录有关情况，证明行政执法机关送达行政执法文书时行政相对人拒收的事实，从而最终达到行政机关执法文书送达的效果。

2. 公证送达的文书种类

公证文书是对公证人依法行使公证权所出具的各类法律文书以及公证活动中形成的其他有法律意义的文件的总称。各类法律文书如公证书、现场公证词等，其他有法律意义的文件如公证人制作的谈话笔录、核查笔录等。

3. 公证送达应注意的问题

有关文书必须依法制作，内容要完备，形式要规范。送达的各环节，从文书制作、送达过程到送达完毕，均应有公证人员参与，体现在公证书上应形成严密的证据链条，不可脱节。

4. 案例

2011 年，某工贸公司拖欠该市供电公司电费及违约金 25 万元，被多次催缴，仍以种种理由拖延缴纳，而且拒不在《停（限）电通知书》上签字接收，致使无法按法定程序实施欠费停电。供电公司采取了公证送达方式，对《停（限）电通知书》送达的全过程做了现场公证。面对严格按照法律程序办事的该局工作人员，工贸公司负责人不得不在《停（限）电通知书》送达回执上签了字，并在《停（限）电通知书》规定的最后期限内缴清了所欠电费及违约金。

案例分析：

在电费清欠工作中，经常会遇到一些欠费客户拒收《催缴电费通知书》《停（限）电通知书》，而电力法律、法规中无留置送达的规定，影响清欠工作的顺利进行。在这种情况下，供电企业可以采取公证送达的方式。公证送达可以有效地保全送达行为，更好地保全所要送达文件的内容和过程，是最直接、最有效的证据，将对供电企业维权起到积极的作用。

五、依法起诉及申请仲裁

1. 含义

起诉是指公民、法人或者其他组织因自己的民事权益受到分割或者发生争议，而向人民法院提出诉讼请求，要求人民法院行使国家审判权予以保护的诉讼行为。

仲裁指争议双方在争议发生前或争议发生后达成协议，自愿将争议交给第三者作出裁决，双方有义务执行的一种解决争议的方法。

2. 起诉欠费客户应注意的问题

（1）证据收集。

起诉之前，供电企业应首先收集好证据：

①供用电合同文本及有关附件；

②签约过程中履行提请注意和答复说明义务的证据；

③电能计量、抄表资料和欠费凭据及情况说明；

④催交欠费通知书；

⑤停（限）电通知书及执行停电措施记录；

⑥其他有关证据。

上述证据，均应收集原件，并妥善保管。

（2）法院的选择。双方事先在合同中约定了管辖法院的，应到该法院起诉；若无事先约定，应由欠费客户住所地或供用电合同履行地法院管辖。

（3）申请财产保全措施。申请诉前财产保全和诉讼财产保全。

（4）在程序上要保证所提请求没有超过诉讼时效。

（5）把握法院调解的时机。根据具体情况可以做出适当让步，与欠费客户达成和解协议，以便欠费问题在合作的基础上能较为顺利地解决。

（6）欠费客户拒不履行生效判决的，应及时向有管辖权的法院申请强制执行。

3. 申请仲裁应注意的问题

（1）签订仲裁协议

必须由双方协商一致，签订仲裁协议，在仲裁协议中要选定仲裁委员会、约定仲裁事项、请求仲裁的意思表示。对仲裁事项或仲裁委员会没有约定或约定不明确的，可以协议补充；达不成补充协议的，仲裁协议无效。

（2）证据的收集

要熟悉该仲裁委员会的仲裁规则，与对方约定仲裁庭的组成方式，恰当选择应由自己选定的仲裁员，并与对方确定好首席仲裁员。

（3）在程序上要保证所提请求没有超过仲裁时效。

4. 案例

某市轧钢厂 2012 年由于经营不善而倒闭，所欠电费无力支付。市供电公司为防止欠费资金进一步扩大，设立专门催收小组对其多次上门催缴，该厂一直以种种理由一拖再拖，催收小组为了保障该笔欠费的诉讼实效性，每次催收的同时都留有“痕迹”，为后面成功依法维权保留了宝贵的法律依据。2013 年年初，市供电公司依法对该厂予以起诉，并采取财产保全措施（查封了该厂三台变压器）。市人民法院受理此案，于 2013 年 3 月 10 日判决市供电公司胜诉。人民法院依法将轧钢厂 2012 年所欠电费 205649.52 元（含违约金），成功打入市供电公司电费账户。

案例分析：

本案利用法律手段成功回收陈欠电费，不仅避免了电费资金的流失，还在很大程度上给恶意欠费户形成了威慑。对一些欠费时间较长、诉讼时效期限将满或态度消极的欠费客户，要求欠费者在通知书的回执上签收，以此作为将来主张诉讼时效中断的有力证据。如对方不愿签字确定，也可采用无利害关系的第三人在场的方式给予证明。对恶意或长期拖欠户要在第一时间予以起诉，保障电费回收工作良性发展。

【思考与练习】

1. 简述代位权、抵销权、支付令、公证送达、依法起诉及申请仲裁的含义。
2. 简述代位权在电费债权中发生的条件。
3. 供电企业行使代位权应注意哪些问题?
4. 抵销权在电费清欠中是如何应用的?
5. 运用抵销权应注意哪些问题?
6. 在电费债权中申请支付令的条件有哪些?
7. 供电企业申请支付令应注意哪些问题?
8. 公证送达应注意哪些问题?
9. 起诉欠费客户应注意哪些问题?
10. 申请仲裁应注意哪些问题?

第十六章　客户电费信用风险预警管理

【概述】

本章包含开展客户电费信用风险预警管理的作用、风险预警管理的整个过程等内容。通过概念描述、术语说明、流程图解示意、要点归纳、案例分析，掌握减少和化解电费风险的方法，充分预测电费回收目标的达成情况。

本章重点介绍客户电费信用风险预警管理的作用、电费风险预案管理的内容及对应措施。

【课时】

4 课时。

【适用等级】

Ⅲ级。

【正文】

一、客户电费信用风险预警管理的作用

当前，电费拖欠已成为困扰电网企业经营和发展的重要问题之一，如何及时有效地回收当期和陈欠电费，降低不良债权，有效防范和化解电费回收风险，是电网企业亟待解决的重要课题。想要进一步加强电费回收管理，防止新欠电费和电费呆、坏账的发生，降低和化解电费回收风险，有效的途径是将电费回收预警处理纳入日常电费管理工作，建立客户信用等级评价制度、电费回收预警分析报告制度、电费回收动态跟踪及快速反应制度、电费风险分析研究制度，以及制订预警预案及规范的处理流程，并根据客户属性和行为特征对电费回收风险进行甄别、量化和应对。通过建立并有效执行全过程风险管理制度，降低和化解电费回收风险，达到有效控制欠费和电费坏账的目的。

客户电费信用风险预警总体流程如图 7-16-1 所示。

二、电费风险预案管理

1. 业务描述

通过对风险因素的分析，建立和不断完善风险应对预案。制定风险预警等级和客户风险等级的分类标准，制定客户风险的应对措施，确定预警的方式和界限。

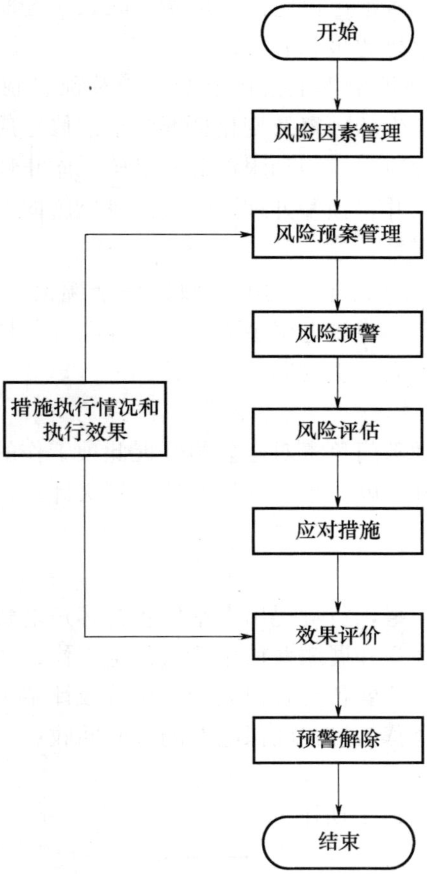

图 7-16-1　客户电费信用风险预警总体流程

2. 设立组织机构，规定部门相关责任

（1）建立电费回收三级预警预案机制

①可设立各区域电网公司、省（自治区、直辖市）公司为第一级，负责电费回收预警方案的制订、修改、解释说明、实施监督等指导工作，负责宏观政策、信息收集和分析、重大典型案例的发布以及对二级电费回收风险预警组织的监督管理工作，负责对各地市供电公司电费回收发布预警。

②以各地市供电公司为第二级，负责电费回收风险预警方案的组织、相关信息的收集及上报，同时负责对下级电费回收风险预警组织绩效的督导和考核工作。

③各级营销部门为第三级，负责电费回收风险预警方案的实施，摸清供电区内客户欠费情况以及相关政策对本地企业的影响等相关信息的收集、整理和上报，并积极采取有效措施化解风险。

④各级电费回收预警组织应由主管领导、财务、营销等部门组成。

（2）规定各相关部门责任

①区域电网公司、省（自治区、直辖市）公司

a. 电费回收预警办公室：指导各地市供电公司建立电费回收预警处理办法、客户信用等级评价制度、电费回收动态跟踪及快速反应制度，制订预警预案及规范的处理流程；开展

电费风险分析研究；动态跟踪各地市供电公司电费回收及预警制度的实施情况；负责例会的召集，与政府、企业之间的信息通报和联系。

b. 营销部门：动态跟踪各地市供电公司电费回收及预警制度的实施情况。针对因政策性、经营性、管理性等原因产生的预警及变化情况，动态修正应对预案。对列入预警内容中的电费风险对象，制定相应的应对控制和跟踪分析措施，防止风险扩大和蔓延。发生预警情况后，及时通报各职能部门，并将预警处理及防范改进措施向上级主管部门报告。负责与政府、企业之间的信息通报和联系。

c. 财务部门：提供国家电网公司下达的应收电费余额指标及各基层单位年度压降的额度，及时提供各单位电费上缴，应收电费余额，呆、坏账变化情况。随时解决电费回收工作中因价格、抹账、上缴等原因而产生的问题。

②各地市供电公司

地市供电公司的营销管理部门负责对全公司开展此项工作的检查与考核，对重点大工业客户、高危企业、趸售客户开展电费预警分析及信用等级评定，负责对其他各类客户电费缴纳信用评定等级结果的审定。

③各供电分公司

各分公司设立电费预警小组，负责提出本单位各类客户电费预警机制的实施方案，组织各基层营业班（所）对有关客户开展缴费信用等级评定工作；各营业班（所）承担电费收缴任务，在分公司的统一组织下开展各类客户缴费信用等级评定工作，建立各类客户电费预警档案，及时掌握客户的有关经营信息，确保电费的及时回收。

3. 业务流程

电费风险预案流程如图 7-16-2 所示。

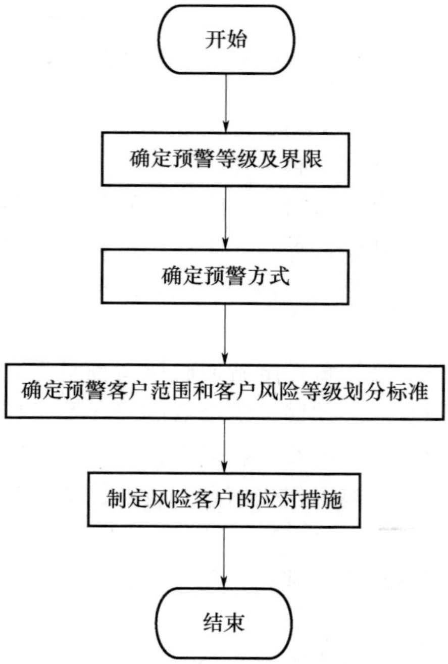

图 7-16-2　电费风险预案流程

4. 管理内容及对应措施

（1）制订风险预警及应急处理预案，明确预警等级的划分和界限。

①预警等级可以根据各地区的实际情况确定，一般分为：A类、B类、C类。

②预警界限根据风险关键因素对风险的影响程度制定，可以参照以下内容制定：

a. 当年电费回收率低于本公司平均电费回收率；

b. 当年电费连续三个月不能结清；

c. 签订的还款计划连续三个月不能兑现；

d. 在途电费超过月末抄见电量电费40%以上；

e. 账龄超过1年的欠费比重占应收电费余额的10%及以上；

f. 连续三个月电费呆账、坏账的增长率超过10%；

g. 应收电费余额超过预算控制水平。

（2）确定预警方式。预警的主要方式有：

①上级公司对下级公司预警；

②公司内向各职能部门预警；

③向上级主管部门报告，向当地政府有关部门报告。

（3）确定预案针对的客户范围和客户风险等级的划分标准。客户风险等级可以根据各地区的实际情况制定，一般分为：极高风险、高风险、普通风险、低风险、极低风险、无风险。

选定影响电费回收风险的信息作为评分指标，确定各指标的分值和权重［客户风险分值$=\sum$（各指标权重×各评分指标分值）］。评分指标主要有：

①缴费风险：信用等级、缴费方式、欠费额度等；

②电量风险：火电量、电量无法抄见（连续门闭）等；

③经营风险：是否列入政策性限制行业，是否列入政府部门关停范围，企业经营状况（破产边缘、困难、不佳、一般、很好），承包、租赁即将到期且有逃费迹象等；

④社会信用风险：银行信用等级、工商资信等级、曝光揭露信息等。

（4）制定各风险等级的应对措施。应对措施一般有：

①加强对供用电合同的管理；

②签订有关电费收缴专项协议或专项合同；

③签订电费担保合同；

④签订分次划拨协议；

⑤签订分次结算协议（多次抄表）；

⑥实行卡表、终端预购电；

⑦预缴电费；

⑧跟踪调查。

5. 注意事项及危险点控制

（1）对月用电量较大的电力客户实行每月分次划拨电费（一般每月不少于三次），月末抄表后结清当月电费制度，逐步实现按抄表数据自动采集系统抄录的电量进行电费划拨。

（2）对缴纳电费信誉等级较低，经营形式较差等电费风险较大的电力客户，可采取以合同方式约定实行预购电制度方式。

（3）开展电费风险控制与研究工作，建立电费回收预警机制。根据电费风险类别和等级，制订防范电费坏账风险的预案。

（4）结合本地区的市场环境和经济特点，以及电费回收情况，制订电费回收预警预案。

（5）建立电费回收预警分析报告制度、电费回收动态跟踪及快速反应制度、电费风险分析研究制度，以及客户信用等级评价制度，制订预警预案及规范的处理流程。

（6）实际操作中应根据实际情况制定相应制度和评价指标。

三、电费风险预警管理

1. 业务描述

对影响电费回收风险的主要指标进行监测，当主要指标超过预警界限时，预先发出警告并启动应对预案。

2. 业务流程

电费风险预警流程如图 7-16-3 所示。

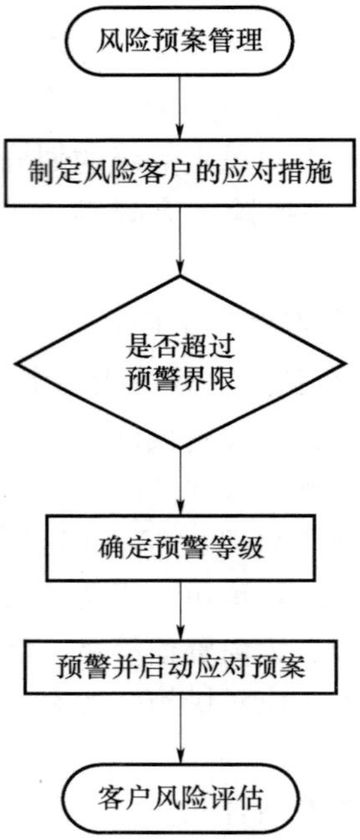

图 7-16-3　电费风险预警流程

3. 管理内容及对应措施

（1）对影响电费回收风险的主要指标变化进行监测。

（2）当影响电费回收风险的主要指标超过预案规定的界限时，根据预案的划分标准确定预警的等级。

（3）按照预案规定的方式对相关管理单位进行警告，并启动应对预案。

4. 注意事项及危险点控制

（1）对电费回收预警制度的实施情况进行动态跟踪、检查落实。针对因政策性、经营性、管理性原因产生的预警及变化情况，动态修正应对预案。对列入预警内容中的风险对象，制定相应的应对控制和跟踪分析措施，防止风险扩大和蔓延。

（2）发生预警情况后，要及时将预警处理及防范改进措施向上级主管部门报告。

四、客户风险评估

1. 业务描述

收集客户风险相关信息，量化风险发生的可能性及风险发生后产生的影响，产生客户风险等级。

2. 业务流程

客户风险评估流程如图 7-16-4 所示。

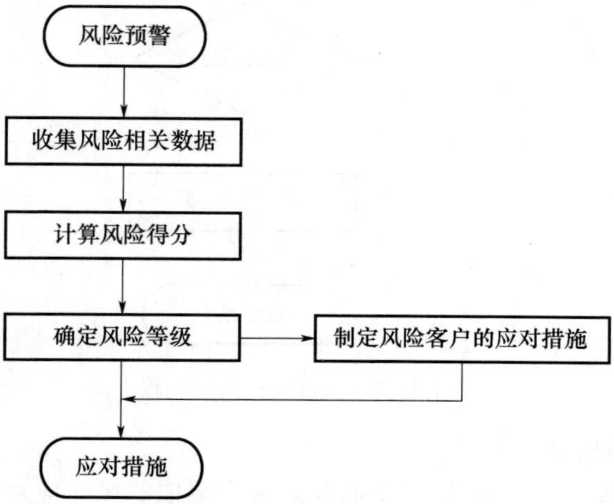

图 7-16-4　客户风险评估流程

3. 管理内容及对应措施

（1）根据启动的预案，收集和分析客户风险相关数据，包括客户的属性、用电情况、国家宏观调控政策、客户生产经营情况。对于国家宏观调控政策和客户生产经营情况，应及时进行收集整理。

（2）根据风险评估规则的评分标准，量化风险发生的可能性及风险发生后产生的影响，计算客户的风险得分。

（3）根据风险评估规则的等级划分标准，产生客户的风险等级和评估报告。

（4）给出高风险客户名单，对高风险客户进行重点跟踪管理。

4. 注意事项及危险点控制

应及时准确收集客户相关数据，确保风险评估的准确性。要防范客户关停、破产、重组、拆迁等发生欠缴电费或恶意拖欠电费，重点落实事前预防、事后处理的各项措施，将其及时列入高风险客户。

五、应对措施

1. 业务描述

根据启动的风险预案，对风险客户按照风险等级执行应对措施，并对措施执行的情况进行跟踪。

2. 业务流程

执行应对措施流程如图 7-16-5 所示。

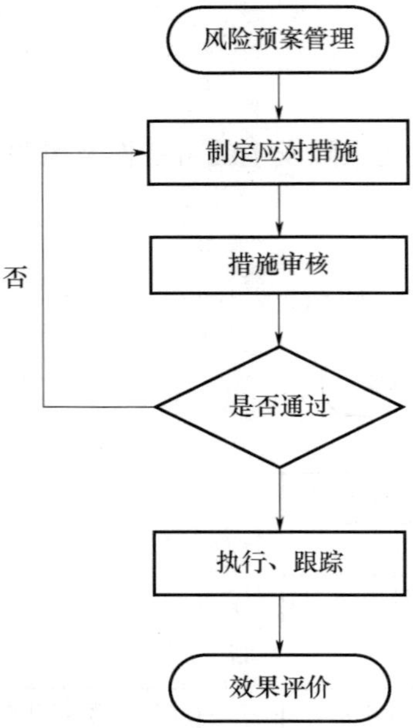

图 7-16-5　执行应对措施流程

3. 管理内容及对应措施

（1）根据启动的风险应对预案，制定需要对客户采取的风险应对措施。

（2）对应对措施进行审核确认，记录审核意见、审核人、审核时间。若审核不通过，则重新调整应对措施。

（3）将审核通过的应对措施传递给相关部门执行，并对执行的过程和情况进行跟踪：

①应对措施为履行供用电合同签订时约定的高风险客户措施要求，签订有关电费收缴专项协议或专项合同、电费担保合同、分次划拨协议、分次结算协议的，触发合同管理业务，执行应对措施；

②应对措施为预缴电费的，对客户收取预收款；

③应对措施为实行卡表、终端预购电的，将措施信息发送给新装增容及变更用电的申请确认，执行预购电终端或卡表的安装，并执行合同管理业务，进行预购电合同签订。

4. 注意事项及危险点控制

（1）要对月用电量较大的电力客户实行每月分次划拨电费（一般每月不少于三次），月末抄表后结清当月电费制度，并逐步实现按抄表数据自动采集系统抄录的电量进行电费划拨。

（2）要高度关注缴纳电费信誉等级较差等电费风险较大的电力客户，采取以合同方式约定实行预购电制度方式。

（3）对电费回收预警制度的实施情况进行动态跟踪、检查落实。针对因政策性、经营性、管理性原因产生的预警及变化情况，动态修正应对预案。对列入预警内容中的风险对象，制定相应的应对控制和跟踪分析措施，控制风险扩大和蔓延。

六、效果评价

1. 业务描述

对预警管理过程进行总结，评价风险预警的效果，找出存在的问题，提出改进的措施，为风险因素的识别和预案的管理提供依据。

2. 管理内容及应对措施

（1）从供用电合同管理获取合同签订信息，从客户电费缴费管理获取客户预缴电费信息，从新装增容及变更用电获取卡表或预购电终端安装信息，对风险管理效果进行科学的评价。

（2）评价的主要依据：

应对措施执行率，即已执行数占应执行数的百分比；

措施所产生的有效性，可以通过措施执行前后风险指标的变化情况来反映。

（3）对风险防范和预警管理过程进行分析与总结，提出改进的措施。

3. 注意事项及危险点控制

应及时收集应对措施的执行数据以及措施执行前后风险指标的变化，分析评价的效果和准确性程度。对有效性较低的措施，应及时改进。

七、电费风险预警解除

1. 业务描述

对预警启动的主要依据进行监测，当预警界限制定的主要指标稳定下降时，可以对启动的预警进行解除。

2. 管理内容及对应措施

（1）对预警启动的主要依据进行监测，比较当前主要指标与预警界限的差异。

（2）当主要指标低于预警界限，并在规定的一段时间内相对稳定的情况下，可以对预警进行人工解除。

（3）预警解除后对本次预警的全过程进行归档。

3. 注意事项

在规定的时间范围内，主要指标低于预警界限且相对稳定时，应及时对预警进行人工解除。

八、合理利用应用系统对用户数据进行统计、分析，发现潜在异常风险

1. 利用营销技术支持系统相关功能进行电量电费突增减的统计分析

（1）确定客户用电性质：查询用电客户的用电类别、电价、电压等级、容量、行业类别等信息，确定客户的用电性质为居民用电，还是商业或其他用电。如客户为商业用电，则其电量变化可能与经济发展、生产状况、营业时间等有关系。

（2）分析电量电费情况：查询客户的用电情况，往期用电量是否平稳，环比电量是否确有明显增加，是否启用分时，是否有表计轮换等情况。如客户电表已实现自动采集，则可通过用电信息采集系统查阅客户历史日用电量情况进行分析。

（3）分析抄表核算情况：查询客户的抄表周期，结算期内是否有计量装置换装，抄表示数是否有异常，是否有计量装置故障流程，是否有退补的电量、电费等情况。

（4）分析电费缴纳情况：查询客户电费缴纳记录，是否有往月、往年欠费，违约金及暂存款等情况。电量、电费、电容在突增，核实客户应缴纳电费是否为多个月的电费，是否有违约金，是否有暂存款未冲抵等情况，导致电费缴纳增多。

2. 利用用电信息采集系统数据统计、分析功能发现潜在风险

（1）用电信息采集系统具备低压配变台区实时线损计算功能，可分析排查线损超标的原

因，核实清理户变关系，查找计量异常情况，有针对性地开展营销电费稽查工作。

（2）利用采集系统对客户用电情况的分析结果，对出现反向电量、电能示值长期不变化、用电量突变等情况的电力客户开展重点现场巡视工作，防止电量电费错算、漏算的发生。

（3）利用采集系统对客户最大需量与用电容量核对分析和无功功率数据分析功能，指导客户选择合理的计费方式，检查和指导客户合理运行无功补偿装置，提高功率因数，降低用户电费成本，减少电费回收风险。

（4）利用采集系统的异常数据判别功能，排查电表电能示值突然变小而无换表记录、连续多日采集失败、采集电能数据值奇异等计量异常事件，进行现场核实处理，及时发现表计故障，对故障表计及时进行电量电费的退补，杜绝表计故障长时间运行造成的电费回收压力。

（5）利用采集系统的计量回路异常、电能表运行异常、参数变更、时钟偏差等功能，实时发现潜在的异常风险。

（6）充分利用用电信息采集系统的数据质量分析、抄表比对及电能表反接线检查等功能，发现异常问题，必须及时安排人员现场处理，对故障表计要在 1 天内完成轮换。

（7）重视抄表数据校核结果的分析，对突增、突减电量要进行现场复查，对计量装置更换后的 3 个抄表周期内应建立重点监控机制，确保电能表可靠、准确运行。

3. 电力负荷管理系统

加大电力负荷管理系统的应用及管理，利用负控管理系统预购电功能，扩大对欠费逃逸风险较大客户的预付费购电范围，积极对客户采取预购电或分次划拨收费方式，从根本上杜绝欠费的发生，防范电费回收风险。

九、建立客户信用等级评价体系，优化电费回收环境

依据市场细分的原则结合当地经济体制改革的实际情况，将客户分为四类，并按这四类进行不同的电费催款缴方式。A 级：此类客户信用很好，缴费及时、足额，经营财务状况良好。该类客户基本为无风险企业，抄收人员需加强与这类企业的正常联系，建立良好的工作关系。B 级：此类客户信用度一般，偿债能力一般，偶有缴费不及时或不足额的情况，但基本不欠费。该类客户应进入电费回收预警体系。C 级：此类客户信用差，时有拖欠电费现象发生或常以种种理由拒交，其经营状况和财务状况不佳，经常需要不断催缴才能缴费。与该类客户签订有法律效力的电费协议，注明必须按旬分期缴纳电费以及双方的责任、义务，内容全面。D 级：此类客户信用极差，经营状况和财务状况非常困难，濒临破产或已破产，严重拖欠电费，甚至有时恶意拖欠电费。供电公司必须按规定程序执行欠费停送电措施。

供电公司可以根据不同信用等级，采用限时缓缴、上门促缴、停电催缴和电费预缴等灵活多样的办法，将客户信用评级正面结果公示于众，鼓励企业的守信行为，使守信企业得利。审批用电申请、增容报装、优惠电价时，优先安排信用等级高的客户，使信用等级高的企业得到优惠及时的服务。在电网负荷紧张需要采取停、限电措施时，优先确保信用等级高的客户的用电需求。

十、建立企业内部应对风险和快速反应机制

供电企业健全客户信誉评价和电费回收风险预警机制，结合用户生产经营状况、用电缴

费情况等，按照用户欠费风险等级（高风险、较高风险、低风险）对用户进行分类，实行电费回收风险等级管理。充分利用营销稽查监控系统、用电信息采集系统，监控、分析用户用电变化、缴费状况，及时调整用户欠费风险等级，实行风险滚动管理。重点关注高能耗企业、关停并转及濒临破产企业、出口型企业等欠费高风险企业的生产经营信息，跟踪客户的用电状况、生产情况、资金流向、诉讼状况等，及时发布预警信息并提前做好电费回收应急预案。

1. 预付费业务应急处理

因终端质量、通信故障、信息系统故障等原因，导致批量客户剩余电费无法计算、下发等问题，要第一时间通知相关人员到达现场处理解决，暂停预付电费计算及终端停复电操作，全部采取人工现场操作。如发生错计客户电费，要及时与客户协商，重新调整客户剩余电费信息。通知 95598 人员对客户咨询做好解释工作，并在网站上暂停剩余电费查询功能。

2. 停复电应急处理

如因各类原冈导致无法远程停复电，要第一时间（采用电话、短信等方式）通知相关人员到达现场操作，在系统中登记停复电标志，并通知 95598 对客户咨询做好解释工作。如为预付费低压电力客户，停电后在下班时间缴纳电费，拨打 95598 电话后，95598 人员应核实客户欠费情况，实施远程复电，如未成功，则联系具体人员实施现场复电。

十一、用电客户电费信用等级指标测评案例

某市供电公司按省公司电费信用风险预警管理办法，结合本地区用电客户的实际情况，制定了电费回收信用风险预警实施细则。根据细则中用电客户电费信用等级指标测评表（表 7-16-1），按对各类客户电费风险因素调查与分析的资料，进行综合评定，按评定结果将客户划分四等六级制：

AAA 级：客户电费缴纳信用度高，缴费及时，月清月结。在用电过程中没有违窃用电行为的记录。属国家鼓励类产业，经营、财务状况良好，市场潜力大，用电人对电费缴纳认识程度较高，电费信用等级评定得分在 90 分及以上。

AA 级：客户电费缴纳信用度较高，缴费比较及时，基本做到月清月结，无电费拖欠现象。在用电过程中没有违窃用电行为的记录。客户经营、财务状况良好，市场潜力较大，用电人对电费缴纳认识程度较高，电费信用评定得分在 80 分及以上。

A 级：客户信用度良好，电费基本不拖欠或年出现一次欠费并及时还款，在用电过程中没有窃电行为的记录。用电人对电费缴纳认识程度较高。经营基本处于良性循环状态，目前有偿还债务的能力，但其经营状况存在一些影响其未来经营与发展的不确定因素，可能会削弱其赢利和偿债的能力，银行存款额度不大，电费信用评定得分在 70 分及以上。

B 级：客户电费缴纳信用程度一般，年度电费能够缴清，个别月份有缴费不及时现象，在用电过程中没有窃电行为的记录。用电人对电费缴纳认识程度一般，偿债能力、经营状况和财务状况一般，银行存款额度较少或基本无存款，有一定的缴费风险，其经营状况、赢利水平及未来发展易受不确定因素的影响，电费信用评定得分在 60 分及以上。

C 级：客户电费缴纳信用程度较差，时有拖欠电费现象发生，经常需要不断催缴才能缴费，经营状况和财务状况不佳，在用电过程中存在窃电行为的记录。用电人对电费缴纳认识程度较差，偿债能力、经营状况和财务状况不佳，银行无存款且有外欠款，电费激纳存在较

大风险，电费信用评定得分在50分及以上。

D级：客户电费缴纳信用度极差，经营状况和财务状况非常困难，濒临破产或已破产，严重拖欠电费，甚至恶意拖欠电费，基本上无力缴纳电费，没有偿债能力，经常有违约用电现象发生。用费缴纳认识程度较差，电费信用评定得分在50分以下。

评定后产生用电客户电费信用等级指标测评档案（表7-16-2），从而确定极高风险、高风险、普通风险、低风险、极低风险、无风险各类客户。

表7-16-1　用电客户电费信用等级指标测评

序号	评定指标	计算公式	标准分	评价值	计分标准
1	当年及上年各月无欠费	当年及上年无欠费月数÷考核月数	40分	=100%	得分=(实际值÷评价值)×标准分
2	年度欠费偿还率	年度电费偿还额度÷年度欠费总额	10分	=100%	
3	当年及上年电费回收率	当年实收电费÷当年应收电费	5分	≥100%	
4	银行信用等级	以银行颁布发行的有效信用等级证明为准，未评级客户可由供电部门酌情评价	5分	有AAA级证明5分；有AA级证明4分；有A级证明3分；有一般信用证明2分；信用较差不得分	
5	经营状况	调查客户的经营效益、资产负债率、资金周转等情况	5分	资金周转灵活盈利且资产负债率≤50% 5分；资产负债率≤80% 3分；资金周转不灵活亏损0分	
6	缴费能力	按等级划分	5分	很强5分；较强4分；一般3分；较弱2分；很弱1分；无能0分	
7	缴费意识	按客户对电费重视程度划分	5分	非常高5分；较高4分；一般3分；差0分	
8	客户经营性质评价及缴费风险判断	根据客户经营性质判断现有和今后一段时间的经营风险不确定因素对电费的影响	8分	国家鼓励类且无经营风险5分；国家鼓励类但经营成效一般4分；国家限制类但经营水平较好3分；国家限制类暂无经营风险2分；有一定经营风险1分；国家淘汰类或有较大经营风险0分	
9	安全用电，合法用电及合同签订、履约	对客户安全用电、合法用电进行评估	5分	安全守法，合同按期签订、认真履约5分；安全但发生过违窃3分；合同未按期签订或未履约2分；存在安全隐患0分	
10	电费收取方式	对各类客户电费收取方式进行评价	5分	购电制或按时从银行划拨客户5分；预收并可按期收回4分；预付不及时须催要3分；不主动缴费、催收2分；出现欠费0分	
11	客户综合情况分析	企业产品结构、市场占有率、市场发展前景、企业领导人信誉观念、企业文化等情况综合评价	5分	好5分；较好3分；一般1分；差0分	

表 7-16-2　用电客户电费信用等级指标评测档案

抄表册	户号	户名	合同容量	当年及上年各月无欠费	年度欠费偿还率	当年及上年电费回收率	银行信用等级	经营状况	缴费能力	缴费意识	经营性质评价及缴费风险判断	安全用电、合法用电及合同签订、履约	电费收取方式	客户综合情况分析	总分	评定结论
047003	020002154	市宾馆	374.8	40	10	10	3	3	2	3	1	5	4	1	82	AA
047003	020002156	制药厂	315	40	10	10	4	3	3	4	3	5	5	3	90	AAA
047003	022000173	电缆厂	4000	40	10	10	3	3	3	4	3	5	4	3	88	AA
047003	020002183	线路板厂	315	40	10	10	5	5	5	5	5	5	5	5	100	AAA
047003	020002184	玻璃厂	15200	30	5	5	1	0	1	3	1	5	3	1	55	C
047003	020002185	科技局	75	40	10	10	5	5	5	5	5	5	5	5	100	AAA

【思考与练习】

1. 简述客户电费信用风险预警管理的作用。
2. 电费风险预案、预警工作要求有哪些？
3. 绘出客户风险评估的业务流程。
4. 什么情况下执行应对措施？
5. 效果评价的作用有哪些？评价的主要依据是什么？
6. 什么情况下可解除电费风险预警？

第八篇

持续提升电费回收工作质量

第十七章　客户欠费记录台账及原因分析

【概述】

本章包含客户欠费记录台账的格式和内容、客户欠费的原因分析等内容，通过概念描述、术语说明、要点归纳、示例介绍，掌握制定、填写客户欠费记录台账方法，以及对客户欠费的分析方法。

本章增加了介绍电费考核相关指标、电费的催收管理、收费的特殊业务处理、电费坏账核销的相关内容，以及欠费明细表和汇总表的统计方法、结构及要素相关内容。

【课时】

8课时。

【适用等级】

Ⅲ级。

【正文】

一、电费回收

（一）基本概念

电费回收考核工作的意义：回收电费使供电企业获得销售收入、实现利润目标。电费回收考核等指标已成为衡量各级供电企业经营水平的一个重要考核标准。

电费回收工作内容：按电费通知、电费收缴、欠费催收、欠费停复电、欠费司法救济、电费坏账核销顺序开展应收电费的收取、催收、欠费处理工作，保证供电企业主营收入任务的全面完成。

电费回收目标：当年不发生新欠电费，陈欠电费逐年下降，确保应收电费余额下降。

电费回收基本要求：采取任何方式收取的电费资金应做到日清月结，并编制实收电费日报表、日累计报表、月报表，不得将未收到或预计收到的电费计入电费实收（《国家电网公司营业抄核收工作管理规定》第二十四条）。

电费回收考核指标：电费回收工作质量的好坏，通常用电费回收率、应收电费余额、应收电费余额占月均应收电费比重（%）、往年陈欠电费、预结算电费占应收电费比重（%）五项指标来考核。

1. 电费回收率

（1）定义

电费回收率是指截至电费网收考核日，累计实收电费总额占累计应收电费总额的百分比。

电费回收率考核指标分为当月电费回收率、往月累计电费回收率、年度电费回收率。

①电费：考核的电费回收指销售电价收入，包括目录电价电费收入、农村低维费、国家规定的基金及代征附加等。

②应收电费：指供电公司应向客户收取的电费。

③实收电费：指供电公司实际到账，电力客户缴纳并已销账的电费。

④分类：根据应收、实收电费性质，电费回收率又分为每月电费回收率、往月累计电费回收率、年度电费回收率，分别对应每月、往月累计、年度欠费的当前实收。

（2）计算公式

①每月电费回收率＝本月实收电费/本月应收电费×100％；

②往月累计电费回收率＝累计往月实收电费/累计往月应收电费×100％；

③年度电费回收率＝年度实收电费/年度应收电费×100％。

2. 应收电费余额

应收电费余额是指按财务口径（含税）在月末、年末24时的应收电费账面余额。其中，应收电费指当期按国家规定向客户征收的全口径电费，包括：目录电费、农网还贷资金、库区建设基金、农网维护费、城市公用事业附加费等国家规定的代征费。

3. 应收电费余额占月均应收电费比重（％）

（1）定义

应收电费余额占月均应收电费比重（％）是指在考核期内的当月应收用户电费余额（财务口径）与当年月均应收用户电费的比值。

（2）计算公式

应收电费余额占月均应收电费比重＝当月应收用户电费余额/当年月均应收用户电费。

4. 往年陈欠电费

往年陈欠电费指截至当年12月31日24时尚未收回的本年度以前结转的欠费（不包括财务已核销的电费坏账）。

5. 预结算电费占应收电费比重（％）

（1）定义

预结算电费占应收电费比重（％）是指在考核期内客户当月预结算电费与当月应收电费的比值。

（2）计算公式

预结算电费占应收电费比重（％）＝[上月转入暂存额＋本月发生额－转入下月暂存额]/当月销售到户应收电费总额×100％。

（二）电费通知

1. 常用通知方式

常用通知方式有以下几类：

（1）主动通知

供电企业通过各种手段，在电费发行后，主动通知客户应缴电费信息。有“电费通知单”上门送达、“电费通知书”邮寄、“电费账单”电话或传真、微信通知等。

（2）被动通知

供电企业不主动通知客户，保持抄表日程相对固定，提供电费查询平台，使客户自觉在抄表结算期查询电费后及时缴费。

国网各地区的电力“95598”客户服务系统均已实现自动语音电量电费及欠费查询功能。

(3) 委托通知

电力公司委托第一方，通过其特殊资源，通知客户应缴电费信息。例如，与移动、联通、电信等通信运营商合作，通过其语音、短信平台发布电费通知信息；又如，通过代收机构的网点、特殊服务方式对其客户群体发布电费通知信息等。

2. 电费通知的内容

电费通知一般包括以下内容：

(1) 当期电量、电价、应缴电费信息；

(2) 客户缴费期限、当前缴费方式、当前预存余额等信息；

(3) 代扣客户当前欠费退票原因。

(三) 电费收缴

电费通知到位后，收费员可根据各种收费方式的业务流程开展电费收费工作。

各类收费方式的业务流程、工作内容、相关规定等详见电费回收渠道方法及结算方式等模块。收费员主要依据省公司电费回收作业指导书的要求，开展催费工作。

(四) 电费催收管理

在规定的缴费期限内，客户未按约定的缴费方式缴纳电费，则形成欠费。供电企业必须通过各种催收手段开展电费催缴，才能保证电费顺利、足额回收。

依据《电力供应与使用条例》第二十七条、第三十九条，对于逾期不缴纳电费的客户，供电企业可以采取两种催收手段：加收违约金或终止供电。

通过这两种手段，绝大部分欠费能及时回收。为充分运用电费回收手段，以下分别介绍与电费催收相关的法规、基本概念及方法。

1. 电费的交费期限

根据《供电营业规则》第八十二条中的描述，用户应按供电企业规定的期限和缴费方式缴清电费，不得拖延或拒交电费。

若法规中对供电企业规定的客户缴纳电费的期限未做明确说明，则该期限通常以与客户签订的《供用电合同》为准。

因此，在与客户签订《供用电合同》时，应充分考虑不同客户类型、区域抄表日程因素，使确定的期限既合理又能保障电费在较短的周期内回收，降低资金风险，提高回收效率。

2. 电费违约金的计算

电费违约金是客户在未能履行供用电双方签订的《供用电合同》，未在供电企业规定的电费缴纳期限内缴清电费时，应承担电费滞纳的违约责任，向供电企业交付延期付费的经济补偿费用，又称为电费滞纳金。

电费违约金是法定违约金，是维护供用电双方合法权益的措施之一。依据《供电营业规则》第九十八条，电费违约金从逾期之日起计算至缴纳日止。

每日电费违约金按下列规定计算：

(1) 居民用户每日按欠费总额的千分之一计算；

(2) 其他用户：

①当年欠费部分，按每日按欠费总额的千分之二计算；

②跨年度欠费部分，按每日按欠费总额的千分之三计算；

③电费违约金收取总额按日加计收，总额不足1元者按1元收取。

在违约金计算时还应注意以下事项：

①欠费金额为当期电费的实欠金额，当客户有预存电费或采取分期结算已回收部分电费时，应将当期应收电费扣减已收部分后作为欠费，计算违约金。

②计算应以每笔电费为依据，按当期电费执行电价为判断标准，不足1元者取1元。

③电费违约金只能计算一次，不得将已计算的违约金数额纳入欠费基数再次计算违约金。

④经催缴仍未缴付电费者，供电企业可依照规定程序停止供电，但电费违约金应继续按规定计收。

3. 欠费分析与催缴

欠费分析与催缴工作的主要内容是确定欠费催缴责任人、考核指标，由责任人按要求有计划地开展欠费的分析及催缴工作。

（五）欠费停复电

根据《电力供应与使用条例》第三十九条，自逾期之日起计算超过30日，经催缴仍未缴付电费的，供电企业可以按照国家规定的程序停止供电。

停电催费的程序应遵守相关法规。停（限）电审批权限及流程包括：重要客户（双电源）欠费的停（限）电审批权限及流程：一般高压供电客户欠费的停（限）电审批权限及流程；居民客户欠费的停（限）电审批权限及流程。

（六）欠费风险防范

对于通过欠费停电程序催费后仍未缴纳电费的客户，供电企业建立电费风险防范的预警制度，按其欠费性质、额度分类管理，并运用法律手段追讨电费。

（七）电费坏账核销

电费坏账是指经法院依法宣告破产的欠费，因企业关停、倒闭或企业被工商部门注销以及账龄超过三年的经确认难以收回的电费。

电费坏账作为电力企业的无法追回的债权性资产损失，需进行“账销案存”（即核销）处理。

所谓账销案存资产是指企业通过清产核资经确认核准为资产损失，进行账务核销，但尚未形成最终事实损失，按规定应当建立专门档案和进行专项管理的债权性、股权性及实物性资产。

为规范和加强资产管理，促进账销案存资产的清理回收，盘活不良资产，防止国有资产流失，国务院国有资产监督管理委员会下发了《关于印发中央企业账销案存资产管理工作规定的通知》（国资发监督〔2005〕13号），国网公司也出台了《国家电网公司账销案存资产管理实施办法》，对电费坏账的清查、核销做出了明确规定，现将电费坏账核销的必要认定条件及办理程序介绍如下：

1. 必要认定条件

（1）电费债务单位被宣告破产的，应当取得法院破产清算的清偿文件及执行完毕证明；

（2）电费债务单位被注销、吊销工商登记或被政府部门责令关闭的，应当取得清算报告及清算完毕证明；

(3) 电费债务人失踪、死亡（或被宣告失踪、死亡）的，应当取得有关方面出具的债务人已失踪、死亡的证明及其遗产（或代管财产）已经清偿完毕、无法清偿或没有承债人可以清偿的证明；

(4) 涉及诉讼的，应当取得司法机关的判决或裁定及执行完毕的证据；无法执行或债务人无偿还能力被法院终止执行的，应当取得法院的终止执行裁定书等法律文件；

(5) 涉及仲裁的，应当取得相应仲裁机构出具的仲裁裁决书，以及仲裁裁决执行完毕的相关证明；

(6) 与债务人进行债务重组的，应当取得债务重组协议及执行完毕证明；

(7) 电费债权超过诉讼时效的，应当取得债权超过诉讼时效的法律文件；

(8) 清欠收入不足以弥补清欠成本的，应当取得清欠部门的情况说明及企业董事会或总经理办公会等讨论批准的会议纪要；

(9) 其他足以证明债权确实无法收回的合法、有效证据。

2. 办理程序

(1) 供电企业内部相关业务部门提出销案报告，说明对账销案存资产的损失原因和清理追索工作情况，并提供符合规定的销案证据材料；

(2) 供电企业内部审计、监察、法律或其他相关部门对资产损失发生原因及处理情况进行审核，并提出审核意见；

(3) 供电企业财务部门对销案报告和销案证据材料进行复核，并提出复核意见；

(4) 供电企业销案报告报经总经理办公会等决策机构审议批准，并形成会议纪要（单项资产备查账簿账面金额在5000万元以上的，报国网公司总部核准）；

(5) 根据本单位决策机构会议纪要、上级单位核准批复及相关证据，由供电企业负责人、总会计师（或主管财务负责人）签字确认后，进行账销案存资产的销案；

(6) 财务销案后在电力营销业务系统中进行核销登记。

电费坏账核销涉及抄核收人员的主要工作是根据实际用电环境，认真分析、甄别陈欠电费，确定需申报坏账，收集必要的认定证明材料，在完成账销案存资产的销案程序后，进行业务系统内的销账。

抄核收人员应当充分认识到电费收入作为国有资产的重要性质，与管理人员一起，对清产核资中清理出的各类欠费资产损失进行认真剖析，查找原凶，明确责任，提出整改措施，同时应当按照《国有企业清产核资办法》规定，组织对账销案存资产进行进一步清理和追索，通过法律诉讼等多种途径尽可能收回资金或残值，防止国有资产流失。

对账销案存资产清理和追索收回的电费资金，应当按国家和国网公司有关财务会计制度规定及时入账，不得形成“小金库”或账外资产。

账销案存资产备查账簿是辅助会计账簿，用于辅助管理，各单位不得通过备查账截留资金收入。

二、客户欠费记录台账的内容与要求

1. 台账的内容

客户欠费记录台账包含收费方式、欠费情况、回收情况等内容，实时正碓记录每次欠费会额和回收金额变化情况。

欠费客户台账做到营销系统客户电费记录与手工台账记录保持一致；及时更新客户的联系方式，保证相关部门、客户经理共享其资料；欠费客户的相关联企业生产情况及用电地址、联系方式。

2. 记账要求

(1) 每个欠费客户单独记录一份台账；

(2) 台账要求按每次欠费和回收金额发生变化时及时记录，记录时间精确到日；

(3) 回收欠费要记录收费方式；

(4) 欠费情况应包括总额、本年新欠和陈欠明细；

(5) 回收情况也应对应欠费情况明确记录回收电费为本年新欠和陈欠明细；

(6) 欠费台账按月小计；

(7) 欠费台账应有收费员签字。

三、欠费明细表与汇总表的统计方法、结构及要素

(一) 欠费明细表

1. 应用层次：地市公司、区县公司、供电所。

2. 生成周期：日。

3. 内容简述：按各行业、城乡居民、趸售的欠费单位、各种缴费渠道、收费员统计欠电费总额、本年新欠、陈欠电费、上年末累计欠费、回收陈欠、核销坏账、欠费原因等。

4. 编制目的：用于统计每日电费欠收情况。

5. 统计说明：

收费员＝收取电费的人员；

全行业合计＝农林牧渔业小计＋工业小计＋建筑业小计＋交通运输仓储和邮政业小计＋信息传输、计算机服务和软件业小计＋商业、住宿和餐饮业小计＋金融、房地产、商务及居民服务业小计＋公共事业及管理组织小计；

城乡居民合计＝城镇居民＋乡村居民；

单位名称：欠电费的单位名称或客户名；

欠电费总额＝本年新欠＋陈欠电费；

本年新欠＝本年发生的新欠电费金额；

陈欠电费＝上年末累计欠费－回收陈欠电费；

上年末累计欠费＝截至上年末累计欠电费金额；

回收陈欠＝截至统计日陈欠电费回收金额；

核销坏账＝已核销的坏账金额；

欠费原因：欠电费主要原因描述，包括还款计划；

本表统计的数据精度保留到小数点两位。

6. 统计期：当日。

7. 统计维度：收费员、科目类别。

科目类别：总计。

(1) 全行业合计

①农林牧渔业；②工业；③建筑业；④交通运输仓储和邮政业；⑤信息传输、计算机服务和软件业；⑥商业、住宿和餐饮业；⑦金融、房地产、商务及居民服务业；⑧公共事业及

管理组织。

（2）城乡居民合计

①城镇居民；②乡村居民。

8. 统计要素描述

收费员＝收取电费的人员；

全行业合计＝农林牧渔业＋工业＋建筑业＋交通运输仓储和邮政业＋信息传输、计算机服务和软件业＋商业、住宿和餐饮业＋金融、房地产、商务及居民服务业＋公共事业及管理组织；

城乡居民合计＝城镇居民＋乡村居民；

欠电费总额＝本年新欠电费＋陈欠电费；

本年新欠＝本年发生的新欠电费金额；

陈欠电费＝上年末累计欠费－回收陈欠电费；

上年末累计欠费＝截至上年末累计欠电费金额；

回收陈欠＝截至统计日陈欠电费回收金额；

核销坏账＝已核销的坏账金额。

9. 统计要素算法

全行业合计＝农林牧渔业＋工业＋建筑业＋交通运输仓储和邮政业＋信息传输、计算机服务和软件业＋商业、住宿和餐饮业＋金融、房地产、商务及居民服务业＋公共事业及管理组织；

城乡居民合计＝城镇居民＋乡村居民；

欠电费总额＝本年新欠电费＋陈欠电费；

陈欠电费＝上年末累计欠费－回收陈欠电费。

（二）欠费汇总表

1. 应用层次：地市公司、区县公司、供电所。

2. 生成周期：月。

3. 内容简述：统计各单位每月各行业、城乡居民、本年新欠电费总额、陈欠电费总额、上年陈欠电费发生额及回收情况，包括上年结转欠费、本年回收、核销情况。

4. 编制目的：用于统计每月电费欠收情况。

5. 统计说明：

公司（所）全行业合汁＝全行业合计1＋城乡居民＋趸售；

全行业合计1＝第一产业＋第二产业＋第三产业；

全行业合计2＝农林牧渔业＋工业＋建筑业＋交通运输仓储和邮政业＋信息传输、计算机服务和软件业＋商业、住宿和餐饮业＋金融、房地产、商务及居民服务业＋公共事业及管理组织；

城乡居民＝城镇居民＋乡村居民；

欠电费总额＝本年新欠电费总额＋陈欠电费总额；

上年发生＝截至上年末累计欠电费金额；

陈欠电费总额＝上年末结转欠费－回收陈欠电费；

上年陈欠电费＝上年末结转上年欠费－回收上年电费；

本表统计的数据精度保留到小数点两位。

6. 统计期：本月。

7. 统计维度：科目类别。

公司（所）全行业合计：

（1）全行业合计1：①第一产业；②第二产业；③第三产业。

（2）城乡居民合计：①城镇居民；②乡村居民。

（3）趸售合计。

（4）全行业合计2：①农林牧渔业；②工业；③建筑业；④交通运输仓储和邮政业；⑤信息传输、计算机服务和软件业；⑥商业、住宿和餐饮业；⑦金融、房地产、商务及居民服务业；⑧公共事业及管理组织。

8. 统计要素描述

公司（所）全行业合计＝全行业合计1＋城乡居民＋趸售；

全行业合计1＝第一产业＋第二产业＋第三产业；

全行业合计2＝农林牧渔业＋工业＋建筑业＋交通运输仓储和邮政业＋信息传输、计算机服务和软件业＋商业、住宿和餐饮业＋金融、房地产、商务及居民服务业＋公共事业及管理组织；

城乡居民＝城镇居民＋乡村居民；

欠电费总额＝本年新欠电费总额＋陈欠电费总额；

上年发生＝截至上年末累计欠电费金额；

陈欠电费总额＝上年末结转欠费－回收陈欠电费额；

上年陈欠电费＝上年末结转上年欠费－回收上年电费额。

9. 统计要素算法同上。

四、客户欠费的原因分析

1. 深入客户，把握实情，认真分析拖欠电费的原因，主要有下列因素：

（1）国家产业政策调整被列为限制、淘汰类企业，导致企业限产、停产；

（2）由于经营不善、产品滞销，导致企业流动资金困难；

（3）企业三角债严重，不能维持正常生产；

（4）企业重组或改制相关政策的变化而导致债权债务关系的变化；

（5）面临破产或已破产的生产企业；

（6）走私逃亡的自然人或法人等。

2. 对于上述欠费的因素还要区分是一般欠费，还是恶意欠费，并从以下几个方面进行分析。

（1）按欠费时间

根据电费拖欠时间，欠费分为本年当月、本年往月、往年陈欠等，分析客户欠费的原因，划分难易程度。

（2）按用电类别

供电企业可根据用电类别、用电容量、电压等级的不同，分析客户欠费原因，哪个行业客户欠费比较集中，并有针对性地制定电费回收措施。

（3）按用电区域

供电企业可按照用电区域如城镇、城边、郊区、农村等对客户欠费情况进行分析，按欠费频率、欠费额度等区分用电区域欠费情况。

（4）按收费员

根据收费员收费统计情况，区分每个收费员负责的客户的欠费情况，分析是否由于收费不及时等原因而造成欠费，便于对收费人员的管理。

（5）按收费方式

按收费方式区分哪些客户群容易发生欠费，判断该收费方式的流程是否存在弊端或改进的方案，提高收费效率。

（6）按催费方式

按不同催费方式分析客户欠费，归纳出每种催费方式所占比重，确定不同催费方式的效率，更有利于减少欠费的发生。

五、对欠费客户应采取的措施

采取上述各种方式对客户欠费的原因进行分析后，要根据实际情况有针对性地采取不同的对策，催收过程中不要流于形式，要重视效果。

对于老大难欠费户，要直接与决策层对话，沟通情况，宣传有关政策，解决实质问题；

对于重点欠费户，针对其拖欠电费的原因，制订出可行的催收方案，采取灵活多样的方式重点解决；

对于恶意欠费户，要坚决按电力法规办事，采取封停限措施，必要时引入司法程序。同时要建立催收档案，为今后纳入法律解决提供充分依据。

分析欠费原因是解决欠费问题的必经之路，只有找出欠费问题的症结所在，供电企业才能有的放矢，采取有效的手段，追回所欠电费，并预防、杜绝新欠费发生，使电费回收工作顺利开展。合理积极运用法律武器追讨欠费主要体现以下几方面：

（1）及时运用逾期违约制度，进行违约救济；

（2）充分利用代位权，确保电费顺利清欠；

（3）充分发挥抵销权的作用；

（4）重视支付令在电费回收中的作用；

（5）积极尝试公证送达在清欠中的应用；

（6）积极尝试债转股方式；

（7）依法起诉或申请仲裁；

（8）停限电催费。

【思考与练习】

1. 客户欠费记录台账包括哪些内容？
2. 填写客户欠费记录台账的具体要求有哪些？
3. 客户欠费原因分析包括哪些方面？
4. 对欠费客户采取的措施有哪些？
5. 欠费明细表和欠费汇总表统计维度中科目类别包含几部分内容？
6. 欠费明细表和欠费汇总表有哪些统计要素算法？
7. 统计要素描述包含哪些内容？

第十八章　经济事故的调查

【概述】

本章主要讲述在抄核收工作中发生的经济事故调查程序、取证方法、编写调查报告等内容，通过概念描述、术语说明、要点归纳、示例介绍，熟悉经济事故调查过程和经济事故调查、分析、认定、处理的有关规定。

【课时】

6课时。

【适用等级】

Ⅲ级。

【正文】

营业经济事故：在用电营销工作中，由于主观故意或其他客观原因，导致供电企业或客户利益受到侵害或经济上遭受损失的事件。

营业经济事故主要指营销人员在抄表、核算、收费的过程中出现的差错现象。

对于发生的营业经济事故，必须做到“三不放过的原则”，举一反三，防微杜渐。

一、经济事故的调查

（一）营业经济事故调查程序

1. 了解事故状况

通过询问当事人和相关人员及查阅相关资料的方式，掌握该经济事故的成因和经过发展情况，了解发生经济事故的类型，初步评估该事故可能造成的损失和由此带来的影响、后果。

对于重大营业经济事故，应及时报告上级主管及纪律检查部门，避免造成不必要的损失。

2. 调查

调查即在掌握事故发生之前原始状况的基础上，了解事故发生的时间和具体经过。

事故发生之前的原始状况是一个重要的关键点，是判别事故从何时发生、持续的时间和相关费用损失的基准点。

事故发生前原始资料的提取应根据经济事故类型确定，如现场表计示数、断相仪记录、互感器变比参数、抄表示数、核算日期及计算方法、电量电费退补记录、收费存根单据、照片、客户的变电运行等信息资料。

详细了解事故具体经过是分析事故成因和完善管理制度的前提。

了解事故具体经过应坚持客观公正、实事求是的原则，在熟悉相关工作管理制度、办法的基础上要通过查阅营销系统的相关资料（包括业务档案、电费单据、营业报表）和询问、走访的方式进行具体了解。

当事人回忆材料，要做好笔录、录音、录像等，并经当事人签名确认事实。

3. 取证

调查人员应全面收集发生事故的多种类型证据。

对相关书面纸质资料（如交费卡、收费单据、付款凭证）需取证的，可采取对相关资料复制件取证的方式。

对询问当事人或走访相关人员需取证的，可采取询问笔录方式取证，询问笔录应由被询问人签字确认。

对了解客户现场用电情况（包括表计运行）需取证的，可采取拍照、录音、录像等影像视听方式保存证据。

4. 分析原因责任

调查完毕后，调查人员分析本次经济事故发生的原因（包括直接原因和间接原因），是否存在人为违规操作或工作失职、渎职问题，是否存在管理制度不健全问题。

按照相关规定，计算本次事故造成的经济损失，评估本次事故给公司带来的工作影响和社会影响，确定事故发生的主要责任人员和其他责任人员。

5. 撰写调查报告

现场具体调查后，调查人员应整理相关调查资料，撰写调查报告提交领导审阅，本次调查结束。

书面调查报告应包括调查人员、调查时间、查证资料、询问走访人员、问题成因、主要责任、经济损失、事故影响、管理建议。

（二）取证方法

1. 原始资料复制件取证

对可作为相关证据的原始资料，如采集系统数据、核算系统台账、留存的营业报表、供用电合同、电费结算协议、收费单据或付款凭证等，可对原始资料复制件（复印件必须加盖责任单位公章才有效）进行取证。

2. 询问笔录方式取证

调查时需询问当事人或走访相关人员的，可采取询问笔录的方式取证，询问笔录应由被询问人签字确认。

如询问记录有差错或有遗漏，应当允许被询问人更正或者补充，但更改之处应由被询问人按手印以示确认。

被询问人拒绝在询问笔录上签字确认的，调查人员应在询问笔录上予以注明，并以录像的方式对现场影像活动进行记录。

3. 影像视听方式取证

调查时需了解客户现场用电情况（包括表计运行）和需了解客户是否规范用电的，可采取拍照、录音、录像等影像视听方式保存证据。

影像视听方式也适用于询问、走访了解和相关书面资料的取证。

（三）编写调查报告

经济事故调查完毕后，调查人员应整理相关调查资料，撰写调查报告。

“经济事故调查报告”应当包括下列内容：

1. 事故调查人员和调查时间；
2. 事故发生的时间和地点；
3. 事故具体经过；
4. 事故原因分析，并确定事故性质；
5. 事故损失情况和影响；
6. 事故责任人认定；
7. 管理建议；
8. 相关取证资料。

二、经济事故调查、分析、认定、处理的有关规定

（一）一般经济责任事故的记录与调查

经济责任事故是指有关单位及个人在从事电力营销工作的过程中，由于人员失误或未按有关规定、规程、制度开展工作，给公司造成较大经济损失的事故行为。

一般经济责任事故是指除重大经济责任事故以外的，造成公司经济损失金额达5000元及以上（或电量损失1万kW·h及以上的）营销事故。

一般经济责任事故由各市供电公司处理，可参照重大经济责任事故的调查和考核处理方法执行，并于次月十日前将本单位发生的一般经济责任事故汇总上报省公司。

发生一般经济责任事故时，应成立事故调查小组，开展事故的调查。由监察、审计、财务、劳资、营销等部门组成的事故调查小组，并在规定时间内形成“事故调查报告”，提出处理意见，报领导批准。

根据事故调查、分析事故发生的原因，确定事故的主要责任者和其他相关责任者，并且制定防范措施。

（二）关于重大经济事故的认定、调查、分析

根据事故造成损失的大小以及对社会造成的影响程度，将事故分为重大经济责任事故和一般经济责任事故。

1. 重大经济责任事故由以下行为构成：

（1）未按规定要求装、校电能计量装置（含换表、现场校验、压降测试等），致使计量装置接线错误造成退（补）电费达50万元或可计电量达100万kW·h及以上的行为；

（2）因人员失职行为使电能计量装置运行发生故障、时钟失准等，发生计量失准造成退（补）电费达50万元或可计电量达100万kW·h及以上的行为；

（3）由于计量装置乘率计算错误或参数抄录不正确造成退（补）电费达50万元或可计电量达100万kW·h及以上的行为；

（4）未按规定配置电能计最装置，包括TA、TV、二次回路、电能表等级、容量、功能，或信息数据抄录错误造成退（补）电费达50万元或可计电量达100万kW·h及以上的行为；

（5）由于负荷管理装置的运行人员，对装置运行、维护、整定、操作不当，致使装置误

动作、数据采集错误、未能及时发现计量异常状况造成退（补）电费达50万元或可计电量达100万kW·h及以上的行为；

(6) 对新装、增容用户未按《供用电合同管理办法》与客户签订供用电合同，或签订供用电合同不符合规定，发生供用电纠纷造成退（补）电费达50万元或可计电量达100万kW·h及以上的行为；

(7) 未按规定对客户的基础数据进行审核，并未通知有关人员进行更正，致使营销系统数据错误造成退（补）电费达50万元或可计电量达100万kW·h及以上的行为；

(8) 未能根据客户的用电性质、用电容量、计量方式，正确确定客户应执行电价，造成公司经济损失达50万元的行为；

(9) 擅自减、缓、免相关业务费用，造成少收入或拖欠相关费用无法收回的，金额达50万元及以上的行为；

(10) 未按规定办理客户减容或暂停业务，造成经济损失达50万元或电量达100万kW·h及以上的行为；

(11) 由于抄表、复核、结算等工作质量问题，造成经济损失达50万元或电量达100万kW·h及以上的行为；

(12) 由于未采取有效措施，造成用户新欠电费无法收回，金额达100万元及以上的行为；

(13) 用电检查人员由于工作质量问题未能及时查处违约、窃电造成经济损失达50万元或电量达100万kW·h及以上的行为；

(14) 在进行违约用电、窃电处理过程中，因徇私舞弊而造成损失达10万元及以上的行为；

(15) 公司员工利用职务之便，挪用电费等营业收入达10万元及以上的行为；

(16) 与客户内外勾结，徇私舞弊，擅自改动用户计量装置或更改客户资料（电价、容量、欠费情况、抄见示度、电量等）造成经济损失达50万元或电量达100万kW·h及以上的行为；

(17) 对电力销售收入报表等财务资料弄虚作假，截留电费收入金额达50万元及以上的行为；

(18) 由于故意或者重大过失，在营销工作中引发涉及企业的诉讼与非诉讼，导致企业败诉的经济损失达10万元以上或其他严重后果的行为；

(19) 越权、无权、滥用职权发布、宣传不实电力营销信息，引起较大不良社会影响后果或其他严重后果的行为；

(20) 未按国家规定程序和方式对用户中止供电，造成公司及所属单位赔偿用电人经济损失达10万元或引起其他严重社会后果的行为；

(21) 因自然等原因断电，有抢修责任的营销单位和有关人员未及时抢修，造成公司及所属单位赔偿用电人经济损失达10万元或引起其他严重后果的行为；

(22) 其他造成经济损失50万元或电量损失100万kW·h及以上的行为。

2. 营销经济责任事故的调查处理

(1) 重大经济责任事故由省公司处理，一般经济责任事故由各市供电公司处理。发生重大经济责任事故后，市供电公司应于5个工作日内，将事故发生情况书面上报省公司；

(2) 省公司根据事故的性质，决定由省公司或委托地市级供电公司组成事故调查小组进行事故调查；

（3）委托地级供电公司开展事故调查的，应由监察、审计、法律事务、财务、劳资、营销等部门人员组成事故调查小组，于20个工作日内，形成《事故调查报告》，并提出本单位初步处理意见，报省公司；

（4）各单位应于次月十日前将本单位发生的一般经济责任事故汇总上报省公司。

3. 考核与处理

（1）根据事故调查，分析出事故发生的原因，确定事故的主要责任人和其他相关责任人，并且确定防范措施；

（2）对事故发生单位的负责人和主要责任人、次要责任人，根据事故调查的事实，视情节轻重、损失等后果的严重程度，分别给予经济处罚和行政处分，构成犯罪的，移交司法机关追究刑事责任。

对公司造成的经济损失，首先应当由被追究责任的公司员工所在单位以自有资金承担赔偿责任，然后由相关责任人按过错严重程度承担赔偿责任，赔偿金额不能低于直接损失的10%；

损失赔偿采用支付赔偿金的方式进行；

应当承担赔偿责任的公司员工除能以其现金一次性支付损失赔偿金的以外，该员工所在单位在已经支付了相应的赔偿金后，可以采用每月从该员工的工资、奖金等收入中直接扣除一定数额的方式，每月扣除的赔偿一般不超过该员工当月标准工资的20%与当月奖金总额之和。

4. 从严处理的情况

对下列情况应从严处理：

（1）对事故隐瞒不报、谎报，在事故调查中弄虚作假、隐瞒真相的；

（2）阻挠事故调查或无正当理由拒绝事故调查，以及拒绝提供有关情况和资料，不配合事故调查的；

（3）内外勾结、损公肥私、徇私舞弊的；

（4）对第一条第17项的行为应当对决定该行为实施的管理人员追究全部责任，给予记过及以上的行政处分，并扣发奖金，单位取消一切评优资格，并全省通报批评；

（5）在对第一条第17项行为的集体决策过程中持相反意见的人员可免于承担责任；

（6）对第一条第1至13、18至22项的行为，视情节轻重给予责任者记过及以下处分，并分别给予经济处罚；

（7）对第一条第14、16项的行为，视情节轻重给予责任者开除及以下处分，并分别给予经济处罚；

（8）对第一条第15项的行为视情节轻重给予责任者开除及以下处分，构成犯罪的，移交司法机关追究刑事责任；

（9）对单位责任人，根据经济事故的性质、损失大小、具体情节，分别给予通报批评、警告、记过、记大过、降级、降职、撤职、留用察看、除名等处分；

（10）对“事故调查报告”“事故处理意见”持有异议的单位及个人，应于1个月内向省公司提出申诉，省公司应于1个月内予以答复；

（11）为鼓励公司系统职工和社会公众对公司系统内的重大经济责任事故进行举报，对举报内容一经查实的举报人予以嘉奖，奖励的金额为500～10000元（奖励从第十一条赔偿金中列支）。

三、案例分析

某供电公司抄表经济事故案例：

2013年5月25日，某供电公司在表计更换的时候，将该户系统双回路对应关系颠倒，倍率高的计量装置正常生产，倍率低的计量装置检修时才用。本月负控采集示数000700，系统按照低倍率进行计算，致使该公司对该户当月少计电量3万kW·h。6月初，经营销稽查人员内部稽查，发现，在其抄表过程中出现了营业经济事故，遂对其展开调查。

调查报告如下：

1. 调查人员：张××、刘××。
2. 调查时间：2013年6月15日。
3. 事故发生的时间：2013年5月25日。
4. 地点：某供电公司客户×××化工厂。
5. 事故具体经过：

2013年6月25日，换表人员陈××在更换表计时将该户系统双回路对应关系颠倒，致使该公司对该户当月少计电量3万kW·h。

6. 事故原因分析：

（1）换表人员陈××平日对自身工作要求不严，思想存在懈怠；

（2）该公司内部约束考核力度不够，造成个别人员对工作不认真、不负责，工作时将就应付，习以为常；

（3）电费审核把关不严，在本月电量与以往对比明显减少的情况下未进行审核，导致事故出现。

7. 事故损失情况和影响：

（1）损失情况：

①致使该支公司当月损失3万kW·h电量电费；

②由于少计售电量致使该线路线损率升高，被公司绩效考核扣分1分，公司整体绩效工资减少12500元。

（2）影响：

公司营销稽查部门在全公司范围内对陈××的差错行为进行了事故通报，导致该公司本月经营管理名次排名下降，整体管理水平及人员业务素质受到质疑，企业形象受到一定程度影响。

8. 事故责任人认定：

本次事故主要由于换表人员陈××工作不认真、不负责，导致经济事故发生，同时约束考核不力、电费审核把关不严也存在一定责任。

主要责任人：陈××。

相关管理责任人：装接班班长，刘××。

相关电费审核责任人：谢××。

9. 管理建议：

（1）管理上，应严格实施考核，有效增强员工的工作责任感、危机感，促使其尽职尽责，做好本职岗位工作；

（2）技术上，应有效利用现有科技手段，如利用电能量采集系统进行数据比对，之后进行示数核对，在事故事实未形成之前及时予以消除。

10. 关取证资料：

（1）负控采集系统数据；

（2）核算卡；

（3）电能量采集系统监控电能表指示数；

（4）客户现场询问影像资料。

【思考与练习】

1. 简述经济事故的调查步骤。
2. 经济事故的取证方法有哪几种？
3. 以询问笔录方式取证时，应注意哪些事项？
4. 撰写经济事故调查报告时应包括哪些说明项目？
5. 省电力公司对于一般营业经济事故是如何划分界定的？

第十九章 专业对标指标分析

【概述】

本章包含国网公司抄核收工作相关统一对标指标等内容。通过概念描述、指标分析、示例介绍，掌握统一对标指标的统计、分析，提出合理化建议和措施。本章主要介绍国网公司同业对标的主要指标，着重介绍指标的应用、统计、分析以及提出合理的建议和改进措施。

【课时】

6课时。

【适用等级】

Ⅲ级。

【正文】

一、当年电费回收率

电费回收率指标是直接反映电力行业电费回收情况的指标，是关系到电力行业管理水平的重要指标之一。

1. 指标计算

当年电费回收率=实收当年电费总额/应收当年电费总额×100%。

2. 指标统计

(1) 按照省为单位统计当年回收率；

(2) 按照行业统计，分析行业回收情况；

(3) 按照用电类别统计，分析各类客户回收情况；

(4) 按照电压等级统计，分析不同电压等级客户回收情况。

3. 指标考核

国网公司电费回收率按年考核，规定考核期内电费回收率100%，若不达标，则按照规定予以考核。

各省公司根据国网公司年度考核规定，制定相应的考核指标及标准。

4. 影响电费回收率的原因

(1) 企业生产经营困难。相当一部分企业由于自身经营不善、负债过多或严重亏损，企业资金周转困难，无力缴付电费。

(2) 恶意逃避电费。有的企业法律意识和信用观念薄弱，以各种方法逃避电费。如借公司制改造、兼并重组、产权转让、组建企业集团等名义，将资金资产转移到新的经济实体，由已经成为空壳的原企业来承担巨额欠费，有的干脆停产关闭、申请破产。

(3) 地方行政干预。一些地方政府领导以缓解就业压力、维护社会稳定为由，阻止或限制供电企业催收电费。

(4) 政策性关停。主要针对不符合国家产业政策环保不达标企业、煤矿、化工等能源开采和生产企业而言。

(5) 城市整体规划拆迁所形成的用电后无人缴费，找不到户主的欠费。

(6) 不可抗力所造成的欠费，如地震、海啸、泥石流、台风等一些自然灾害。

(7) 客户与供电部门经济纠纷造成客户拒缴电费。

(8) 居民小区由于物业管理不善，内部亏损，形成欠费。

(9) 由于抄表和核算过程中的错误造成客户拒付电费，形成欠费。

(10) 由政府财政统一结算的电费受到政府资金划拨和银行间流通环节的延期，制约电费资金的及时准确到账。

(11) 催费乏力，供电企业营销队伍素质较差，岗位设置不合理，制度考核不严，主观上对电力法律法规宣传不足，依据电力法律法规催收电费的力度不够、办法不多。

(12) 城市空关房欠费不能及时回收。

【例 7-18-1】 某供电公司，5 月份电费发行 30000000.00 元，截至逾期日，实际收回电费 29500000.00 元，预付电费 5000000.00 元，该供电公司 5 月份的电费回收率是多少？分析原因并提出整改措施。

解：电费回收率＝(当期实收电费金额÷当期应收电费金额)×100％

＝29500000÷30000000×100％＝98.33％。

答：该供电公司 5 月份的电费同收率是 98.33％。

分析：

第一步：

分析该公司影响电费回收率的欠费客户，通过查询电力客户分户明细账，发现欠费客户主要有 10 户，3 户是煤矿客户，2 户是事业单位客户，2 户是商业客户，3 户为居民客户。

第二步：

根据找出的欠费客户，分析欠费客户形成欠费的原因：

(1) 煤矿客户欠费主要原因是受到政府政策性关停影响，不能正常生产，资金链出现问题，无法按时缴纳电费；

(2) 事业单位欠费主要原因是事业单位的办公费用支出由政府财政统一支付，审批环节和手续比较繁杂，资金流转时间较长，在规定的收费期内很难确保电费资金及时足额到账，由此产生欠费；

(3) 商业客户欠费主要是因为政府拆迁，个别营业站（所）面临拆迁情况，客户在规定的收费期限内找不到缴费网点，造成延误电费回收；

(4) 居民户欠费的主要原因是居民外出打工或出差，不能及时缴纳电费造成欠费。

第三步：

通过分析影响电费回收率的原因，制定整改措施。

通过对欠费客户形成原因的分析，不难看到，影响该供电分公司当月电费回收率的主要原因是政府部门财务报销制度和政策性关停政策，以及客户外出不在家等。

为此，特制定以下整改措施：

（1）加强与政府部门的沟通，在无法改变现有财务报销制度的前提下，积极与客户协商，使之按规定时间缴纳电费；

（2）对企业客户，应主动与客户沟通，努力争取客户的支持与理解，签订预购电电费协议，确保不发生欠费现象；

（3）做好购电方式的宣传工作，积极推广应用新的购电模式；

（4）拓展多渠道缴费方式，满足不同客户的缴费需求，如办理银行卡（本）代扣、网上银行缴费等，避免出现客户无法缴费的情况。

名词解释：

应收总额＝当月电费应收＋当年往月电费应收＋往年电费应收；

实收总额＝实收当月电费＋实收当年往月欠费＋实收往年欠费＋实收往年已核销电费＋尾差调整＋违约金＋预付电费＋冲抵电费；

欠费总额＝当月电费欠费＋当年往月电费欠费＋往年电费欠费；

冲抵电费＝预付电费－应收电费；

当月电费欠费＝当月电费应收－当月电费实收；

当年往月电费欠费＝当年往月电费应收－当年往月电费实收；

往年电费欠费＝往年电费应收－往年电费实收－往年电费核销；

违约金＝用户在供电企业规定的期限内未缴清电费时，应承担电费滞纳的违约责任费用；

预付电费＝尚未发行前客户预先缴付的电费；

尾差调整＝调尾前电费－调尾后电费。

5. 改进电费回收率的措施

（1）严格规范供电企业内部的电费管理工作。

加强收费员业务培训教育，提升业务工作水平；合理优化配置营销岗位，制定行之有效的考核制度，增强工作人员的敬业精神；制定催收电费管理办法和措施。

固定抄表日期，严格执行违约金制度，大力推广购电用电机制，增加预购电计量装置的比率。推广使用新的缴费方式，如自助缴费、网银缴费、银行卡代扣、支付宝缴费等。

（2）加强优质服务宣传力度，营造良好电费回收氛围。

以客户为中心，与客户建立良好的合作关系，争取客户对电费回收工作的理解和支持；同时加强电力法律、法规的宣传力度，在全社会中树立“电是商品，用电必须缴费”的责任意识，不断营造良好的电费回收氛围。

（3）增强法律意识，运用法律手段化解电费风险。

完善《供用电合同》，以法律的形式规范客户抄表时间、缴纳电费的时间、付款方式等；同时与客户签订电费协议，以书面形式明确客户缴纳电费的违约责任。

供电企业作为债权人，可以依法向所有债务人追收欠缴的电费。

供电企业对不按时缴纳电费的企业应及时掌握第一手材料；对有支付能力而不主动缴纳电费的企业，应进行说服，晓以利害，促使其自觉缴纳电费；对确属一时资金周转困难但资产质量较好的企业，可以给予一定的宽限期，与之签订缴纳电费协议，或要求提供担保；对欠费时间长、诉讼时效期限将满或态度消极的欠费客户，应及时采取催款通知或停电催费等法律手段。

（4）加强与政府部门的沟通，创建良好的电费回收环境。

供电企业要在支持地方经济发展、招商引资、改善人民生活方面做出突出的贡献，要积极与政府部门沟通，取得地方政府和主管部门的支持，为供电企业的发展和电费回收创建良好的外部环境。

（5）建立信用管理机制，强化电费风险防范预警机制。

建立信用管理机制，可以对客户进行信用评估，根据评估结果对不同的客户采取不同的用电政策，有效消除供电企业电费回收事后控制的弊端，强化电费风险防范预警机制，有效防止拖欠电费现象的发生。

【例 7-19-2】 某供电公司 2008 年 9 月当月电费回收率完成 99.95%，当月欠费额为 5.68 万元，未完成计划下达的电费回收率指标，为此该公司领导高度重视，组织专人召开了电费回收分析会，查找电费回收率不达标的原因，以期通过一系列整改措施提高电费回收率。

经过一段时间的分析整改，到 2008 年 11 月，该供电公司电费回收率取得了可喜的成绩，当月和累计电费回收率均达到 100%。

1. 分析电费回收率低的原因：

分析未收回电费的构成，通过分析发现，该公司每月的电费有 65%集中在大中型工业企业，居民用电占 20%左右，市政及其他用电占 15%，而当月未收回电费部分主要是集中在居民和市政用电部分。

分析出电费构成后，就可以重点分析是什么原因造成居民及市政用电的欠费产生，通过大量的走访客户和深入调查客户用电状况，可以发现，对居民户而言，主要是因为城市改造和大量的拆迁，使客户产生一种可以侥幸不缴电费的心理。

对市政客户来说，主要是由于电费是由财政部门每月统一划拨，经过的审批手续又比较繁杂，等真正电费资金到位就有可能超出了供电部门的缴费期限，产生违约金不列入政府支付范畴，由此拖延电费缴费，产生了欠费。

2. 制定整改措施：

（1）加强对电力客户电力相关法律知识的宣贯活动，使电力客户树立“电是商品，用电必须缴费”的责任意识。

（2）对居民客户做好先缴费后用电的宣传工作，并积极推行预购电。

（3）积极拓展缴费渠道，推广多种缴费方式，使电力客户方便通过多种缴费方式在最短的时间内缴纳电费，避免电费违约金的产生。

（4）协调政府部门，做好电费回收的沟通与协调工作，争取电力客户的理解与支持，有效推动电费回收工作。

（5）强化电费风险预警机制，完善信用登记评价体系建设。

3. 整改实施及效果：

通过上述大量工作的开展，使各种类别客户对供电企业电费回收工作有了更深层次的认识，积极主动配合电费回收工作，重新签订了《供用电合同》，主动预购电费，避免了电费回收风险。从整改以来，该公司电费回收率达到 100%。

二、电费回收周期

电费回收周期，就是销售电费资金回笼速度，其不仅是反映电费回收情况的指标，还是反映电费资金回笼周期的指标，反映了电力行业各个省公司的电费管理情况，为电力行业扩大再生产提供了资金保障，减少银行贷款利息损失。

1. 影响电费回收周期的原因

分析影响电费回收周期的原因，首先要分析电费回收周期与电费回收率的区别，电费回收率指标是时段性指标，即在考核期规定时间内100%回收即可，而电费回收周期指标，不仅仅要将电费100%回收，而且要加快回收甚至提前回收。

电费回收周期指标较回收率指标更能反映电费回收的真实情况和电费的管理水平的高低，更能降低电费回收风险，更能减少电力行业在银行贷款利息损失，从而提高经济效益。

所以，除了影响电费回收率的原因以外，影响电费回收周期的原因还有以下几方面：

(1) 低压客户抄表周期太长，固定抄表日执行不到位，影响电费不能及时发行、及时回收；

(2) 抄表自动化程度不高，部分地区还存在大量人工抄表，抄表工作占用时间太多，影响电费及时回收；

(3) 交费渠道较窄，客户选择性受到限制，部分地区仍存在排队缴费现象。为了避开缴费高峰期，很多客户拖延缴费时间，造成电费不能及时回收；

(4) 电子化缴费程度不高，支票流转时间太长，欠发达地区还有延续现金缴费、现场开票的方式，造成缴费时间延长，影响电费不能及时回收；

(5) 宣传力度不够，农村地区及时缴费意识淡薄，延续老传统缴费，如逢赶集才缴费的习惯，影响电费回收速度；

(6) 部分边远地区还有上门走收电费的形式，收费人员不能及时解款，造成电费回收周期延长；

(7) 供电与客户发生电费经济纠纷，处理不及时造成客户短期拒缴电费，造成回收周期延长；

(8) 客户出差或外出打工，耽误缴纳电费，造成回收周期延长；

(9) 催费人员责任心不强，对电费回收的重要性认识不到位，不能做到勤提醒、勤催客户缴费，造成客户缴费不及时；

(10) 供电营销人员服务不到位，增加了用电客户用电成本，客户提出异议造成缴费不及时；

(11) 客户预购电比率不高，特别是大客广预购电比率，造成电费回收周期延长。

2. 缩短电费回收周期的改进措施

(1) 利用用电采集系统，固定抄表日期（比如：每月一日零时冻结数），对所有客户进行远程抄表，缩短抄表时间，加快发行电费，缩短客户缴费周期，实现缩短缴费周期；

(2) 拓展缴费渠道，比如大量推行银行卡扣、网上银行缴费、淘宝缴费、充值卡缴费等，减少客户现金排队缴费现象，缩短缴费周期；

(3) 提高315千伏安及以上大客户预购电比率，实现“0”缴费周期；

(4) 提高电子化托收电费比率，对于非居民客户实现电子化托收电费，减少支票和现金缴费，提高实时收取电费比率，从而缩短缴费周期；

(5) 提高营销人员主动催收电费意识、工作质量和服务意识，减少电费纠纷，减少电费差错，确保客户能准确及时缴纳电费，缩短缴费周期；

(6) 主动联系客户，帮助客户合理用电，有效降低电力成本，提高服务质量，让客户透明消费电能，及时缴纳电费。

【思考与练习】

1. 缩短电费回款周期的意义是什么？
2. 影响电费回收周期的原因有哪些？
3. 缩短电费回收周期的改进措施有哪些？

第九篇

营财对账

第二十章　重要电力客户的定义及确定

【概述】

本章包含营销和财务（以下简称“营财”）对账的整体工作思路与流程，通过学习，掌握营财对账方法。

【课时】

6课时。

【适用等级】

Ⅲ级。

【正文】

为提高精益化管理水平，营销管理信息系统和财务管理信息系统的数据应实现集成，即营销系统中的电费数据变化明细能自动发送到财务系统，再通过营销、财务账目核对工作，保证电费账目准确，避免因手工操作原因产生账目差错。

一、营财对账的内容

营销、财务账目核对的内容包括：核对双方系统的应收电费、实收电费、预收电费等内容。

（一）应收电费的核对内容

1. 正常发行的电费；
2. 差错电费：对差错电费进行处理后引起的应收电费金额的变化；
3. 违约用电补收电费：违约用电处理时补收的电费；
4. 装表临时用电等业务费；
5. 自备电厂系统备用容量费；
6. 自备电厂基金和附加；
7. 随应收电费发行的各项国家规定征收的基金和附加；
8. 其他要求核对的项目。

（二）实收电费的核对内容

1. 电费差错返款：对已实收的电费进行差错处理后减少的实收电费；
2. 签约单位的代收电费；
3. 营业厅坐收电费（现金和银联 POS 机刷卡）；
4. 银行汇款；

5. 银行托收电费：以特约委托方式通过银行转账收取的电费；

6. 承兑汇票；

7. 预收结转实收电费；

8. 电费滞纳违约金：各类方式收取的电费滞纳违约金；

9. 违约用电、装表临时用电等业务费；

10. 第三方代收；

11. 其他要求核对的项目。

(三）预收电费的核对内容

1. 电费差错暂存：对已实收的电费进行差错处理后增加的预收电费；

2. 银行预托收电费：以特约委托方式通过银行转账收取的预收电费；

3. 电卡表（或费控）购电现金（或 POS 机刷卡）；

4. 电卡表（或费控）购电支票；

5. 负控购电现金；

6. 负控购电支票；

7. 支票结余；

8. 现金结余；

9. 业务费退费转预收；

10. 预收结转实收、预收冲抵电费滞纳金；

11. 预收退费；

12. 其他要求核对的项目。

二、营财对账项目

1. 营销财务账目的核对分为日常账目核对和月度总账核对。

1）日常账目核对是指财务部门根据营销提供的核对无误的日报表和实物单据与财务系统接收的营销业务数据进行核对，如有差异，双方必须立即查找原因及明细，并在当月及时处理，保证当月数据一致。

应收日报查询（河北）如图 9-20-1 所示。

(1）当前位置：电费收缴及营销账务管理>>客户缴费管理>>功能>>应收日报查询（河北）；

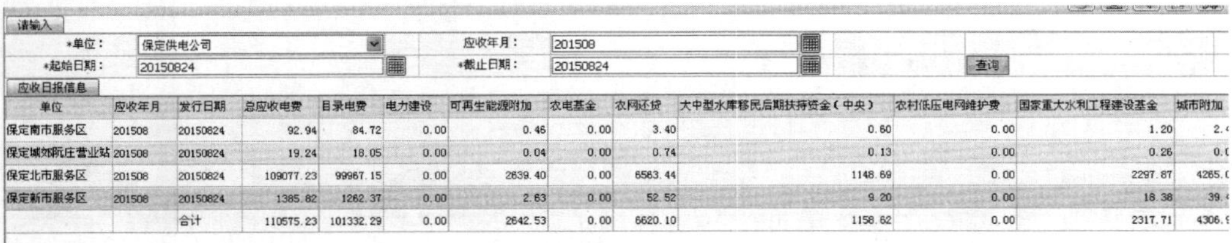

单位	应收年月	发行日期	总应收电费	目录电费	电力建设	可再生能源附加	农电基金	农网还贷	大中型水库移民后期扶持资金（中央）	农村低压电网维护费	国家重大水利工程建设基金	城市附加
保定南市服务区	201508	20150824	92.94	84.72	0.00	0.46	0.00	3.40	0.60	0.00	1.20	2.
保定城郊阮庄营业站	201508	20150824	19.24	18.05	0.00	0.04	0.00	0.74	0.13	0.00	0.26	0.
保定北市服务区	201508	20150824	109077.23	99967.15	0.00	2639.40	0.00	6563.44	1148.69	0.00	2297.87	4265.
保定新市服务区	201508	20150824	1385.82	1262.37	0.00	2.63	0.00	52.52	9.20	0.00	18.38	39.
		合计	110575.23	101332.29	0.00	2642.53	0.00	6620.10	1158.62	0.00	2317.71	4306.

图 9-20-1　应收日报查询（河北）

（2）选择应收年月与起始、截止日期后单击【查询】按钮。

注意：每月月底发行下月的电费，查询时注意应收年月、起始日期、截止日期的选择。应收年月选择具体发行电费的年月，起始日期、截止日期为具体的电费发行日期。比如 7 月 28 日发行 8 月的电费，那么应收年月选 8 月，起始日期、截止日期选 7 月 28 日。

实收日报查询（河北）如图 9-20-2 所示。

（1）当前位置：电费收缴及营销账务管理＞＞客户缴费管理＞＞功能＞＞实收日报查询（河北）；

（2）选择收费的起始、截止日期、操作类别后单击【查询】按钮。

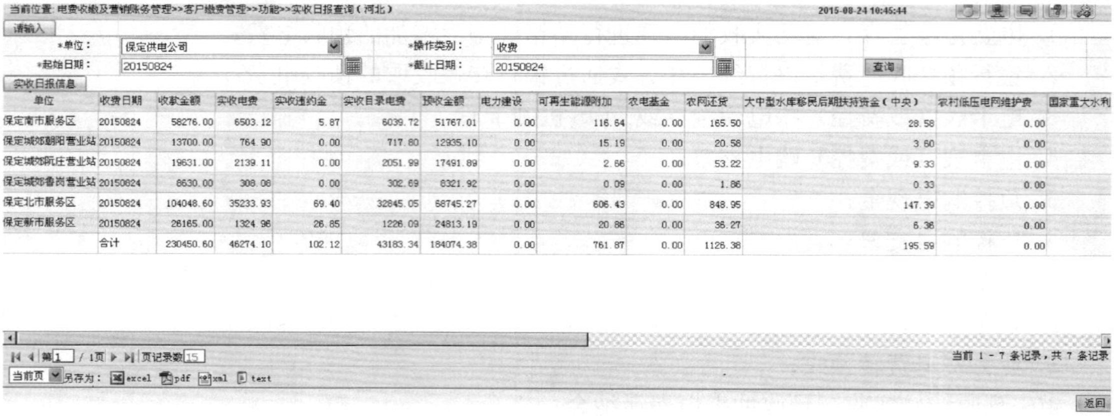

单位	收费日期	收款金额	实收电费	实收违约金	实收目录电费	预收金额	电力建设	可再生能源附加	农电基金	农网还贷	大中型水库移民后期扶持资金（中央）	农村低压电网维护费	国家重大水利
保定南市服务区	20150824	58276.00	6503.12	5.87	6039.72	51767.01	0.00	116.64	0.00	165.50	28.58	0.00	
保定城郊朝阳营业站	20150824	13700.00	764.90	0.00	717.80	12935.10	0.00	15.19	0.00	20.58	3.60	0.00	
保定城郊阮庄营业站	20150824	19631.00	2139.11	0.00	2051.99	17491.89	0.00	2.66	0.00	53.22	9.33	0.00	
保定城郊香岗营业站	20150824	8630.00	308.08	0.00	302.69	8321.92	0.00	0.09	0.00	1.86	0.33	0.00	
保定北市服务区	20150824	104048.60	35233.93	69.40	32845.05	68745.27	0.00	606.43	0.00	848.95	147.39	0.00	
保定新市服务区	20150824	26165.00	1324.96	26.85	1226.09	24813.19	0.00	20.86	0.00	36.27	6.36	0.00	
	合计	230450.60	46274.10	102.12	43183.34	184074.38	0.00	761.87	0.00	1126.38	195.59	0.00	

图 9-20-2 实收日报查询（河北）

业务费实收日报查询（河北）如图 9-20-3 所示。

（1）当前位置：电费收缴及营销账务管理＞＞业务费缴费管理＞＞功能＞＞业务费实收日报查询（河北）；

（2）选择收费的起始、截止日期、操作类别后单击【查询】按钮。

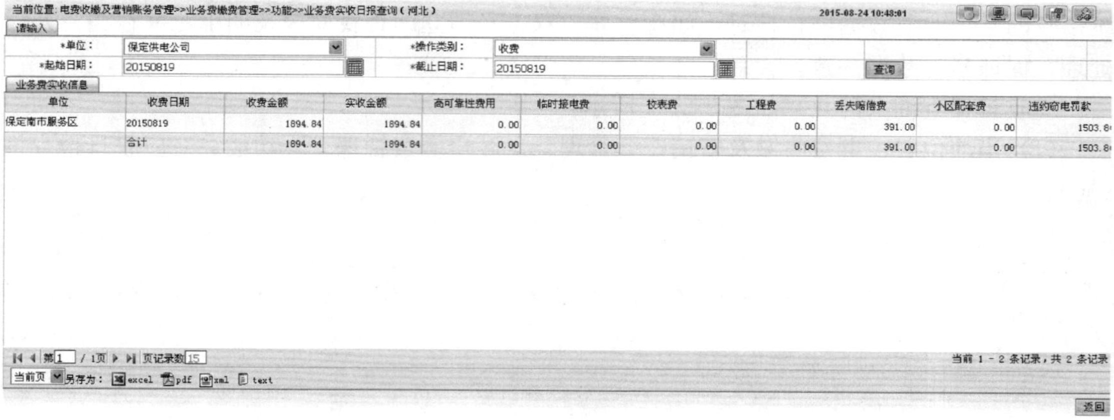

单位	收费日期	收费金额	实收金额	高可靠性费用	临时接电费	校表费	工程费	丢失赔偿费	小区配套费	违约窃电罚款
保定南市服务区	20150819	1894.84	1894.84	0.00	0.00	0.00	0.00	391.00	0.00	1503.8
	合计	1894.84	1894.84	0.00	0.00	0.00	0.00	391.00	0.00	1503.8

图 9-20-3 业务费实收日报查询（河北）

2）月度总账核对，是指以每月最后一天 24 时为时间节点，对营销系统和财务系统的全部业务收费账目进行月度核对。

科目汇总账（河北）如图 9-20-4 所示。

当前位置：电费收缴及营销账务管理>>营销账务管理>>功能>>科目汇总账(河北)　2015-07-29 16:27:04

请输入

*核算单位：石家庄供电公司　*会计期间：201507　*至：201507

*总帐科目：1122应收账款　*数据条件：全部

统计　查询　返回

石家庄供电公司科目汇总表

币种：人民币

科目编号	科目名称	方向	期初余额	借方发生额	贷方发生额	方向	期末余额
1122	应收账款	借	2,374,165.24	115,097,519.57	54,296,974.20	借	63,174,710.61
112201	应收账款\应收售电收入	借	2,374,165.24	113,087,377.03	52,516,488.20	借	62,945,054.07
11220101	应收账款\应收售电收入\电费	借	2,262,676.11	107,303,974.02	48,267,114.11	借	61,299,536.02
1122010101	应收账款\应收售电收入\电费\非网间	借	2,262,676.11	107,303,974.02	48,267,114.11	借	61,299,536.02
1122010102	应收账款\应收售电收入\电费\网间	平	0.00	0.00	0.00	平	0.00
11220104	应收账款\应收售电收入\水库移民后期扶持基金	借	9,089.87	817,701.67	365,779.41	借	461,012.13
1122010401	应收账款\应收售电收入\水库移民后期扶持基金\大中型	借	7,977.87	715,378.84	319,990.13	借	403,366.58
1122010402	应收账款\应收售电收入\水库移民后期扶持基金\地方库	借	1,112.00	102,322.83	45,789.28	借	57,645.55
11220105	应收账款\应收售电收入\城市公共事业附加	借	34,588.76	-1,765,988.12	1,089,343.09	贷	2,820,742.45
11220106	应收账款\应收售电收入\差别电价	平	0.00	0.00	0.00	平	0.00
11220107	应收账款\应收售电收入\可再生能源附加	借	4,650.60	1,213,302.84	324,438.95	借	893,514.49
11220108	应收账款\应收售电收入\应上缴农村电网维护费	平	0.00	0.00	0.00	平	0.00
11220110	应收账款\应收售电收入\国家重大水利工程建设基金	借	15,639.13	1,433,110.61	641,870.34	借	806,879.40
11220111	应收账款\应收售电收入\惩罚性电价收入	平	0.00	0.00	0.00	平	0.00
11220112	应收账款\应收售电收入\农网还贷资金（一省一贷）	借	47,520.77	4,085,276.01	1,827,942.30	借	2,304,854.48
112203	应收账款\应收高可靠性供电收入	平	0.00	2,006,800.00	1,780,000.00	借	226,800.00
112204	应收账款\应收自备电厂系统备用容量费收入	平	0.00	0.00	0.00	平	0.00
112217	应收账款\应收农村电网维护费收入	平	0.00	0.00	0.00	平	0.00

图 9-20-4　科目汇总账（河北）

（1）当前位置：电费收缴及营销账务管理＞＞营销账务管理＞＞功能＞＞科目汇总账（河北）。

（2）选择要查询的一级科目，单击【统计】，统计出当月的发生额（注：只统计审核后的凭证发生额），单击【查询】（注：请安装如意报表等插件）。

2. 营销和财务部门完成每月所有业务操作和结算工作后，编制银行余额调节表，核对企业账目与银行账目是否存在差异，如图 9-20-5 所示。

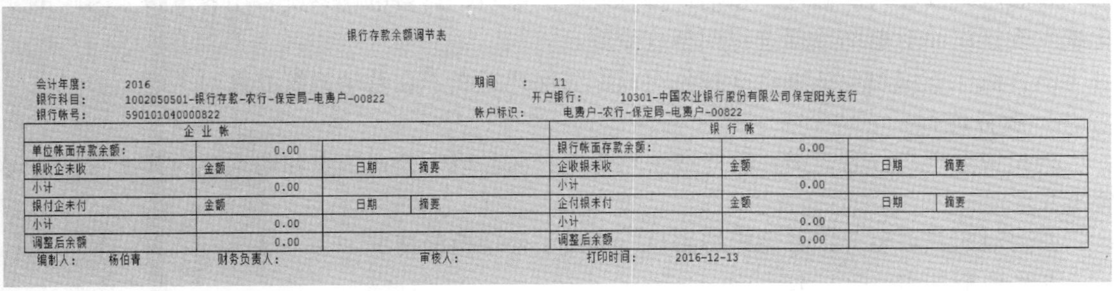
银行存款余额调节表

会计年度：　2016　　　期间　：　11

银行科目：　1002050501-银行存款-农行-保定局-电费户-00822　　　开户银行：　10301-中国农业银行股份有限公司保定阳光支行

银行帐号：　590101040000822　　　帐户标识：　电费户-农行-保定局-电费户-00822

企业帐				银行帐			
单位帐面存款余额：	0.00			银行帐面存款余额：	0.00		
银收企未收	金额	日期	摘要	企收银未收	金额	日期	摘要
小计	0.00			小计	0.00		
银付企未付	金额	日期	摘要	企付银未付	金额	日期	摘要
小计	0.00			小计	0.00		
调整后余额	0.00			调整后余额	0.00		

编制人：　杨伯青　　财务负责人：　　审核人：　　打印时间：　2016-12-13

图 9-20-5　银行余额调节表

企业账面存款余额＝银行对账单存款余额＋企业已收而银行未收账项－企业已付而银行未付账项＋银行已付而企业未付账项－银行已收而企业未收账项。

3. 财务应收电费起初余额应等于应收电费起初账面余额，确有合理原因出现跨月销账的，应等于应收电费起初账面余额与上期跨月销账之和。

财务应收电费期末余额＝期初应收电费余额＋本期增加应收电费－本期减少应收电费。财务应收电费期末余额应等于应收电费期末账面余额与当期跨月销账之和。

4. 营销应收电费余额可通过营销系统查询。

营销应收电费期末余额＝期初应收电费余额＋本期增加应收电费－本期减少应收电费。

5. 应收电费信息营销系统每日发行电费生成相应凭证后，传递到财务，财务收到信息确认应收电费，月末形成月底应收电费汇总；营销每日应收电费累计为月度应收电费，通过营销系统查询当月应收电费总账。营销、财务核对双方总账，确认应收对账准确性，如有差异，营销、财务分别提供每日应收电费数据进行核对，直至确认数据差异产生的具体所属单位及相应日期，通过补发凭证等方式进行处理。

6. 营销系统实收电费中的预收转实收、营业厅坐收、POS 机刷卡、第三方代收、银行汇款、承兑汇票、电费滞纳违约金等均可通过营销系统查询。

7. 财务预收电费起初余额应等于预收电费起初账面余额与上期跨月销账之和。

预收电费期末余额＝预收电费起初余额＋本期增加预收电费－本期减少预收电费。财务预收电费期末余额，应等于预收电费期末账面余额与当期跨月销账之和。

8. 营财差异处理

1）对于营财对账不一致的项目，双方应及时提供相应的明细业务清单，找出有差异的日期，核对该项目当天的明细。

2）对于系统漏传、误传、统计错误等原因造成的数据差异，应及时与技术信息部门联系，将数据进行重新统计和发送。对误操作或操作不规范造成的差异，应及时在系统内更正。

9. 各单位月末结账后，统一核对内部往来，以确保市、县公司营财数据一体化。如果出现差额，需及时查找相应明细业务进行核对。

三、营财对账业务流程及财务核算规则

（一）电费发行与退补

1. 核算内容

应收电费及收入的确认。包括：每月发行的电费、自备电厂系统备用容量费、因政策变化或发现错误而对前期数据进行调整或变更。

不含低保五保户免征电费（我公司低保五保户退费不在营销系统处理）。

2. 业务流程

公司售电用户分为三类：向终端用户售电、向县级子公司售电和向系统内其他网省公司售电。

营财对账只需要分别考虑终端用户、县级子公司两种情况。

基本流程如表 9-20-1 所示。

（1）终端用户

①营销发行人员处理发行。发行处理完毕后，在后台自动生成营销发行明细凭证。营销账务不进行价税分离。

②营销账务人员每日生成汇总凭证。其分为两个口径：一是当日营销终端用户发行汇总凭证，用于传递给财务做账；二是当日营销全部用户发行汇总凭证，反映当日应收完整信息，用于核对和打印存档等。

③数据传递。当月 24 日，将营销终端用户发行汇总凭证，通过数据平台传递至财务管控。

④财务管控模块生成每日应收凭证。财务人员每日依据营销系统传来的待办事项，自动进行价税分离后，生成财务终端用户日发行凭证。

表 9-20-1 营财对账业务流程

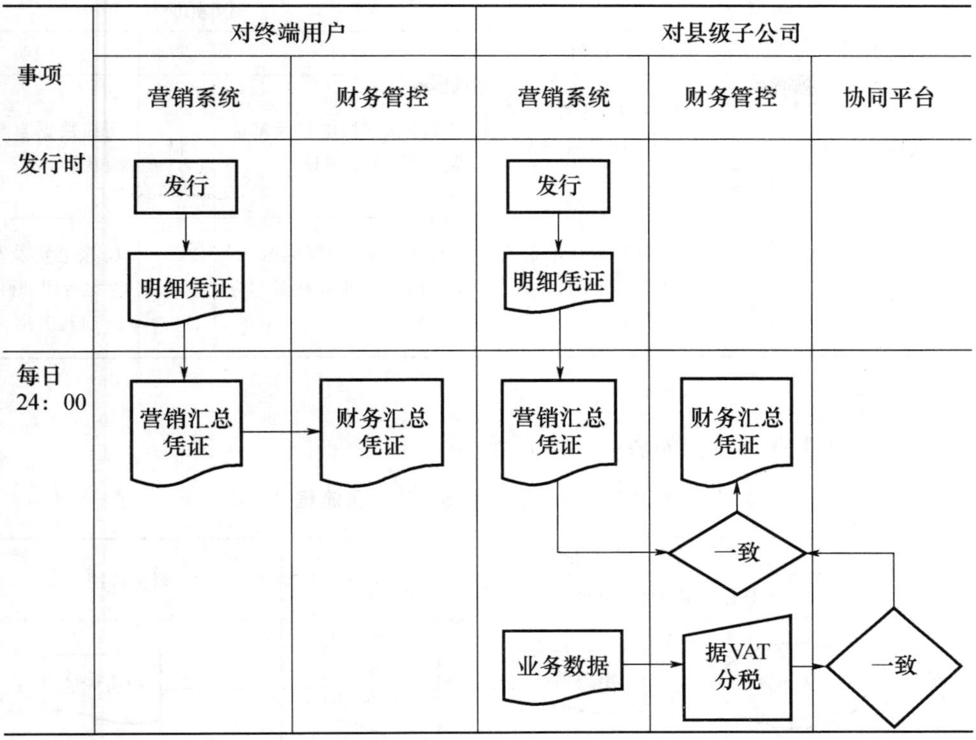

⑤月末核对纠错。

（2）县级子公司

①营销发行人员处理发行。发行处理完毕后，在后台自动生成营销发行明细凭证。

②数据传递。当日 24 时，营销账务模块将每个子公司的明细凭证，以及与其相应对账信息（单位、电量、电价、电费）传递到财务管控模块。

③协同数据核对。财务人员收到营销模块传来待办事项后，结合对子公司的增值税发票对营销数据进行分税（手工调尾差）。确保无尾差后，将子公司相关业务数从管控模块传递到协同平台，发起与子公司的往来核对，双方核对一致后，协同平台向县级子公司、市公司和省公司发送核对一致的业务数据（如存在不一致且需要市公司调整的，由营销部重新发起本业务流程补差纠错），供三方生成凭证。财务管控与协同平台功能已经具备。

④生成财务凭证。财务人员处理协同平台传来的待办事项时，管控系统将协同平台发来的数据与营销系统发来的《营销发行明细凭证——子公司》自动核对，核对一致后自动生成当日财务记账凭证。

⑤月末核对纠错。

3. 财务规则

会计处理设置及对应关系如表 9-20-2 所示。

（二）一次销根与冲正

1. 核算内容

业务人员收到可支撑应收（预收）电费债权债务关系变化的单据（或现金）后，据此销掉用户欠费（如存在滞纳金，先确认相关收入），或计入预收。

表 9-20-2　会计处理设置及对应关系

营销凭证			财务凭证		
科目	方向	说明	科目	方向	说明
应收账款//管理单位/所	借	往来对象按用户（每个所下居民为一户）设置	应收账款（按电费及基金类型设置明细科目）	借	明细数据自贷方对应获得
主营业务收入/售电收入/国家电费、各项基金	贷	1. 按电费及基金类型设置明细科目； 2. 含税	主营业务收入/售电收入/国家电费、各项基金；应缴税金	贷	1. 按电费及基金类型设置明细科目； 2. 价税分离

2. 业务流程

一次销根与冲正业务流程如表 9-20-3 所示。

表 9-20-3　一次销根与冲正业务流程

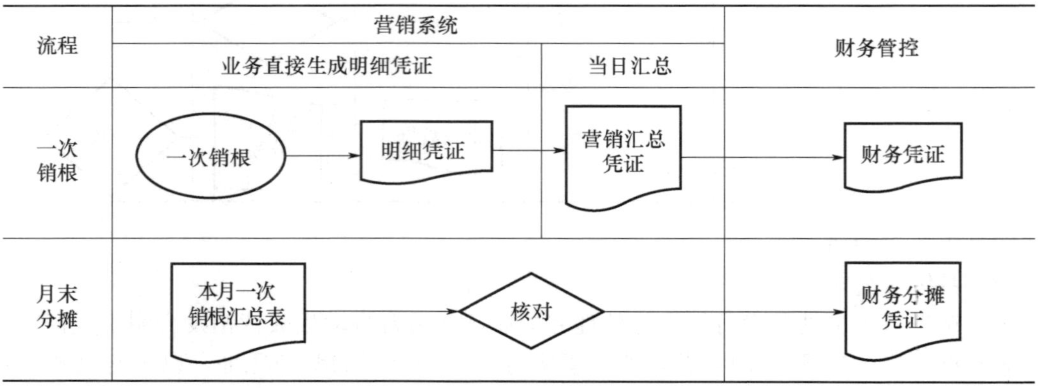

（1）营销一次销根。营销业务人员根据收到的票据（或现金）办理一次销根业务。处理完毕后，自动生成营销一次销根明细凭证。

（2）营销账务人员每日依据明细凭证生成汇总凭证。汇总凭证与业务数据核对一致后，按日传递到财务管控模块。

（3）生成财务凭证。财务自动生成当日凭证。

（4）月末分摊。月末，营销系统在传递数据时，传递当月一次分摊的业务汇总数据，审核与当月应收账款贷方发生数一致后，传递给财务；财务系统生成转账凭证，将应收账款按基金进行确认。

（5）月末核对纠错。

3. 财务规则

会计处理设置及对应关系如表 9-20-4 所示。

4. 其他情况说明

（1）关于一次销根的集成。财务账务同营销一样严格按权责发生制原则来确认应收电费的回收，按日集成一次销根凭证。

表 9-20-4　会计处理设置及对应关系

营销明细处理			财务汇总处理		
科目	方向	说明	科目	方向	说明
一、一次销根凭证					
库存现金	借		其他货币资金/在途货币资金/营业厅现金	借	
其他货币资金/在途货币资金/POS机刷卡或进账单	借		其他货币资金/在途货币资金/POS机刷卡或进账单	借	
应收票据	借	公司承担贴息	应收票据	借	
应收账款//管理单位/所	贷	按用户设置（每个所下居民为一户）往来对象	应收账款/待分摊	贷	
预收账款//管理单位/所	贷	按用户设置（每个所下居民为一户）往来对象	预收账款/电费	贷	
营业外收入/其他/滞纳金	贷	超期的滞纳金；含税	营业外收入/其他/滞纳金	贷	价税分离
二、月末分摊					
			应收账款/待分摊	借	
			应收账款/电费类型	贷	按电费类型设置明细科目

（2）关于银行承兑汇票处理。根据《国家电网公司资金管理办法》有关规定，公司不收取商业承兑汇票；收取银行承兑汇票的，由用户承担贴息，负责承兑，将银行回单作为其上缴电费的依据。按这一规定，银行承兑汇票处理程序实质上与其他进账单方式的处理是一致的，可以按照用户贴息后的单据进行处理，在“其他货币资金/在途货币资金/POS机刷卡或进账单”科目中反映。

如果收取银行承兑汇票并由我公司承担贴息，处理流程及会计处理为：营销部按照票面金额进行一次销根，核算时在“应收票据”科目体现，然后将票据线下移交财务部处理。财务部在收到票据后，立即按票面金额从经费户将资金拨往电费户（营销二次销根必须根据银行到账信息，这一处理还同时兼顾了收支两条线规定）。营销系统收到这笔资金的到账信息后，按二次销根会计事务进行处理。银行承兑汇票的后续处理属于财务事务，在财务账核算，不需要向营销集成。

（三）二次销根

1. 核算内容

二次销根的核算内容为银行到账确认。以银行对账文件为准，辅以银行凭证式清单或网上银行进账信息进行到账确认。包括：收到电费资金（含滞纳金）、银行利息、向省公司结算户交费、银行扣除手续费等。

因处理业务流程或账务处理不一致，收到营业收费、误划款事务单独设置会计事项，不在本会计事项中反映。

县级子公司基金附加上缴要求不得随购电费缴入市公司电费户，如存在误缴，按误划款进行退费处理。

收到的暂时不明原因的款项，当天无法勾兑的，视为未达事项（银收企未收），在银行余额调节表中体现，待日后查明原因并勾兑成功后处理。

2. 业务流程

二次销根业务流程如表 9-20-5 所示。

表 9-20-5　二次销根业务流程

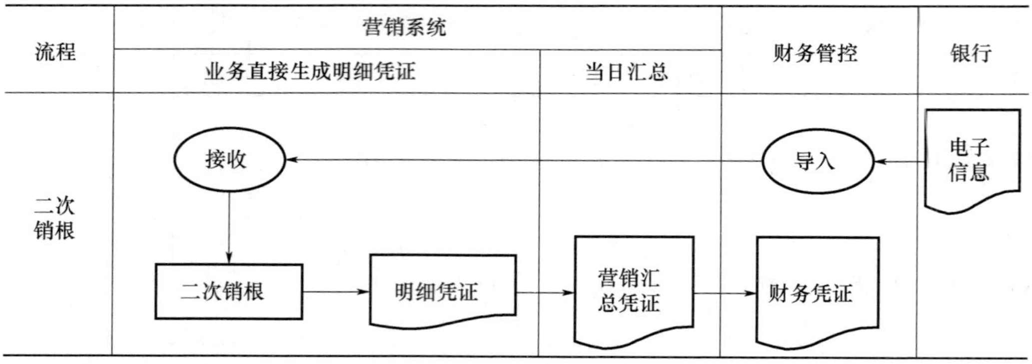

说明：供电公司目前的传递途径是：银行电子信息通过财务管控导入到营销系统，而不是直接导入到营销系统。本方案继续沿用这一模式，待营销系统与银行实现互联后，相关信息可以直接导入到营销系统中。

3. 财务规则

会计处理设置及对应关系如表 9-20-6 所示。

表 9-20-6　会计处理设置及对应关系

营销明细处理			财务汇总处理		
科目	方向	说明	科目	方向	说明
一、收到银行存款					
银行存款	借		银行存款	借	
库存现金	贷		其他货币资金/在途货币资金/营业厅现金	贷	
其他货币资金/在途货币资金/POS 机刷卡或进账单	贷		其他货币资金/在途货币资金/POS 机刷卡或进账单	贷	
应收票据	贷	公司承担贴息的	应收票据	贷	
财务费用/利息收入	贷	利息	财务费用/利息收入	贷	
二、银行存款支出					
内部往来/省公司	借	电费资金上缴	内部往来/省公司	借	
财务费用/手续费	借	扣手续费	财务费用/手续费	借	
银行存款	贷		银行存款	贷	

4. 其他情况说明

关于暂时不明原因款项管理核算处理。对于未查明原因的款项，本方案作为未达账项进行管理。主要考虑：银收企未收不存在资金风险，通过对银行对账单进行管理，也可以全面反映月末未到账项的情况。

四、营业收费

1. 核算内容

营业收费是指公司在经营活动中提供服务时收取的各项营业费用，主要包括：高可靠性供电费、临时接电费、计量装置赔偿费、补卡费、带电作业费、违约使用电费等。

滞纳金随电费一并处理，不在本事务体现。小区配套费实行专户管理，单独列账，不属于营财一体化范围。

2. 业务流程

与正常电费相比，营业收费主要有两点不同：一是以实收定应收，一次销根时同时进行发行（临时借电费除外，其转收入需要单独设置会计实务）；二是收入科目存在差异。其余事项基本一致。营业收费业务流程如表 9-20-7 所示。

表 9-20-7　营业收费业务流程

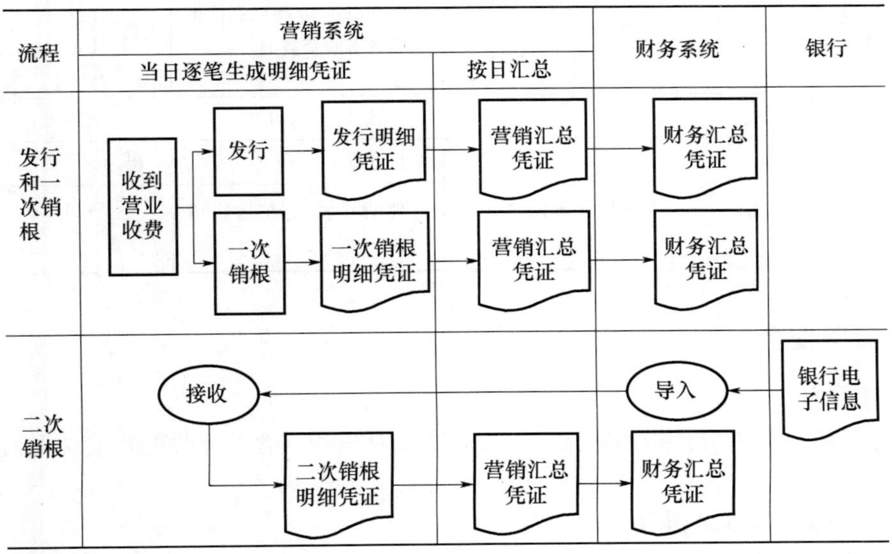

（1）营销人员收费后，在营销系统中同时进行发行和一次销根处理，并对应生成发行和一次销根明细凭证，按日生成汇总凭证，传递到财务管控系统。临时接电费此环节不确认收入，因此不同时做发行。

（2）财务根据营销集成的汇总凭证审核后记账生成财务凭证。

（3）营销账务人员在营销系统中核实网银明细与回单一致，完成到账确认，即二次销根，生成明细凭证，按日生成汇总凭证，传递到财务管控系统。

（4）财务根据营销集成的汇总凭证审核后生成财务汇总凭证。

说明：在处理流程上，营业收费与正常电费业务的不同点在于，营销人员完成收费后，同时进行营业收费的发行和一次销根处理，待银行实际到账后再做二次销根处理。

3. 账务规则

营业收费账务规则如表 9-20-8 所示。

表 9-20-8 营业收费账务规则

营销明细处理			财务汇总处理		
科目	方向	说明	科目	方向	说明
一、发行					
应收账款/应收高可靠性供电收入等收费类型	借	1. 二级明细按收费类型； 2. 对象设置到户	应收账款/应收高可靠性供电收入等收费类型	借	
主营业务收入或其他业务收入、营业外收入	贷	不分税	主营业务收入或其他业务收入、营业外收入，加税收科目	贷	价税分离
二、一次销根					
其他货币资金/在途货币资金	借	科目设置同“一次销根”会计事务	其他货币资金/在途货币资金	借	
应收账款/应收高可靠性供电收入等收费类型	贷	1. 二级明细按收费类型； 2. 对象设置到户	应收账款/应收高可靠性供电收入等收费类型	贷	
三、二次销根					
银行存款			银行存款	借	
其他货币资金/在途货币资金	贷	科目设置同“一次销根”会计事务	其他货币资金/在途货币资金	贷	

五、退费业务

1. 核算内容

退费业务的核算内容是指经审批后，将客户预存电费（含营业收费）或者误入电费账户的资金退还客户。

2. 营销 186 系统业务流程

县公司收费员提交退费申请时，结算方式选择“转账支票”，退费申请归档后，解款至市公司农行账号，并向市公司营销部提供退费审批手续复印件，市公司在收到以上审批签字的退费材料后，从电费户划款到县公司基本账户，由县公司财务部从基本账户退费，退费凭证由县公司财务部保管。

3. 财务规则

市公司在管控导入对账单时，将划款至县公司基本户时的记录一并导入，在 186 系统完成退费确认后生成凭证：借：预收账款，贷：银行存款；县公司基本户在收到市公司农行转的退费款后，手工在管控系统制证：借：银行存款，贷：其他应付款（附件：银行收款回单），待县公司营销部将签字盖章的退费原件传递至县公司财务部后，财务根据退费原件手工制证：借：其他应付款，贷：银行存款（附件：以上签字盖章的退费原件及银行付款回单）。

备注：（1）退电费需要的原始资料：营销部门签字并盖章的退费通知单、红字发票，退费用户为企业的还应附营业执照、税务登记证、组织机构代码证复印件；退费用户为个人的应附身份证明材料。退费通知单至少包括退费单位（或个人）名称、客户编号、退费项目、退费金额、退费原因等信息。

（2）退临时接电费需要的原始资料：营销部门签字并盖章的临时接电费清算通知单、银行付款回单、我方当时开具的收据或对方单位出具的收据、临时接电费协议复印件。退费应通过银行退回至原付款单位（或个人）和原付款银行账户，否则退费用户为企业的还应附营业执照、税务登记证、组织机构代码证复印件及经办人身份证复印件；退费用户为行政事业单位的还应附相关证明资料及经办人身份证复印件；退费用户为个人的应附身份证明材料。

六、已收款抵账业务

1. 核算内容

收款抵账业务共包括：退滞纳金转预收费、预存抵充欠费、预收互转业务三类。

应退滞纳金转预收费：错收、误收用户滞纳金，查明原因后转用户预收款。

预存抵充欠费：用户用以前多缴的预存电费或发行电费前预存的电费来缴费。

预收互转业务：错将某用户预收款记在其他用户账上，查明原因后，调整预收账款。

2. 业务流程

已收款抵账业务流程如表 9-20-9 所示。

表 9-20-9　已收款抵账业务流程

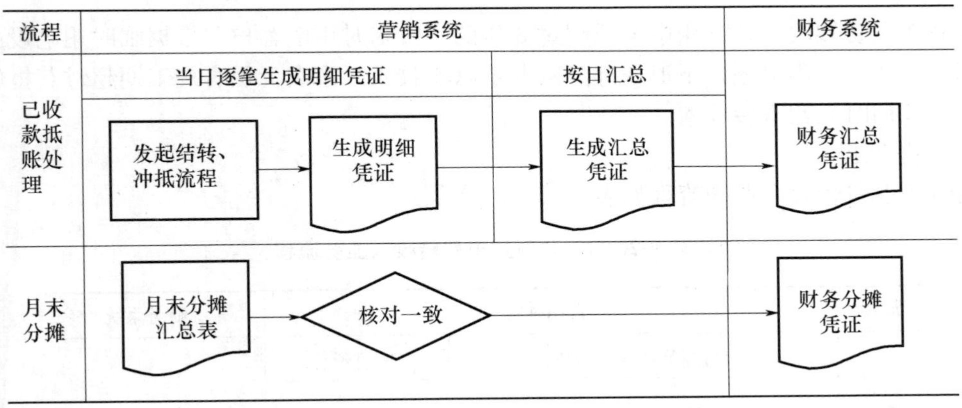

（1）由营销发起结转、冲抵、互转流程，在营销系统中逐户逐笔生成明细凭证。

（2）营销账务人员每日依据明细凭证生成汇总凭证。汇总凭证与业务数据核对一致后，按日传递到财务管控模块。

（3）生成财务凭证。财务自动生成当日凭证。

（4）月末分摊。月末，营销系统在传递数据时，传递当月一次分摊的业务汇总数据，审核与当月应收账款贷方发生数一致后，传递给财务；财务系统生成转账凭证，将应收账款按基金进行确认。

（5）月末核对纠错。

3. 财务规则

会计处理设置及对应关系如表 9-20-10 所示。

表 9-20-10　会计处理设置及对应关系

	营销账务处理	方向	说明	财务账务处理	方向	说明
退滞纳金转预收费	营业外收入/其他/滞纳金（红字）	贷		营业外收入/其他/滞纳金（红字）	贷	
	预收账款/预收电费/电费//管理单位/所	贷	对象到户	预收账款/预收电费/电费//管理单位/所	贷	
预收电费抵欠费	预收账款/预收电费/电费//管理单位/所	借	对象到户	预收账款/预收电费/电费	借	
	应收账款/应收售电收入/管理单位/所	贷	对象到户	应收账款	贷	按电费及基金类型设置明细科目
预收互转业务	预收账款/预收电费/电费/非网间/管理单位/所（红字）	贷	对象到户	预收账款/预收电费/电费/非网间	贷	
	预收账款/预收电费/电费/非网间/管理单位/所	贷	对象到户	预收账款/预收电费/电费/非网间	贷	

七、临时接电费转收入

1. 核算内容

临时接电费转收入，指用电期限超过 3 年的一般临时用电客户，根据临时用电设施未拆除时间，按照比率不退还，不退还部分按期予以转收入。重点工程客户工期超过获批施工期限，按照超期时限比率转收入。

2. 业务流程

临时接电费转收入业务流程如表 9-20-11 所示。

表 9-20-11　临时接电费转收入业务流程

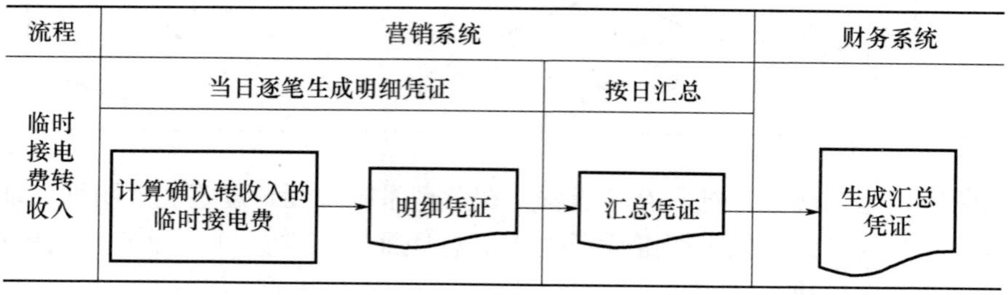

（1）营销系统自动按余额和比率计算确认应转入收入的临时接电费，在营销系统中生成收入确认凭证。

（2）营销账务人员每日依据明细凭证生成汇总凭证。汇总凭证与业务数据核对一致后，按日传递到财务管控模块。

（3）生成财务凭证。财务自动生成当日凭证。

3. 财务规则

临时接电费转收入财务规则如表 9-20-12 所示。

表 9-20-12　临时接电费转收入财务规则

事项	营销账务处理	方向	说明	财务账务处理	方向	说明
临时接电费转收入	其他应付款/临时接电费	借	对象到户	其他应付款/临时接电费	借	对象到户
	其他业务收入/临时接电收入	贷	不分税	其他业务收入/临时接电收入	贷	价税分离

八、跨核算主体缴费

1. 核算内容

用户跨核算主体缴费，即用户不在其立户的核算主体缴费，而是在其他核算主体缴纳电费。例如正定用户直接在石家庄市公司缴电费（以下以此为例）。

2. 业务流程及核算处理

跨核算主体缴费业务流程如表 9-20-13 所示。

表 9-20-13　跨核算主体缴费业务流程

流程	县公司	市公司
收到用户缴费	一次销根流程	
退费		退误划款流程
银行到账确认	二次销根流程	

（1）县公司跨核算主体缴电费时，市公司收到县公司用户交来的票据，替县公司做一次销根，县公司按“一次销根”会计事务处理。

（2）市公司收到正定公司用户电费资金作为误划款进行处理，走“退费”会计事务处理，核算时计入其他应付款科目，并通知财务部从经费户将代收代扣电费资金划转给县公司电费户。

（3）县公司营销收到市公司划来的代收代扣电费资金时做“二次销根”处理。

由于上述处理都是通过“一次销根”“误划款”“二次销根”会计事务进行处理，因此跨核算主体缴费不属于单独的会计事务。

九、抵抹业务

抵抹业务指电费用户通过其他资产抵缴电费。这一业务前期主要在财务部门线下处理，财务部门线下处理完毕，确定抵账金额后，按抵账金额向电费户缴入一笔资金，营销进入一次销根和二次销根会计事务处理。

十、坏账处理

1. 核算内容

坏账处理指年末根据客户的信用状况对欠费余额进行坏账准备计提、核销、收回业务处理。

2. 业务流程及核算规则

坏账计提：营销部向财务部提交账龄分析表，财务管控系统测算需计提坏账准备金额，生成坏账准备计提凭证，此凭证不向营销集成。

坏账核销：往来清理工作结束后，营销系统根据批准可以核销的结果，逐户消除相应用户往来，生成坏账核销凭证（减少应收，记入内部往来），汇总后向财务管控集成。财务管控结合坏账准备计提情况进行坏账核销（减少应收，记入坏账准备和损失）。

坏账收回：收到已经核销的欠费用户的电费时，营销部先做发行处理（确认应收，贷记内部往来），财务系统根据营销系统集成来的凭证确认应收，贷记坏账准备；后期一次销根处理和二次销根处理与正常电费相同。

十一、损益结转

按照损益类科目期末无余额的会计核算办法要求，在营销系统增加“损益结转”模块。月末关账后，自动将损益类科目结转到内部往来科目。

十二、共性事项说明

1. 期末处理

（1）关账。营销每月 27 日（2 月为 25 日）24：00 应收关账，月末 24：00 最后一天一次销根和二次销根关账。关账时业务数据与账务数据保持一致。为保证营销数据与财务数据期间一致，并规避税务问题，做如下处理：一是营销汇总凭证入账日期设置要考虑关账时间，关账后凭证的入账日期自动计入下一月份；二是财务系统凭证记账日期依据营销凭证入账日期自动生成。

（2）处理月末损益结转，生成科目汇总表，以及明细账。

（3）进行月末核对和纠错。

2. 数据核对的处理

（1）以线上稽核为主，在数据处理时，通过统一数据来源，在存在不同信息来源处设置自动核对等方式进行强制核对。

（2）开展过渡期核对。系统调试运行以及建成后一定期间内，按日对业务数、账务数进行核对，及时发现问题。

（3）建立月末线下核对机制，对每月数据进行全面核对。

3. 凭证追溯

（1）营销明细凭证与原始凭证的追溯。通过在明细凭证摘要中记录发行单据号实现可追溯。

（2）营销汇总凭证与明细凭证的追溯。通过入账日期和会计实务实现可追溯。

（3）财务汇总凭证与营销汇总凭证的追溯。通过在财务汇总凭证摘要中设置营销汇总凭证号，以及原始凭证实现可追溯。

【思考与练习】

简述营财对账的内容及注意事项。

第二十一章　电费账务管理

第一节　会计凭证的制作与审核

【概述】

本节介绍会计凭证的审核的意义、审核内容和处理方法。通过条文讲解，掌握会计凭证审核的内容和方法。

【课时】

4课时。

【适用等级】

Ⅲ级。

【正文】

会计凭证的审核是保证账簿记录真实准确的重要环节。

一、原始凭证的审核

为了正确反映并监督各项经济业务，电费会计必须严格审核各项原始凭证，从而保证原始凭证的真实性、合法性、完整性、及时性和正确性。

1. 真实性审核

真实性审核包括确定该项经济业务是否发生，发生时间、内容、当事人等是否真实，有无涂改痕迹。

2. 合法性审核

合法性审核是根据国家的有关财经政策、法令、制度和单位的合同、计划等审核经济业务是否符合有关规定，出具的电费发票和报表信息等有无弄虚作假现象，电费收缴过程中有无违法乱纪、贪污舞弊等行为。

3. 完整性审核

完整性审核是根据原始凭证的要素，逐项审核原始凭证的基本内容按规定是否填写齐全，是否经过主管人员审批同意，手续是否完备，书写是否清楚。对于原始凭证中出现的基本内容填写不全、手续不完备、书写不清楚、计算不正确等问题，应退经办人员补办完整，更正错误或更换原始凭证后，才能予以受理。

4. 及时性审核

填制原始凭证的及时性是保证会计信息及时性的基础，所以要求在经济业务发生或完成时及时填制有关原始凭证，及时地进行各类凭证的传递工作。在进行凭证审核时，应注意审查凭证的填制日期，特别注意的是对于银行汇票、银行本票、银行支票等实效性较强的原始凭证，更应仔细验证其签发日期，如超过付款的有效期，则支票自动作废。

5. 正确性审核

根据原始凭证的填写要求审核原始凭证的摘要和数字及其他项目是否填写正确，数量、单价、金额、合计是否填写正确，大、小写金额是否相符，凭证联次是否正确。若有差错，应退回经办人员予以更正。例如进账单是供电企业常见的原始凭证的一种，对进账单的审核项目包括：收款人账号、开户行，付款人户名、账号、开户行，银行收讫章，收款日期等项目，要求填写完整、正确，收款金额大小写一致等。

二、记账凭证的制作与审核

（一）业务操作流程

在“电费收缴及营销账务管理>>营销账务管理>>凭证管理>>凭证制作”菜单下，如图 9-21-1 所示。

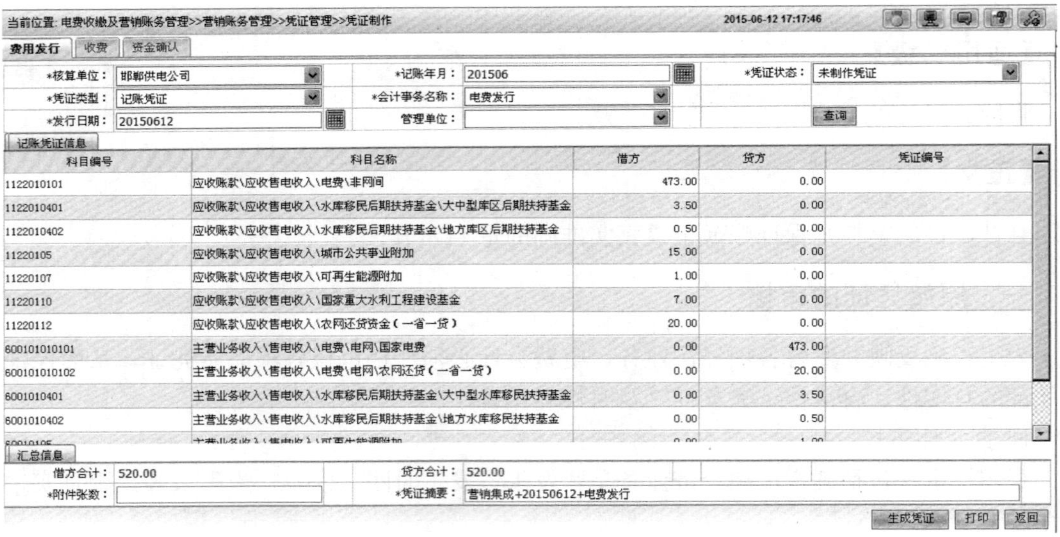

图 9-21-1　电费发行凭证制作

电费发行完毕后，需要制作凭证，单击“费用发行”选项，选择“核算单位”“记账年月”“凭证状态”“凭证类型”“会计事务名称”“发行日期”，单击“查询”，在查询出记账凭证信息后，核对借方合计与贷方合计是否相等，填入“附件张数”，单击“生成凭证”。

注意：“会计事务名称”中有电费发行、业务费发行等选项，可以按照实际的费用发行情况选择不同的会计事务名称。

电费收取、结转电费、转预收、退费、业务费收取等收费相关的操作，也需要生成凭证；以电费收取为例，进行演示，在“电费收缴及营销账务管理>>营销账务管理>>凭证管理>>凭证制作”菜单下，如图 9-21-2 所示。

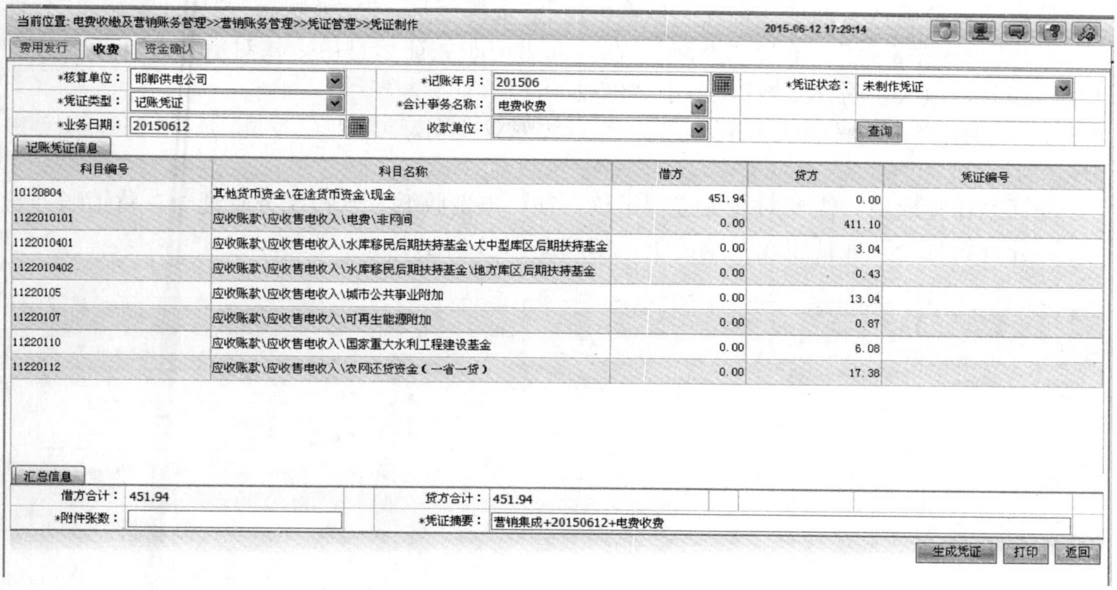

图 9-21-2　电费收取凭证制作

单击“收费”选项，选择“核算单位”“记账年月”“凭证状态”“凭证类型”“会计事务名称”“业务日期”，单击“查询”，在查询出记账凭证信息后，核对借方合计与贷方合计是否相等，填入“附件张数”，单击“生成凭证”。

注意：“会计事务名称”中有电费收取、结转电费、退费、业务费等选项，可以按照实际的费用收取情况选择不同的会计事务名称。

收费、解款、对账单录入、到账确认完毕后，需要对到账确认进行凭证制作，在“电费收缴及营销账务管理>>营销账务管理>>凭证管理>>凭证制作”菜单下，如图 9-21-3 所示。

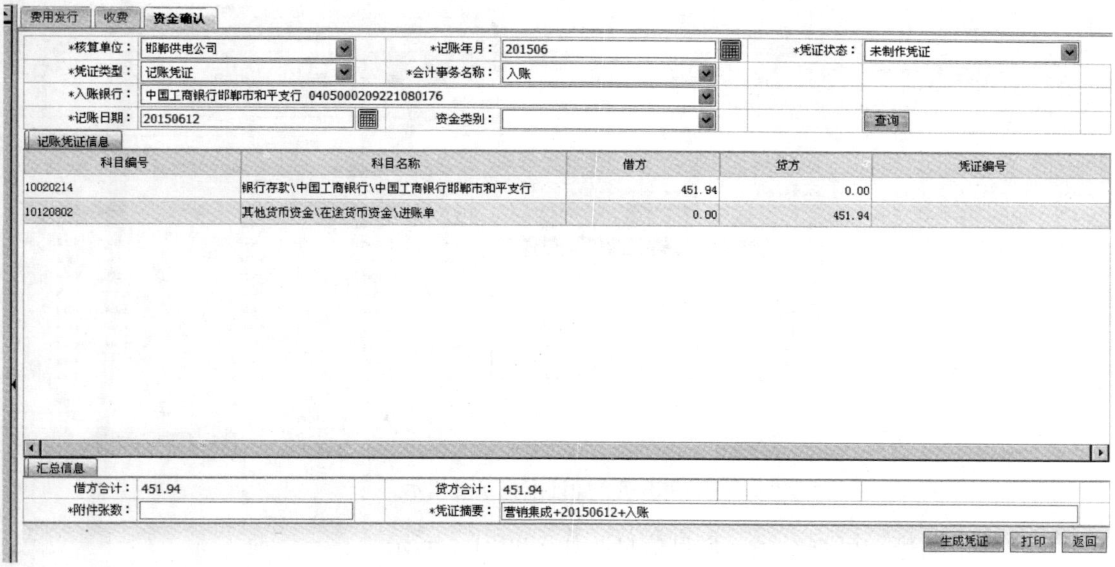

图 9-21-3　到账确认凭证制作

单击“资金确认”选项，选择“核算单位”“记账年月”“凭证状态”“凭证类型”“会计事务名称”“入账银行”，单击“查询”，在查询出记账凭证信息后，核对借方合计与贷方合计是否相等，填入“附件张数”，单击“生成凭证”。

注意：“会计事务名称”中有入账、进账单确认等选项，可以按照实际的入账情况选择不同的会计事务名称。

凭证制作完成后，需要对凭证进行审核，在“电费收缴及营销账务管理>>营销账务管理>>凭证管理>>凭证审核”菜单下，如图 9-21-4 所示。

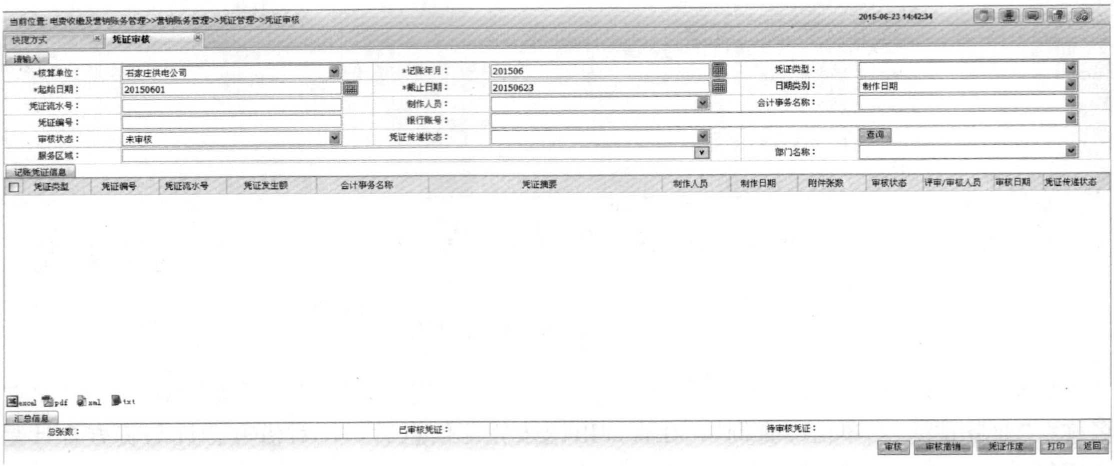

图 9-21-4　凭证审核

选择“核算单位”“记账年月”“审核状态”“凭证类型”等信息，单击“查询”，得到汇总信息，可以进行“审核”“作废”“审核撤销”等操作。以“审核”为例，进行演示，单击“审核”，审核完成。凭证审核系统提示如图 9-21-5 所示。

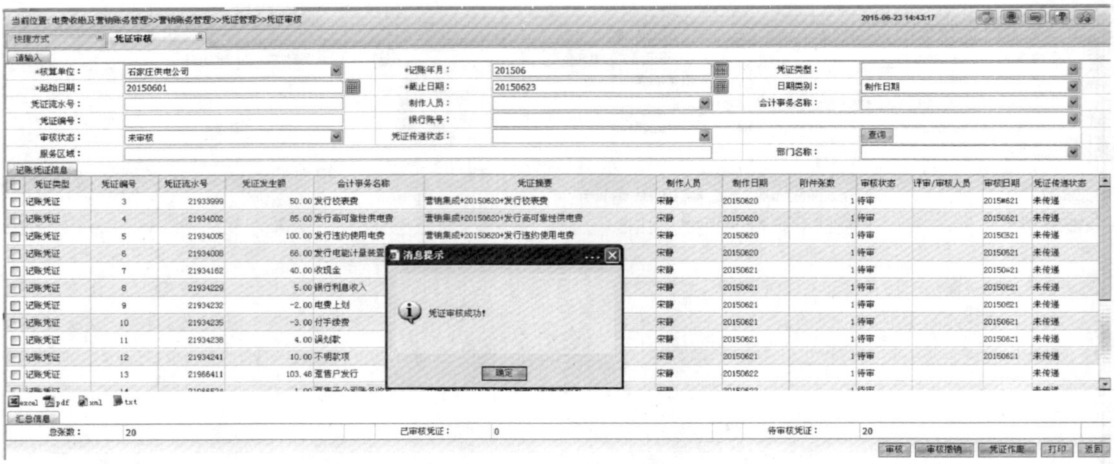

图 9-21-5　凭证审核系统提示

单击凭证编号，可查看凭证科目信息，如图 9-21-6 所示。

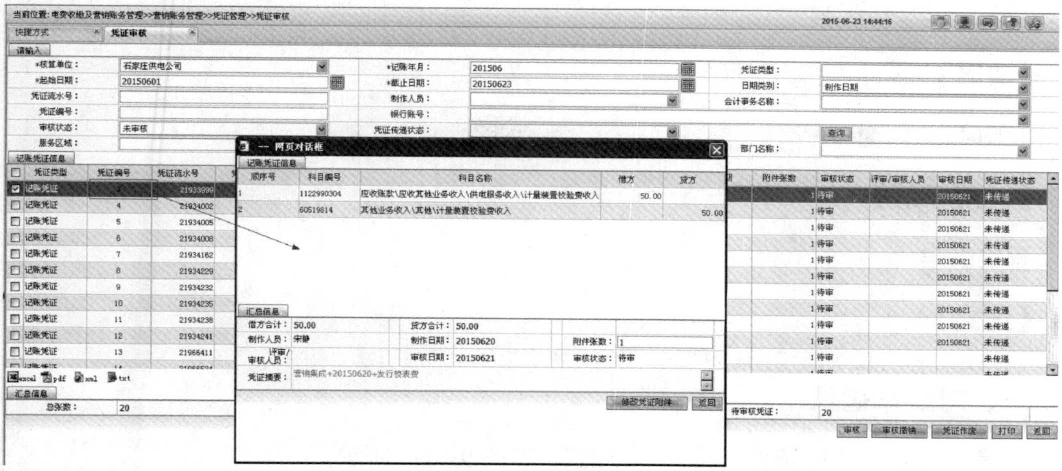

图 9-21-6　凭证科目信息查询

注：1. 凭证按照天记录，每天的凭证都必须要制作完成。

2. 审核及已传递到财务后的凭证不能作废。

（二）专人互相审核制度

记账凭证是登记账簿的依据，财务部门必须建立必要的专人互相审核制度，可以确保账簿记录和报表内容真实、准确，保证会计核算质量。

1. 合规性审核

根据现行的会计制度、会计方针及会计准则的规定，审核记账凭证所确定的会计分录是否合规、合法，会计科目运用及借贷的方向是否正确，账户对应关系是否清楚，计算是否正确，是否如实反映经济业务的内容。

2. 一致性审核

审核记账凭证是否附有原始凭证，所附原始凭证的内容和张数是否与记账凭证一致，其金额合计是否与记账凭证的金额一致。

3. 完整性审核

根据记账凭证的要素，逐项审核记账凭证的各项目是否填写齐全，书写是否符合规范，有关人员的签章是否齐全。

在审核过程中如果发现差错，应查明原因，予以更正、重填，并由更正人员在更正地方签章。只有经过审核无误的原始凭证才能作为记账的依据。

【思考与练习】

1. 会计凭证审核的内容有哪些？
2. 记账凭证制作注意事项有哪些？

第二节　营财对账其他相关日常业务操作

【概述】

本节介绍营财对账日常相关业务流程的简单操作方法，通过学习了解营财对账日常工作流程。

【课时】

2 课时。

【适用等级】

Ⅲ级。

【正文】

一、对账单确认

1. 输入银行账户等条件，单击“查询”，如图 9-21-7 所示。

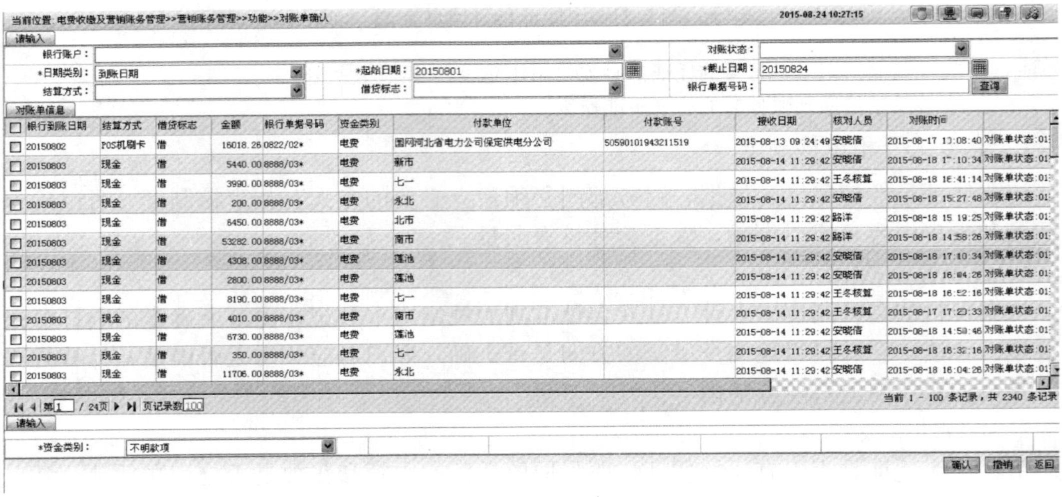

图 9-21-7 对账单确认系统查询

2. 选择要确认的对账单，选择资金类别，如图 9-21-8 所示。

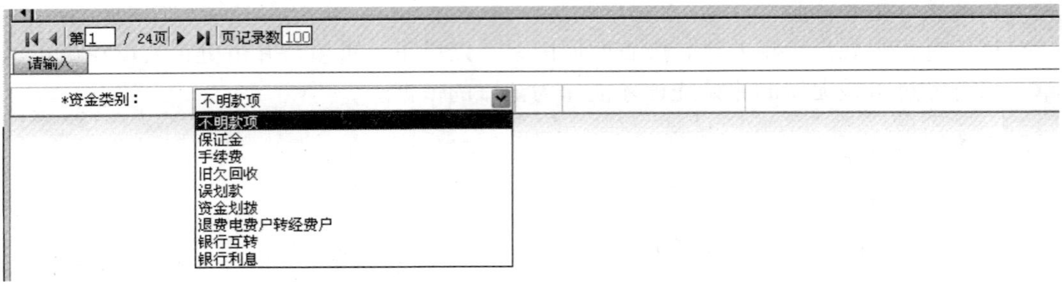

图 9-21-8 对账单资金类别选择

单击“确认”，将对账单确认为“已到账确认”状态。生成凭证信息。

3. 已确认过的对账单对应的凭证未传递到财务之前可进行“撤销”。

4. 不明款项：对已到账的钱核实不出来出处的账款。

保证金：代理商代收电费缴纳的保证金。

手续费：代收电费的手续费用等情况。

旧欠回收：收取历史欠费的信息。

误划款：转错账的账单信息。

资金划拨：资金上划。

退费电费户转经费户：用户退款后，由财务从电费户转到经费户的账款。

银行互转：非集团户向集团户转账。

银行利息：银行存款利息。

二、不明款账务收款

1. 当前位置：电费收缴及营销账务管理>>营销账务管理>>功能>>不明款账务收款；

2. 确认成“不明款”的对账单，查明出处后可进行账务收款；

3. 查询出“不明款”对账单、用户信息，单击确认，如图 9-21-9 所示。

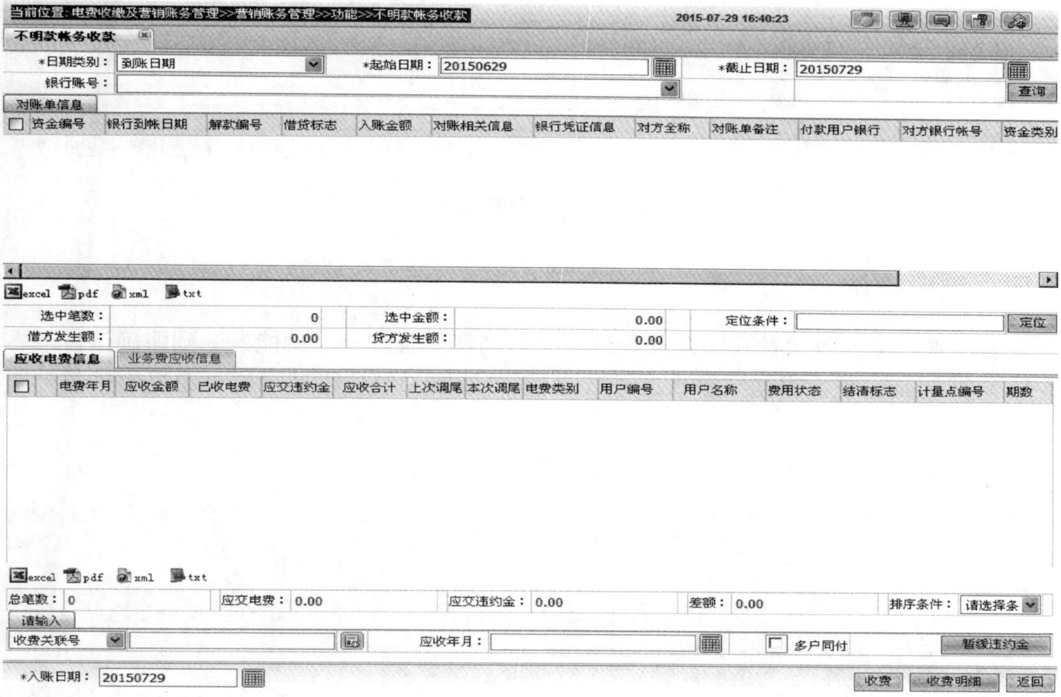

图 9-21-9　不明款账务收款系统操作

三、不明款到账确认

1. 当前位置：电费收缴及营销账务管理>>营销账务管理>>功能>>不明款到账确认。

2. 确认成“不明款”的对账单，查明出处后可进行到账确认。

3. 查询出“不明款”对账单、解款信息，单击确认，如图 9-21-10 所示。

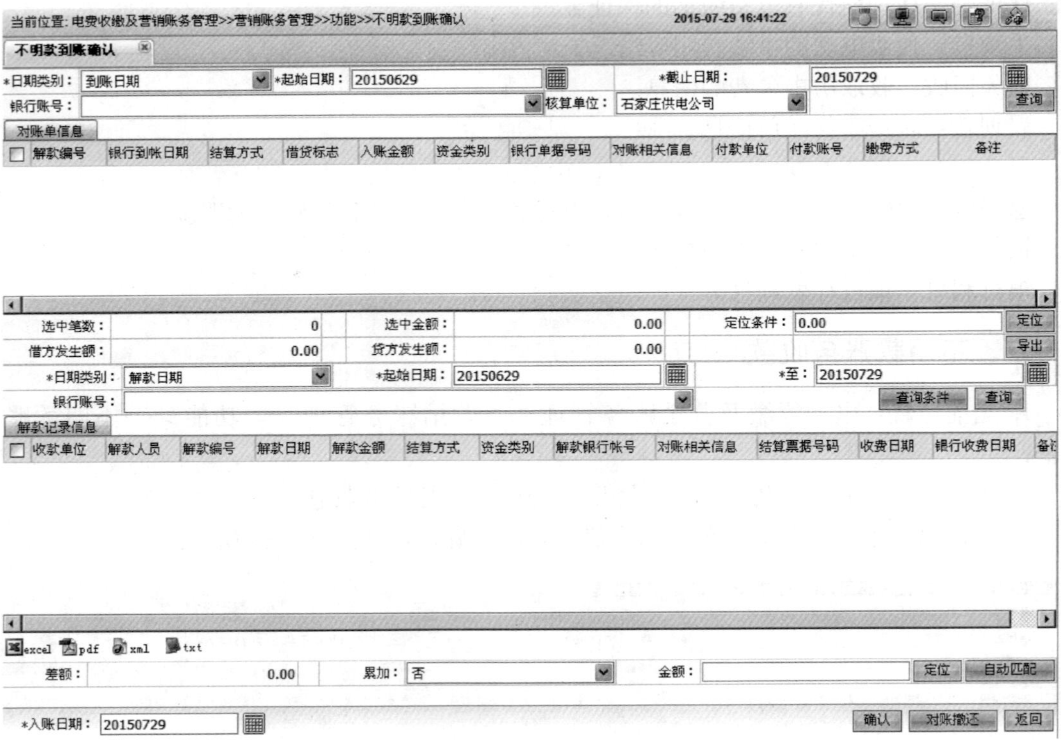

图 9-21-10　不明款到账确认系统操作

四、到账确认

当前位置：电费收缴及营销账务管理>>营销账务管理>>功能>>到账确认。

1. 对账规则：现金根据“解款编号”、列账单根据“付款账号”核对无误后进行到账确认工作。

2. 自动化对账后，可以直接单击自动对账，如图 9-21-11 所示。

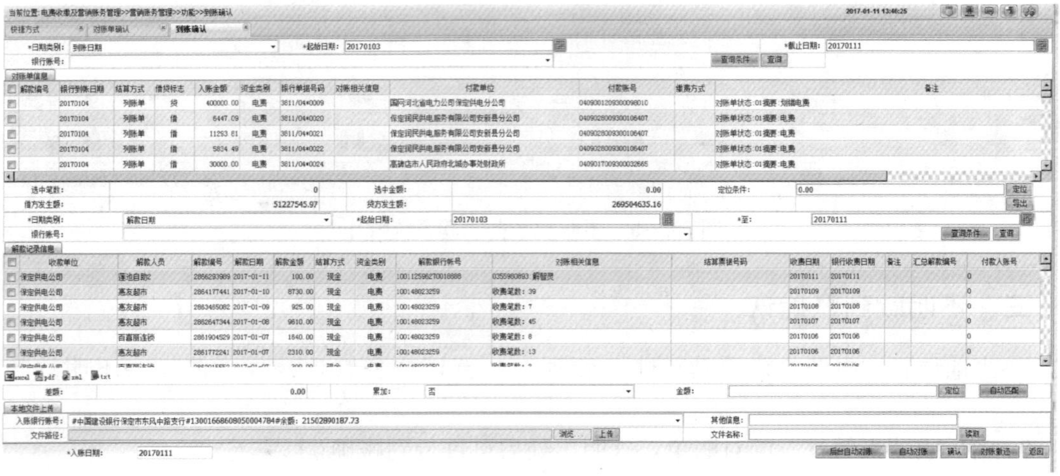

图 9-21-11　到账确认系统操作

五、手工录入凭证（河北）

1. 当前位置：电费收缴及营销账务管理>>营销账务管理>>凭证管理>>手工录入凭证（河北）。

2. 选择要制作凭证的科目编号、借贷标志、金额，遵循“有借必有贷，借贷必相等”的原则。

3. 选择会计事务名称，必须选择最底层事务名称。

4. 单击“保存”。系统操作如图 9-21-12 所示。

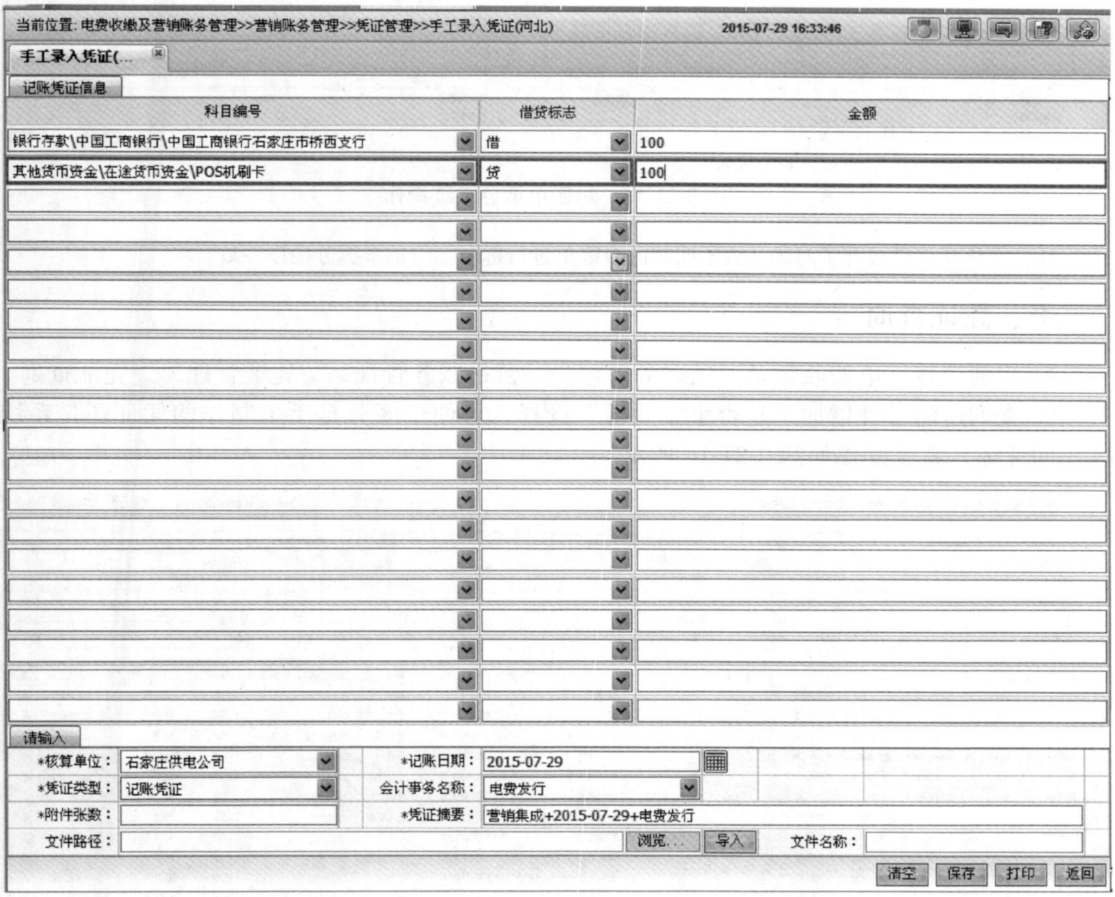

图 9-21-12　手工录入凭证系统操作

六、对账单拆分

1. 当前位置：电费收缴及营销账务管理>>营销账务管理>>功能>>对账单拆分。

2. 选择起始截止日期后查询出对账单信息，选择需要拆分的对账单后，录入拆分金额，单击“拆分”按钮。系统操作如图 9-21-13 所示。

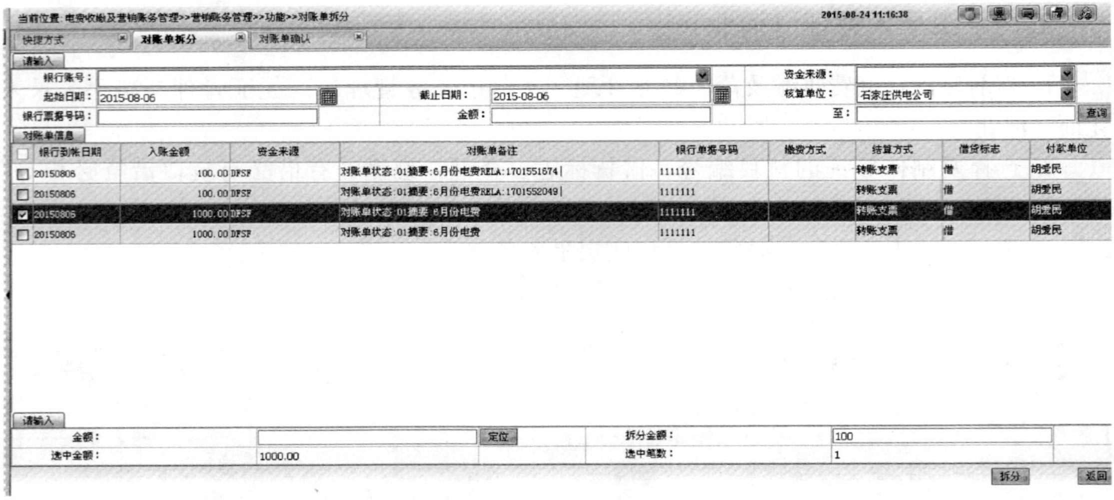

图 9-21-13　对账单拆分系统操作

注：在该功能已放开了对确认成不明款的对账单进行拆分，与正常拆分操作一致。

七、凭证查询

1. 当前位置：电费收缴及营销账务管理>>营销账务管理>>凭证管理>>凭证查询。

2. 查询过滤条件增加“是否手工凭证”选择，方便于区分是手工制作的凭证还是系统生成的凭证。系统操作如图 9-21-14 所示。

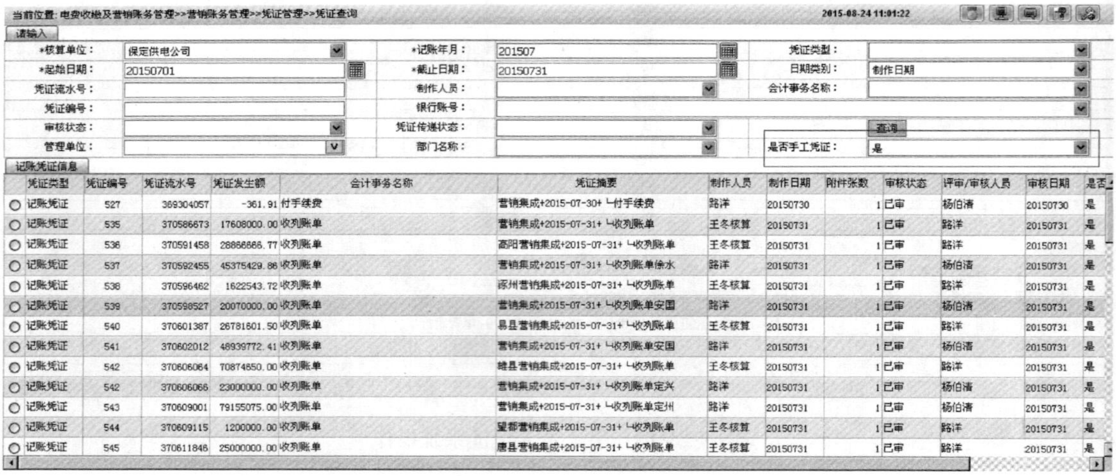

图 9-21-14　凭证查询系统操作

八、单位明细账

1. 当前位置：电费收缴及营销账务管理>>营销账务管理>>功能>>单位明细账。

2. 选择核算单位、记账年月、账户代码，单击“查询”。单位明细账系统查询如图 9-21-15 所示。

月	日	凭证编号	凭证摘要	借方	贷方	方向	余额
			期初余额			贷	498880700.29
1	3	转 9	营销集成20170101电费到账确认	30900.00	0.00	贷	498849800.29
1	3	转 27	营销集成20170103业务费到账确认	491.40	0.00	贷	498849308.89
1	3	转 28	营销集成20170103电费到账确认	2923689.22	0.00	贷	495925619.67
1	4	转 40	营销集成20170103电费到账确认	639361.65	0.00	贷	495286258.02
1	4	转 41	营销集成20170103电费到账确认	10000.00	0.00	贷	495276258.02
1	4	转 43	营销集成20170103电费到账确认	1593938.01	0.00	贷	493682320.01
1	4	转 44	营销集成20170103电费到账确认	626491.59	0.00	贷	493055828.42
1	4	转 45	营销集成20170103电费到账确认	100000.00	0.00	贷	492955828.42
1	4	转 46	营销集成20170103电费到账确认	3526499.04	0.00	贷	489429329.38
1	4	转 47	营销集成20170103电费到账确认	1918038.93	0.00	贷	487511290.45
1	4	转 48	营销集成20170103不明款项	2199.44	0.00	贷	487509091.01

本月借方合计：	135700883.50	本月贷方合计：	0.00
本季度借方累计：	135700883.50	本季度贷方累计：	0.00
本年借方累计：	135700883.50	本年贷方累计：	0.00

图 9-21-15　单位明细账系统查询

九、科目汇总账

1. 当前位置：电费收缴及营销账务管理>>营销账务管理>>功能>>科目汇总账（河北）。

2. 选择要查询的一级科目，单击“统计”，统计出当月的发生额（注：只统计审核后的凭证发生额），单击“查询”（注：请安装如意报表等插件），如图 9-21-16 所示。

石家庄供电公司科目汇总表

币种：人民币

科目编号	科目名称	方向	期初余额	借方发生额	贷方发生额	方向	期末余额
1122	应收账款	借	2,374,165.24	115,097,519.57	54,296,974.20	借	63,174,710.61
112201	应收账款\应收售电收入	借	2,374,165.24	113,087,377.03	52,516,488.20	借	62,945,054.07
11220101	应收账款\应收售电收入\电费	借	2,262,676.11	107,303,974.02	48,267,114.11	借	61,299,536.02
1122010101	应收账款\应收售电收入\电费\非网间	借	2,262,676.11	107,303,974.02	48,267,114.11	借	61,299,536.02
1122010102	应收账款\应收售电收入\电费\网间	平	0.00	0.00	0.00	平	0.00
11220104	应收账款\应收售电收入\水库移民后期扶持基金	借	9,089.87	817,701.67	365,779.41	借	461,012.13
1122010401	应收账款\应收售电收入\水库移民后期扶持基金\大中型	借	7,977.87	715,378.84	319,990.13	借	403,366.58
1122010402	应收账款\应收售电收入\水库移民后期扶持基金\地方库	借	1,112.00	102,322.83	45,789.28	借	57,645.55
11220105	应收账款\应收售电收入\城市公共事业附加	借	34,588.76	-1,765,988.12	1,089,343.09	贷	2,820,742.45
11220106	应收账款\应收售电收入\差别电价	平	0.00	0.00	0.00	平	0.00
11220107	应收账款\应收售电收入\可再生能源附加	借	4,650.60	1,213,302.84	324,438.95	借	893,514.49
11220108	应收账款\应收售电收入\应上缴农村电网维护费	平	0.00	0.00	0.00	平	0.00
11220110	应收账款\应收售电收入\国家重大水利工程建设基金	借	15,639.13	1,433,110.61	641,870.34	借	806,879.40
11220111	应收账款\应收售电收入\惩罚性电价收入	平	0.00	0.00	0.00	平	0.00
11220112	应收账款\应收售电收入\农网还贷资金（一省一贷）	借	47,520.77	4,085,276.01	1,827,942.30	借	2,304,854.48
112203	应收账款\应收高可靠性供电收入	平	0.00	2,006,800.00	1,780,000.00	借	226,800.00
112204	应收账款\应收自备电厂系统备用容量费收入	平	0.00	0.00	0.00	平	0.00
112217	应收账款\应收农村电网维护费收入	平	0.00	0.00	0.00	平	0.00

图 9-21-16　科目汇总账系统查询

【思考与练习】

营财对账的业务流程及操作注意事项有哪些？

第三节　科目汇总表的核对

【概述】

本节包含科目汇总表的核对方法，通过学习，了解和掌握电费总账的核对规则及方法，确保账务工作的正确性。

【课时】

4课时。

【适用等级】

Ⅲ级。

【正文】

一、科目汇总帐

1. 当前位置：电费收缴及营销账务管理＞＞营销账务管理＞＞功能＞＞科目汇总账（河北）。

2. 科目汇总账数据来源：已制作并审核的凭证数据。

3. 科目汇总账期末余额算法：

（1）期初余额方向为“借”，期末余额＝期初余额＋借方发生额－贷方发生额；

（2）期初余额方向为“贷”，期末余额＝借方发生额－贷方发生额－期初余额。

4. 科目汇总账的借方发生额、贷方发生额、期末余额与业务数据不一致时，首先核实以下3种情况：

（1）核实是否存在未制作凭证：

当前位置：电费收缴及营销账务管理＞＞营销账务管理＞＞凭证管理＞＞未制作凭证查询。

（2）核实是否存在未审核的凭证：

当前位置：电费收缴及营销账务管理＞＞营销账务管理＞＞凭证管理＞＞凭证查询，状态选择“未审核”。

（3）核实是否存在手工制作的凭证：

当前位置：电费收缴及营销账务管理＞＞营销账务管理＞＞凭证管理＞＞凭证查询，“是否手工凭证”选择“是”。

注意：以上3点对科目汇总账的数据有很大影响，必须处理完成后再进行核对。

5. 按天核对凭证

每日制作凭证时，凭证数据与业务数据核对一致后再生成凭证。数据核对功能：

（1）当前位置：电费收缴及营销账务管理＞＞客户缴费管理＞＞功能＞＞应收日报查询（河北）。

（2）当前位置：电费收缴及营销账务管理＞＞客户缴费管理＞＞功能＞＞实收日报查询

（河北）。

（3）当前位置：电费收缴及营销账务管理>>业务费缴费管理>>功能>>业务费实收日报查询（河北）。

二、科目核对

（一）应收账款

1. 借方发生额

（1）算法

应收账款借方发生额＝应收发行金额＋手工凭证（应收账款借方金额）

（2）说明

①以 7 月数据为例：6 月份发行的 7 月的应收电费，需手工制作发行凭证，如：6 月 28 日—6 月 30 日共发行 100，手工凭证记为：

借：应收账款 100

贷：主营业务收入 100

注意：若上线第一个月存在此情况，则以后每月的应收都会记账。

②应收账款中包含了业务费等其他费用金额；电费发行金额与“应收账款/应收售电收入”进行核对。

③12201 应收账款/应收售电收入＝1122010101 应收账款/应收售电收入/电费/非网间＋1122010102 应收账款/应收售电收入/电费/网间＋1122010401 应收账款/应收售电收入/水库移民后期扶持基金/大中型库区后期扶持基金＋1122010402 应收账款/应收售电收入/水库移民后期扶持基金/地方库区后期扶持基金＋11220105 应收账款/应收售电收入/城市公共事业附加＋11220106 应收账款/应收售电收入/差别电价＋11220107 应收账款/应收售电收入/可再生能源附加＋11220108 应收账款/应收售电收入/应上缴农村电网维护费＋11220110 应收账款/应收售电收入/国家重大水利工程建设基金＋11220111 应收账款/应收售电收入/惩罚性电价收入＋11220112 应收账款/应收售电收入/农网还贷资金（一省一贷）。

2. 贷方发生额

（1）算法

应收账款贷方发生额＝本月收取电费金额＋手工凭证（应收账款贷方金额）

（2）说明

应收转月在每月 27 日 24 时，实收关账是月末最后一天 24 时，那么这之间发行的下月电费后用预收结转了电费，导致存在贷方差异：

①27 日后发行次月的负电费，负电费转为预收，产生的预收结转了本月的电费，在凭证上的体现，因发行是次月的电费，借方应收账款（发行电费）未减少，贷方应收账款（收费）也未增加（因一正一负抵销），所以应收账款的期末余额比正常欠费大。

②27 日后发行次月正常电费，并收取了次月的电费，收费凭证的账期是本月，借方发生额未增加，贷方发生额增加，造成期末余额比实际欠费小。

核实时可与“应收账款/应收售电收入”对比，核实实收费用是否包含“应收自备电厂系统备用容量费收入”，若包含，则排除此部分后进行对比。

如果总数核对不上，可以按天逐步核实，每天的实收凭证和每天的实收数核对。

注意：在核实贷方时主要注意由关账时间不一致导致的差额，借方不包括 8 月发行的应收，贷方包括了收取 8 月电费的实收金额，导致期末余额与实际欠费金额不一致。

(二) 在途资金

1. 借方发生额

(1) 算法

收费金额＝在途货币资金借方金额＋第三方代收借方金额（122116 其他应收款/第三方代收）＋银行承兑汇票借方金额（1121010 应收票据/银行承兑汇票/收取）＋代收代扣电费借方金额（122115 其他应收款/代收代扣电费）

注意：在途资金科目包括：

10120801　其他货币资金/在途货币资金/POS 机刷卡

10120802　其他货币资金/在途货币资金/进账单

10120803　其他货币资金/在途货币资金/子公司

10120804　其他货币资金/在途货币资金/现金

(2) 说明

凭证是按核算单位生成制作，查询收款金额时要按管理单位查询，不能按收款单位查询，两者的金额是不一样的。

2. 贷方发生额

(1) 算法

在途货币资金贷方金额＝到账确认的解款金额＋手工凭证

注意：到账确认的金额不包括：到账确认的非金融机构代收的金额、到账确认的收银行承兑汇票的金额、小区配套费金额。

(2) 说明

到账确认的金额中包括确认正常电费、退费、业务费等，在途货币资金贷方金额不包括小区配套费的金额，核对时要去掉这部分数据。

操作入账撤还后，会生成负数的撤还凭证，如果撤还日期与到账确认日期不一致，凭证是分开在两天的，核对时要考虑此部分。

三、注意事项

1. 科目汇总表的数据是审核后的凭证数据，如果凭证未制作完或未审核完，影响数据正确性。

2. 核对科目汇总账应收账款科目时，因贷方发生额包括了收取（结转）8 月电费的贷方金额，所以只核对借方发生额。借方发生额与应收发行金额一致。

3. 应收账款/应收售电收入/农网还贷资金（一省一贷）与报表 HB0001（01 库）的农网还贷金额进行核对，报表中的农网还贷＝发行的农网还贷金额＋低维费×0.02，所以核对时报表数据要减掉低维费×0.02 这一部分金额。

【思考与练习】

1. 科目汇总表的核对规则是什么？

2. 电费发生金额与哪些科目进行核对？